Ludwig Fischer

Elektrische Licht- und Kraft-Anlagen

Gesichtspunkte für deren Projektierung

Ludwig Fischer

Elektrische Licht- und Kraft-Anlagen
Gesichtspunkte für deren Projektierung

ISBN/EAN: 9783743464124

Hergestellt in Europa, USA, Kanada, Australien, Japan

Cover: Foto ©berggeist007 / pixelio.de

Manufactured and distributed by brebook publishing software (www.brebook.com)

Ludwig Fischer

Elektrische Licht- und Kraft-Anlagen

Elektrische
Licht- und Kraft-Anlagen.

Gesichtspunkte für deren Projectierung.

Von

Dr. Ludwig Fischer,
Chefingenieur des Techn. Centralbureaus der Exportvereinigung deutscher
elektrotechnischer Fabriken (Fred. C. Jenkins) Hamburg.

Mit 166 Abbildungen im Text.

WIESBADEN.
C. W. Kreidel's Verlag.
1898.

Das Recht der Uebersetzung bleibt vorbehalten.

Druck von Carl Ritter in Wiesbaden.

Vorwort.

Vorliegendes Werk will keineswegs eine erschöpfende Darstellung alles bei Projectierung elektrischer Licht- und Kraftanlagen zu Berücksichtigenden sein; bei der ausserordentlichen Mannigfaltigkeit der Anforderungen, welche die Praxis stellt, — bei der Vielseitigkeit der herrschenden Anschauungen, — bei der Mannigfaltigkeit der von den verschiedenen Firmen hergestellten Maschinen und Apparate und der rastlosen Weiterentwicklung der Technik, dürfte eine solche Darstellung ganz ausserordentlich schwierig sein und würde den Umfang dieses Werkes um ein Vielfaches überschreiten.

Auch ist keineswegs beabsichtigt, eine Anleitung zum Projectieren oder gar zur Ausführung der Anlagen zu geben. Das sind Sachen, die besser praktisch erlernt werden.

Aber in grossen Zügen in den Geist der Sache einzuführen, durch eine kurze übersichtliche Zusammenstellung der wichtigsten Gesichtspunkte, die für den projectierenden Ingenieur mafsgebend sind, — das ist die Absicht dieser Schrift, die sich daher auch weniger an den praktisch erfahrenen Elektroingenieur, als an Studierende und angehende Ingenieure wendet, denen sie vielleicht mancherlei Anregungen und Anhaltspunkte geben kann. Sie wendet sich ferner an alle nicht speziell fachmännisch gebildeten Interessenten, die gelegentlich Dispositionen für elektrische Anlagen zu treffen haben oder sich über solche Dispositionen ein allgemeines Urteil bilden müssen; also **Maschinen-Ingenieure, Architekten, Besitzer elektrischer Anlagen** oder solche, die eine **Anlage erwerben wollen.**

Um den Umfang des Werkes nicht unnötig zu erhöhen, ist als **bekannt vorausgesetzt** die Kenntnis der elektrischen Maschinen und Apparate, sowie ihrer allgemeinen Konstruktionsprinzipien und ihres Funktionierens. Das findet man bereits in zahlreichen vorzüglichen Werken behandelt und es liegt kein Bedürfnis vor, das so oft schon Gesagte hier zu wiederholen. Hier handelt es sich nur um die Frage: „**Nach welchen allgemeinen Gesichtspunkten hat man die Maschinen und Apparate zu wählen und zu combinieren, um einen bestimmten Zweck zu erreichen?**"

Das Bedürfnis nach einer zusammenhängenden Behandlung dieser Frage ist besonders in den letzten Jahren stark fühlbar geworden. Ob und inwieweit vorliegende Schrift diesem Bedürfnis entspricht, überlasse ich dem Urteil Berufener. Jedenfalls darf ich wohl in Anbetracht der mancherlei Schwierigkeiten, mit denen die gestellte Aufgabe verknüpft ist, auf einige Nachsicht rechnen. Für alle Verbesserungsvorschläge, die eventuell bei einer zweiten Auflage Berücksichtigung finden könnten, werde ich stets dankbar sein.

Um zu zeigen in welcher Weise die im Text dargestellten Prinzipien bei thatsächlicher Ausführung von Anlagen in die Erscheinung treten, habe ich eine Reihe von **Beispielen ausgeführter Anlagen** ausgewählt.

Ich glaubte dieselben aber nicht in der Form langathmiger Beschreibungen darbieten zu sollen, die nur ermüdend wirken und in der beabsichtigten knappen Zusammenstellung der Gesichtspunkte nur störend sein könnten. Ich schlug daher den Weg ein, dass ich eine Fülle von instruktiven **Abbildungen**, zumeist nach photographischen Aufnahmen in ausgeführten Anlagen, dem Texte beifügte, nebst einigen erläuternden Bemerkungen. Hierdurch wird jedenfalls eine viel lebendigere, unmittelbarere Anschauung vermittelt, als es durch die umständlichsten Beschreibungen möglich ist. Bei Beschaffung dieses IllustrationsMaterials haben mich eine Reihe der hervorragendsten elektrotechnischen Firmen des Kontinents in liebenswürdigster Weise durch Überlassung von Photographien oder Clichés unterstützt, und ich spreche denselben an dieser Stelle meinen verbindlichsten Dank aus für das sehr freundliche Entgegenkommen.

Selbstverständlich kann und soll durch diese „Beispiele ausgeführter Anlagen" kein Bild der Leistungsfähigkeit der betr. ausführenden Firmen gegeben werden. Für die Auswahl war vielmehr ausschliesslich der praktische Zweck dieses Werkes mafsgebend; dann aber war auch die Auswahl dadurch vielfach beschränkt, dass von vielen instruktiven Ausführungen die Abbildungen zur Zeit nicht erreichbar waren.

Bei der Benutzung ist folgendes zu beachten:

In einem Werk wie das vorliegende mussten selbstverständlich die wichtigsten „Sicherheits-Vorschriften", die von Behörden oder Vereinen erlassen sind, Berücksichtigung finden. Es sind dieselben in der Weise in den Text aufgenommen worden, dass am Schluss eines jeden Abschnitts oder Kapitels die das behandelte Thema betreffenden Vorschriften des Verbandes Deutscher Elektrotechniker Abteilung I, sowie die zur Zeit nur im Entwurf vorliegende Abteilung II, soweit dieselben von ersteren abweichen, angefügt werden.

Anderweitige Sicherheits-Vorschriften wurden im allgemeinen nur insoweit berücksichtigt, als sie von ersteren abweichen oder besonders beachtenswert erscheinen.

a) **Sicherheitsvorschriften für elektrische Starkstrom-Anlagen, herausgegeben vom Verband Deutscher Elektrotechniker. — Abteilung I.**[1])

„Die Vorschriften dieser Abteilung gelten für elektrische Starkstrom-Anlagen mit **Spannungen bis 250 Volt** zwischen irgend zwei Leitungen oder einer Leitung und Erde, mit **Ausschluss** unterirdischer Leitungsnetze und elektrochemischer Anlagen."

b) **Entwurf zu Sicherheits-Vorschriften für elektrische Starkstrom-Anlagen. — Abteilung II. Hochspannungs-Vorschriften.**[2])

„Die Vorschriften dieser Abteilung gelten für elektrische Starkstrom-Anlagen bei denen die effektive **Spannung 1000 Volt** übersteigt, mit **Ausschluss** elektrischer Bahnen. Diese Anlagen werden als Hochspannungs-Anlagen bezeichnet."

---

[1]) Berlin, bei Julius Springer, 1896.
[2]) Elektrot. Zeitschr. 1897, Heft 22, S. 312 ff. Wie es dort heisst, ist dieser Entwurf von der Kommission des Verbandes unter Zugrundelegung des vom Elektrotechnischen Verein zu Berlin übermittelten Entwurfes ausgearbeitet worden. Es wird beabsichtigt, eine dritte Abteilung folgen zu lassen und zwar für Spannungen von 250—1000 Volt. Inzwischen ist der Entwurf der V. Jahresversammlung des Verbandes zu Eisenach vorgelegt und vorläufig als „Sicherheitsregeln für elektrische Hochspannungs-Anlagen" angenommen worden; in Buchform zu beziehen durch J. Springer's Verlag, Berlin.

Im § 1 werden eine Reihe von Definitionen gegeben, die in diesen Vorschriften stets zu berücksichtigen sind und daher hier ihre Stelle finden mögen:

1. **Isolation.** Als isolirend im Sinne der Hochspannungs-Vorschriften gelten faserige oder poröse Isolirmaterialien, welche mit geeigneter Isolirmasse getränkt sind, ferner feste Isolirmaterialien, welche nicht hygroskopisch sind und bei $^1/_4$ der verwendeten Stärke und den im Betriebe vorkommenden Temperaturen von der in Betracht kommenden Spannung nicht durchschlagen werden.

Material, wie Schiefer, Holz oder Fiber, darf als Konstruktionsmaterial, nicht aber als Isolirmaterial angewendet werden.

Das Isolirmaterial muss derart gestaltet und bemessen sein, dass ein merklicher Stromübergang über die Oberfläche (Oberflächenleitung) unter normalen Umständen nicht eintreten kann.

2. **Erdverbindung.** Einen Gegenstand erden heisst ihn mit der Erde derart leitend verbinden, dass er eine für unisolirt stehende Personen gefährliche Spannung nicht annehmen kann.

3. **Freileitungen.** Als Freileitungen gelten alle ausserhalb von Gebäuden auf Isolirglocken verlegten oberirdischen Leitungen ohne metallische Umhüllung und ohne Schutzverkleidung.

4. **Isolirte Leitungen.** Als isolirte Leitungen gelten umhüllte Leitungen, welche nach vierundzwanzigstündigem Liegen im Wasser bei Spannungen unter 3000 Volt die doppelte Betriebsspannung, bei höheren eine Ueberspannung von 3000 Volt gegen das Wasser eine Stunde lang aushalten.

5. **Metallumhüllte Leitungen.** Als metallumhüllte Leitungen gelten isolirte Leitungen, welche in Rohre aus Metall oder mit Metallüberzug eingezogen sind.

6. **Feuersichere Gegenstände.** Als feuersicher gilt ein Gegenstand, der nach Entzündung nicht von selbst weiter brennt.

c) **Vorschriften für elektrische Beleuchtung; herausgegeben vom Englischen Handelsministerium (Board of Trade).**[1]

„In diesen Vorschriften wird unter „Hochspannungsanlage" eine solche verstanden, in der zwischen je zwei Leitungen oder zwischen einer Leitung und Erde eine Potentialdifferenz von mehr als 500 Volt bei Gleichstrom und 250 Volt bei Wechselstrom, und von höchstens 3000 Volt bei Gleich- oder Wechselstrom besteht.

---

[1] Elektrot. Zeitschr. 1896, S. 171 ff.

Als Anlagen von „besonders hoher Spannung" werden solche bezeichnet, bei denen diese Potentialdifferenz 3000 Volt übersteigt.

Unter „Erdanschluss" in diesen Vorschriften ist eine Leitung zu verstehen durch welche der betreffende Teil des Stromkreises unter allen Umständen in stets gut leitende Verbindung mit den feuchten Erdschichten gebracht ist."

d) **Sicherheits-Vorschriften über den Bau und Betrieb elektrischer Starkstrom-Anlagen in der Schweiz.** Dieselben sind von einer gemeinsamen Kommission des Schweizerischen Elektrotechnischen Vereins und des Verbandes Schweizerischer Elektrizitätswerke ausgearbeitet.[1]

Als „Hochspannung" gelten hier bei Gleichstrom: Spannungen über 750 Volt; bei Wechselstrom: über 500 Volt.

e) Die „**Vorsichtsbedingungen für elektrische Licht- und Kraft-Anlagen**" des Verbandes Deutscher Privat-Feuerversicherungsgesellschaften, die im Herbst 1896 in Kraft traten, stellen im Wesentlichen einen Auszug aus den Vorschriften des Verbandes Deutscher Elektrotechniker Abteilung I dar. Sie sind daher hier nicht besonders berücksichtigt.

f) Die **Sicherheits-Vorschriften des Wiener Elektrotechnischen Vereins**[2] rechnen als höhere Spannung, welche besondere Vorsichtsmafsregeln erforderlich macht, Spannungen von mehr als 300 Volt bei Gleichstrom und mehr als 150 Volt bei Wechselstrom.

Bezüglich verschiedener anderer Vorschriften die nur an einzelnen Stellen im Nachfolgenden herangezogen werden, wird alles Nötige an Ort und Stelle gesagt werden.

Hamburg, den 25. Juli 1897.

Dr. Ludwig Fischer.

---

[1] Wiedergegeben in Elektrot. Zeitschr. 1897, S. 150 ff.
[2] dieselben werden hier angeführt nach der Wiedergabe in dem Taschenbuch der „Hütte".

Inhalts-Verzeichnis.

	Seite
Vorwort	III
Inhalts-Verzeichnis	IX
Einleitung	1
a) Wesen und Arten der Starkstrom-Anlagen	1
b) Vorzüge elektrischer Licht- und Kraft-Anlagen	2
I. Abschnitt. Allgemeine Ermittlungen	5
a) Art, Grösse, Anzahl, Anordnung und Verteilung der Lampen	5
b) Art, Grösse, Anzahl, Anordnung und Verteilung der Motoren	9
c) Lage der Erzeugungsstelle im Verhältnis zu den Stromnehmern	12
d) Die Betriebs-Verhältnisse	15
e) Besondere Verhältnisse	16
Allgemeine Gesichtspunkte	17
II. Abschnitt. Wahl des Systems	19
a) Die Stromart	19
b) Schaltung der Stromnehmer	24
c) Wahl der Betriebsspannung	29
d) Stromleitungssystem	31
III. Abschnitt. Wahl der stromerzeugenden Maschinen	36
a) Maschinengattung	36
b) Leistung und Anzahl	37
c) Tourenzahl	40
d) Spannung	41
e) Aufstellung	42
f) Wahl der Nebenmaschinen	43
Sicherheits-Vorschriften	45
IV. Abschnitt. Wahl der Transformatoren	47
a) Art der Transformatoren	47
b) Grösse, Leistung und Anzahl	48
c) Spannung	49

	Seite
d) Transformatoren für besondere Zwecke	51
e) Aufstellung der Transformatoren	52
Sicherheitsvorschriften	53
Beispiele ausgeführter Transformatoren-Anlagen	55

V. Abschnitt. Wahl der Accumulatoren 62

a) Art der Accumulatoren	62
b) Grösse der Zellen	63
c) Zahl der Zellen	66
d) Zubehörteile	67

VI. Abschnitt. Wahl der Antriebsmotoren 68

a) Allgemeine Anforderungen	68
b) Arten von Antriebsmotoren	69
c) Anzahl und Leistung	71
d) Tourenzahl	72
e) Antriebsart	73
Beispiele ausgeführter Antriebe von Stromerzeugern	77

VII. Abschnitt. Schalttafel und Apparate 90

a) Disposition der Schalttafel	90
b) Wahl der Apparate	92
Sicherheits-Vorschriften	95
Beispiele ausgeführter Schalttafeln	113

VIII. Abschnitt. Maschinen-, Accumulatoren- und Transformatoren-Raum 119

Sicherheits-Vorschriften	121
Beispiele ausgeführter Maschinen- und Accumulatoren-Räume	125

IX. Abschnitt. Die Leitungen 139

a) Dimensionierung	139
(Spannungs-Verlust, Erwärmung, Festigkeit.)	
Sicherheits-Vorschriften	149
b) Beschaffenheit der Leitungen	151
(Material, Form, Schutz, oberirdische und unterirdische Verlegung.)	
Sicherheits-Vorschriften	155
c) Zubehörteile	161
(Sicherungen, Widerstände, Kabelschuhe etc., Vorrichtungen zum Schutz, zur Befestigung, zur Isolation.)	
Sicherheits-Vorschriften	167

	Seite
d) Spezielle Fälle	184
(Schutz von Schwachstromleitungen und elektro-magnetischer Instrumente, Stromzuführung für Fahrzeuge insbesondere für elektrische Bahnen.)	
Sicherheits-Vorschriften	189
Beispiele ausgeführter Leitungs-Anlagen	195

X. Abschnitt. Lampen und Zubehör 219

a) Lampen: Bogenlampen	219
Glühlampen	221
b) Armaturen: für Bogenlampen	222
für Glühlampen	224
Sicherheits-Vorschriften	226
Beispiele ausgeführter Licht-Anlagen	231

XI. Abschnitt. Die Motoren 244

a) Art der Motoren	244
b) Tourenzahl	246
c) Spannung	247
d) Antriebsart und Aufstellung	247
e) Zubehörteile	248
f) Spezielle Fälle	251
Sicherheits-Vorschriften	257
Beispiele ausgeführter Motoren-Anlagen	259

XII. Abschnitt. Betriebskosten 306

a) Allgemeines	306
b) Indirekte Betriebskosten	307
c) Direkte Betriebskosten	310
Schlussbemerkungen: Pläne und Bezeichnungen betreffend	314

Einleitung.

a) *Wesen und Arten der Starkstrom-Anlagen.*

Die elektrischen „Stark‑strom-Anlagen sind dadurch charakterisiert, dass es sich um Erzielung von quantitativen elektrischen Effekten handelt, insbesondere um Erzeugung einer dem jedesmaligen Bedürfnis entsprechenden Menge von Licht-, Kraft-, Wärme- oder chemischer Wirkung[1]).

Uns interessieren von diesen Wirkungen hier in erster Linie die Licht- und Kraftwirkungen, die bis jetzt die wichtigste und ausgedehnteste Anwendung gefunden haben und in deren Ausnutzung man gegenwärtig das Stadium der ersten Entwicklung und des Versuchens überschritten hat.

Aus den reichen praktischen Erfahrungen und theoretischen Erkenntnissen der letzten Jahre haben sich feste Normen ergeben, sowohl bezüglich der Construktion der Maschinen und Apparate als auch bezüglich der Anordnung derselben und der ganzen Einrichtung der Anlagen.

Bei elektrolytischen Anlagen ist das noch nicht in dem Mafse der Fall, und was die Ausnutzung der Wärmewirkungen anbetrifft, so hat man erst in neuester Zeit begonnen, sich diesem Zweige etwas mehr zuzuwenden, da ein erfolgreiches Concurrieren mit den auf Verbrennung beruhenden Heizmethoden zur Zeit nur in besonderen Fällen möglich ist wegen des relativ hohen Preises elektrischer Heizung

---

[1]) Bei „Schwach‑strom-Anlagen handelt es sich um Erzielung qualitativer Effekte, die durch stufenweise Änderung der aufgewandten Energie keine entsprechende stufenweise Änderung erfahren. Dann rechnet man dahin überhaupt solche Anlagen, bei denen es sich nur um Erzeugung minimalster elektrischer Energiemengen handelt.

Wenn wir im Folgenden Licht- und Kraft-Anlagen zumeist gemeinsam behandeln, so liegt das schon darin begründet, dass diese Anlagen sehr viel gemeinsames haben und sehr häufig vereinigt vorkommen, so dass sie sich in der Behandlung kaum trennen lassen.

b) *Vorzüge elektrischer Licht- und Kraftanlagen.*

Die den elektrischen Licht- und Kraft-Anlagen eigentümlichen Vorzüge, durch die dieselben zu so ausserordentlicher Bedeutung gelangten, sind kurz die folgenden:

Was zunächst die elektrische **Beleuchtung** anbelangt, so ist es mit Hilfe des elektrischen Stromes möglich, **Helligkeitsgrade** und **Beleuchtungseffekte** zu erzielen, die auf anderem Wege bis jetzt nicht erreicht sind.

Unter Voraussetzung gleicher Lichtstärken stellt sich das elektrische Licht im allgemeinen selbst in ungünstigeren Fällen nicht teurer als Gas- oder Petroleumlicht, zumeist aber wesentlich **billiger**. Ganz besonders gilt dies von dem elektrischen Bogenlicht.

Die Bedienung der Lampen ist eine ganz ausserordentlich **einfache und bequeme**. Die Inbetriebsetzung kann von einer beliebigen Stelle aus durch einen einfachen Griff erfolgen, sowohl für einzelne Lampen als für beliebige Gruppen zugleich.

Zugleich zeichnet sich die elektrische Lichtanlage durch grösste **Reinlichkeit** aus, die besonders beim Vergleich mit Petroleumbeleuchtung stark hervortritt.

Eine **Luftverschlechterung**, die bei allen anderen Beleuchtungsarten unvermeidlich ist, findet **nicht statt**, und **Gerüche** irgend welcher Art können nicht auftreten.

Die **Wärmeabgabe** der Lichtkörper nach aussen ist auf ein **verschwindendes Minimum** beschränkt. Es findet infolgedessen keine nennenswerte Erhitzung der umgebenden Luft oder naheliegender Gegenstände statt. Hierdurch ist — speziell bei Verwendung von Glühlampen — ein ausserordentlich hoher Grad von Feuersicherheit erreicht, was ganz besonders für Theater, Pulverfabriken, Kohlengruben etc. von Bedeutung ist.

Seiner geringen Wärmeabgabe und dem Fehlen eines Verbrennungsprozesses dankt auch insbesondere das elektrische Glühlicht seine hervorragende **Anpassungsfähigkeit**. Die Glühlampe kann fast überall da Verwendung finden, wo überhaupt nur ein Raum zu ihrer Unterbringung vorhanden ist; sie findet Verwendung ebensowohl zur Erleuchtung von Strassen und Plätzen, wofür sie vermöge ihrer gänzlichen Unempfindlichkeit gegen Luftzug sich besonders eignet, als auch in bewohnten Räumen, oder zur Anbringung in nächster Nachbarschaft von feuergefährlichen Gegenständen, oder zur Erleuchtung innerer Körperhöhlen oder unter Wasser.

Was nun die elektrische **Kraftübertragung** anbetrifft, so zeigen sich auch hier eine Reihe ganz hervorragender Vorzüge.

Die Elektromotoren sind von grösster **Einfachheit**. Sie besitzen nur ruhende und rotierende Teile.

Die **Abnutzung** ist bei richtiger Behandlung minimal. **Reparaturen** kommen nur **selten** vor.

Die **Wartung** ist eine ausserordentlich bequeme und einfache.

Der an eine Centrale angeschlossene Motor ist jederzeit betriebsbereit und kann durch einen einfachen Handgriff sofort in und ausser Betrieb gesetzt werden.

Sein Gang ist ein durchaus geräuschloser, der Betrieb reinlich und — mit Ausnahme vielleicht der Hochspannungsmotoren — ein gänzlich **ungefährlicher**.

Schädliche Gase oder Dämpfe, wie bei fast allen anderen Motoren, werden nicht abgesondert und es wird fast keine Wärme an die Umgebung abgegeben. Von ganz besonderer Wichtigkeit ist dies überall da, wo die Abführung der Gase und die Lufterneuerung erschwert ist, wie z. B. in Bergwerken etc.

Der Elektromotor kann überall ohne Concession aufgestellt werden. Besondere Gebäude, Schornsteine, Kanal-Anlagen und dergl., wie z. B. bei Dampfmaschinen, kommen gänzlich in Wegfall. Dazu ist derselbe im Verhältnis zu seiner Leistung ausserordentlich **leicht** und wenig **umfangreich**.

Hierdurch und durch die Einfachheit seines Baues ist er auch allen anderen Motoren an **Billigkeit** überlegen.

Der **Wirkungsgrad** besonders der grösseren Elektromotoren übertrifft bedeutend den der bestconstruierten Dampfmaschinen.

Für stark variable, oft unterbrochene Betriebe, wie für elektrische Bahnen und Hebezeuge bietet er ferner den ausserordentlichen Vorteil, dass er sich in seinem Stromconsum genau dem jeweiligen Bedarf anpasst, und in den Betriebspausen keine Kraft consumiert.

Für elektrische Bahnen insbesondere bietet er die Möglichkeit, durch Rückstrom rasch zu bremsen, sowie beim Bergabfahren Kraft zu gewinnen und Strom ins Netz zurückzuschicken. Die Vermeidung von Rauch, Staub, Lärm, Hitze, die grössere Reinlichkeit, geringere Versperrung und geringere Abnutzung der Strassen, die zu erzielende grössere Fahrgeschwindigkeit, die oft wesentlich geringeren Betriebskosten, die Möglichkeit, den Strom zugleich zum Beleuchten und Heizen der Wagen zu benutzen, — dies alles sind Vorzüge, die ebenfalls den elektromotorischen Betrieb dem Pferdebetrieb der Bahnen überlegen machen. Die Nachteile, die hauptsächlich in der Abhängigkeit von äusseren Stromleitungen und event. in einer Verunzierung der Strassen durch letztere bestehen, lassen sich auf ein ziemlich belangloses Minimum reduzieren oder, bei Accumulatorenbetrieb ganz umgehen.

In Fabriken mit elektrischem Antrieb der einzelnen Arbeitsmaschinen kommen die lästigen, oft gefährlichen, viel Energie verzehrenden und vieler Wartung bedürfenden Transmissionen ganz in Wegfall.

Der Kraftverbrauch der Arbeitsmaschinen kann bei elektromotorischem Antrieb leicht überwacht werden, auch wenn der Motor direkt mit der Maschine gekuppelt wird. Etwaige Störungen durch Reibung, mangelnde Schmierung u. s. w. werden daher leicht entdeckt. Auf keinem anderen Wege ist dies in ähnlichem Mafse möglich.

Die leichte Verteilung von Kraft und Licht über die ausgedehntesten Gebiete und die dadurch ermöglichte rationelle Ausnutzung der Naturkräfte aber sind es ganz besonders, die die Starkstromtechnik in den Vordergrund des Interesses gerückt haben. Die Bedenken, die man noch vor einer kleinen Reihe von Jahren gegen den elektrischen Betrieb hegte, sind geschwunden, seitdem in vielen hunderten von Fällen der Beweis erbracht ist, dass derartige Anlagen sich mit jeder nur zu wünschenden Betriebsicherheit herstellen lassen, und die Gefahren, die insbesondere den Hochspannungsanlagen eigentümlich sind, sich auf ein die Gefahren aller anderen Betriebe mindestens nicht überschreitendes Minimum reduzieren lassen.

I. Abschnitt.

Allgemeine Ermittlungen.

Soll eine elektrische Licht- oder Kraft- oder eine gemischte Anlage eingerichtet werden, so sind zunächst eine Reihe allgemeiner Ermittlungen erforderlich, ohne welche ein Urteil über die vorteilhafteste Einrichtung der Anlage nicht möglich ist. Es erstrecken sich diese auf die Art, Grösse und Anzahl der Lampen und der Motoren, die Anordnung und räumliche Verteilung derselben; die Lage der Strom-Erzeugungsstelle im Verhältnis zu den Stromnehmern, auf die Betriebsverhältnisse und auf etwaige besondere Umstände, die bei der Anlage zu berücksichtigen sind.

a) Art, Grösse, Anzahl, Anordnung und Verteilung der Lampen.

Was zunächst die Art, Grösse und Anzahl der Lampen, sowie deren Anordnung und Verteilung anbetrifft, so ist für deren Bestimmung mafsgebend: die an einer Stelle zu erzielende Helligkeit und die Grösse der zu beleuchtenden Fläche, die örtlichen Verhältnisse, die Art der zu beleuchtenden Räume und der Zweck der Beleuchtung, schliesslich die Kosten der Beleuchtung und in manchen Fällen, speziell bei der Wahl zwischen Bogen- und Glühlicht, die Farbe des Lichts.

Die Erzielung der höchsten Helligkeitsgrade durch eine Lichtquelle, von etlichen 100 NK. an, ist überhaupt nur durch Bogenlicht möglich. Hingegen ist zur Erzeugung von Licht-Intensitäten von ungefähr unter 100 NK. ausschliesslich das Glühlicht geeignet. Schon hierdurch ist in vielen Fällen die Frage bezüglich der zu verwendenden Lichtart entschieden. Es kann unter Umständen vorteilhaft sein, statt einer Bogenlampe von höherer Leuchtkraft eine grössere

Anzahl von Glühlampen geringerer Leuchtkraft zu wählen und umgekehrt.

Das Bogenlicht ist grell und blendend und es erzeugt bei Verwendung nur einer oder weniger Lampen starke Schlagschatten, wenn nicht besondere Vorkehrungen zu deren Verhütung getroffen werden. Die Bogenlampen bedürfen einer bedeutenderen Aufhängehöhe. Das Glühlicht dagegen ist milde und dem Auge wohltbuend. — Durch eine grössere Glühlampenzahl erzielt man leicht eine vorteilhafte und gleichmäfsige Lichtverteilung und kann jedem einzelnen Platze je nach Bedarf das erforderliche Lichtquantum zumessen. — Aber das Glühlicht stellt sich bei gleicher Licht-Intensität ganz bedeutend teurer als das Bogenlicht. — Auch nähert sich die Farbe des Bogenlichtes mehr der des Sonnenlichtes, während die Farbe des Glühlichts ziemlich mit derjenigen der Gas- oder Petroleumflammen übereinstimmt. Ersteres lässt daher auch die Farben der beleuchteten Körper natürlicher erscheinen.

Hiernach wird stets da, wo es sich um eine oder einige, einzelne kleinere Lichtquellen handelt, oder wo das für einen Raum erforderliche Licht in möglichst vorteilhafter Weise auf eine grössere Anzahl von Stellen zu verteilen ist, Glühlicht zu wählen sein; hingegen da, wo es in erster Linie auf Erzeugung grösserer Lichtmengen ankommt und eine Lichtteilung nicht so dringend erforderlich ist, wird Bogenlicht in Frage kommen. In vielen Fällen wird sich Glühlicht und Bogenlicht gleich gut eignen, vielfach werden beide auch nebeneinander mit bestem Erfolge Verwendung finden.

Bogenlicht findet gemäss dem Vorausgegangenen hauptsächlich Verwendung zur Beleuchtung von Strassen, Plätzen, Hallen, Sälen etc., ferner für Scheinwerfer. Effektbeleuchtungen etc. Glühlicht hauptsächlich in Wohn- und Arbeitsräumen.

Fassen wir die einzelnen Fälle näher ins Auge!

Zur Beleuchtung von Strassen bringt man am besten in der Mitte der Strassen Bogenlampen an. Wenn die Aufhängung in der Mitte nicht angängig, oder wenn die Strassen sehr breit sind, werden die Lampen zu beiden Seiten der Strasse angebracht. Abstand, Brennhöhe und Lichtstärke der Lampen stehen in einem wechselseitigen Verhältnis zu einander, wenn eine möglichst günstige Beleuchtung erzielt werden soll. Ganz allgemein lässt sich sagen: mit wachsender Lichtstärke der Lampen ist die Brennhöhe zu vergrössern; desgleichen kann der gegenseitige Abstand vergrössert werden. Mit wachsendem Abstand wird im Allgemeinen ebenfalls die Brennhöhe zu vergrössern sein. Der gegenseitige Abstand der Lampen beträgt in der Regel 40—80 m; die Brennhöhe 4—12 m; die Stromstärke 6—20 Amp.

Werden Glühlampen zur Strassenbeleuchtung verwendet, so gilt bezüglich Lichtstärke, Anzahl, Verteilung und Brennhöhe der Lampen ganz dasselbe wie für Gasbeleuchtung.

Auch für Platzbeleuchtungen ist Bogenlicht am geeignetsten. Je nach der Grösse des zu beleuchtenden Platzes und den örtlichen Verhältnissen wird man eine oder mehrere Lampen verwenden. Wenn z. B. viele schattenwerfende Gegenstände vorhanden sind, wird man mit einer Lampe selbst bei einem kleineren Platze keine gute Beleuchtung erzielen. Bei Verwendung einer grösseren Lampenzahl empfiehlt es sich — sofern nicht örtliche Verhältnisse eine Abweichung davon bedingen — den ganzen Platz in gleichseitige Dreiecke zu zerlegen und die Lampen in den Eckpunkten derselben anzuordnen.

Bezüglich des Abstandes, der Brennhöhe und Lichtstärke gilt im Allgemeinen ganz dasselbe wie für Strassenbeleuchtungen; es kommen aber häufig wesentlich höhere Lichtstärken und Brennhöhen vor — letztere bis 20 m und mehr.

Für Bahnhofs- (Geleis-) und Hafenbeleuchtung finden meist Lampen von 600—1800 NK. in 10—15 m Höhe und 50—100 m Abstand Verwendung.

In Hallen, wo es darauf ankommt, eine möglichst gute Allgemeinbeleuchtung zu bekommen, wird man den Abstand der Bogenlampen wesentlich verringern.

Für Bahnhofshallen erhält man beispielsweise eine gute Beleuchtung durch Bogenlampen von 600—1000 NK. in 5—10 m Brennhöhe und 20—30 m Abstand.

Auch in Lagerhallen, Fabrikräumen, Arbeitssälen etc. ist das Bogenlicht noch mit Vorteil zu verwenden, und hängt hier die Gruppierung der Lampen sehr von der Örtlichkeit ab. Vermeidung störender Schatten und Erzielung genügender Helligkeit an allen Punkten sind die leitenden Gesichtspunkte. Die Zahl der Lampen darf nicht zu gering und der gegenseitige Abstand nicht zu gross gewählt werden.

Dafür kann die Lichtstärke der einzelnen Lampen entsprechend geringer gewählt werden, bis etwa 300–400 NK.

Durch geeignete Reflektoren ist man indessen imstande, auch mit einer oder sehr wenigen Lampen eine ausgezeichnete Lichtverteilung hervorzurufen.

In solchen Fällen tritt das Glühlicht stark in Konkurrenz mit dem Bogenlicht. Ausschlaggebend ist vielfach die Billigkeit des Bogenlichtes, mitunter auch die weisse Farbe des Lichtes, welche eine genauere Unterscheidung der Farben ermöglicht (in Webereien, Färbereien etc.). Vielfach wird hier mit bestem Erfolg Glühlicht und Bogenlicht nebeneinander angewendet. Dies gilt ganz besonders auch beispielsweise für Festsäle u. s. w., wo das Glühlicht zur Milderung des zu kalten, die Farben zu grell erscheinen lassenden Bogenlichtes dient. Die Gruppierung der Lampen erfolgt hier, wie überhaupt bei allen Luxusbeleuchtungen, am besten im Einvernehmen mit dem Architekten oder Dekorateur.

In Theatern behauptet sich fast ausschliesslich das Glühlicht, wegen seiner leichten Regulierbarkeit. Nur für Effektbeleuchtungen sowie für die Beleuchtung der Foyer's etc. und der Eingänge findet hier Bogenlicht Verwendung.

In Büreaus, Wohnräumen u. s. w. ist lediglich Glühlicht am Platze, nicht nur wegen der geringen Lichtmengen, um die es sich hier meist handelt, sondern auch wegen seiner bequemen Handhabung, geringen Wartung, leichter Transportierbarkeit und grosser Anpassungsfähigkeit.

Bezüglich der Wahl der Lichtstärke und der Verteilung der Lampen gilt für Glühlicht im wesentlichen dasselbe wie bei Gas- oder Petroleumbeleuchtung. Weitaus am meisten finden Lampen von 16 NK. Verwendung. Ausserdem kommen vielfach vor solche zu 10 und 25 NK. Lampen zu 10 NK. können z. B. da verwendet werden, wo es sich um eine gerade ausreichende Allgemeinbeleuchtung handelt, oder wo sie in Gruppen enger zusammenstehen. Zur Beleuchtung von Arbeitsplätzen, Schreibtischen etc. sollten Lampen zu mindestens 16 NK. genommen werden.

Für eine ausreichende Allgemeinbeleuchtung kann man für Nebenräume, Korridore, Wirtschaftsräume, Schlafzimmer 1–2 NK. pro Quadratmeter Bodenfläche rechnen; für Wohnräume, Komptoirs, Büreaus 2–4 NK., für vornehme Räume wird man bis zu 6 oder mehr NK. gehen können, während Festräume bis zu ca. 15 NK. und mehr pro Quadratmeter Bodenfläche erfordern werden, wobei auch die Höhe der Räume eine wesentliche Rolle spielt.

Bezüglich der Aufhängungshöhe der Lampen ist bei Beleuchtung bestimmter Flächen die Grösse der zu beleuchtenden Fläche mafsgebend. Allgemein diene als Anhaltspunkt: um eine Fläche vom Radius r möglichst gleichmässig durch eine Lampe zu beleuchten, ist es am vorteilhaftesten, wenn man sie in der Höhe $h = \frac{3}{4} r$ vertikal über dem Mittelpunkt der zu beleuchtenden Fläche anbringt.

b) Grösse und Anzahl, Anordnung und Verteilung der Motoren.

Bezüglich der Wahl der Motoren ist in erster Linie mafsgebend die Grösse der von denselben verlangten Leistung, oder — wenn es sich um Ausnutzung einer gegebenen Betriebskraft handelt, die Grösse der letzteren.

Ausserdem ist die Grösse des für eine bestimmte Leistung erforderlichen Motors abhängig von seiner Tourenzahl. Liegen bezüglich der letzteren keinerlei Beschränkungen vor, so wird man mit Rücksicht auf den geringeren Preis der schnellaufenden Motoren in der Regel bis zu der höchsten Geschwindigkeit gehen, die mit Rücksicht auf die Konstruktion und Leistung des Motors praktisch zulässig ist.

Häufig indessen wird durch die Eigenart der durch den Motor zu betreibenden Maschine, zur Vermeidung ungünstiger Übersetzungsverhältnisse etc. eine niedrigere Tourenzahl bedingt sein.

Der Ort für die Aufstellung des Motors ist fast durchweg durch die Lage der Kraft-Verbrauchsstelle und durch die Antriebsart von selbst gegeben.

Grosse Transmissionen wird man bei Verwendung von Elektromotoren möglichst zu vermeiden suchen. Ein wesentlicher Vorteil der Elektromotoren liegt gerade darin, dass sie **fast überall** ohne Schwierigkeit aufgestellt werden können. Antrieb durch einen einfachen Riemen oder direkte Kuppelung werden daher die Regel sein, und der Motor wird der Verbrauchsstelle möglichst nahe gerückt.

Die **Zahl** der in einer bestimmten Anlage erforderlichen Motoren *ist* naturgemäss in erster Linie bedingt durch die Zahl der Verbrauchsstellen. Man kann nun entweder für jede einzelne Verbrauchsstelle

I. Ansicht einer Werkstätte
zu Seite 13.

Grösse und Anzahl, Anordnung und Verteilung der Motoren. 11

Transmissions-Antrieb.

einen entsprechenden Motor vorsehen, oder man bethätigt mehrere Verbrauchsstellen von einem einzigen Motor aus, vermittelst einer Transmission.

Ersteres, der Einzelantrieb, hat den Nachtheil, dass die vielen kleineren Motoren teurer sind und unökonomischer arbeiten, als ein einzelner entsprechend grösserer Motor. Dem gegenüber stehen indessen bei Gruppenantrieb die mitunter sehr bedeutenden Kosten der Transmission, die Raumversperrung durch dieselbe und die Kraftverluste in derselben, welch letztere besonders dann sehr bedeutend werden, wenn nur ein kleiner Teil der Verbrauchsstellen gleichzeitig eingeschaltet ist.

Ausserdem ist durch den Einzelantrieb eine weit grössere Betriebssicherheit und Unabhängigkeit der Verbrauchsstellen bedingt, als bei Gruppenantrieb. Es fällt dies besonders dann schwer in die Wagschale, wenn die einzelnen Verbrauchsstellen ganz unabhängig von einander aus- und eingeschaltet werden sollen, wenn sie zum Teil nur mit grösseren Unterbrechungen arbeiten, wenn überhaupt die Betriebsbedingungen sehr verschieden sind. Wenn mit der Möglichkeit zu rechnen ist, dass die Arbeitsmaschinen gelegentlich an einem andern Platze aufgestellt werden, so spricht dies ebenfalls zu Gunsten von Einzelantrieb. Was in jedem Einzelfalle das Beste ist, muss unter Berücksichtigung aller Verhältnisse von Fall zu Fall entschieden werden.

c) Lage der Erzeugungsstelle im Verhältnis zu den Stromnehmern.

Nach Feststellung der Zahl, Grösse und Verteilung der Lampen und Motoren ist zunächst die Frage von Interesse, von wo aus der Strom den einzelnen Verbrauchsstellen zugeführt werden soll, da hiervon die Anordnung und Dimensionierung der Zuleitungen wesentlich bedingt wird.

Ist eine Stromerzeugungsstelle bereits vorhanden, so ist in der Regel nur noch festzustellen, ob der Strom von einer in der Nähe vorbeigehenden Verteilungsleitung abgenommen werden kann, oder von einem von der Centrale aus gespeisten Verteilungspunkte oder einer Unterstation, oder ob eine oder mehrere besondere Leitungen von der Centrale her zu führen sind. Letzteres bietet meist grössere Unabhängigkeit, und ist bei kleineren, wenig ausgedehnten Anlagen fast stets am Platze, wenn es sich nicht um einen verhältnismäfsig sehr geringen abzugebenden Strom handelt

Ersteres ist bei grösseren Centralen mit ausgedehntem Verteilungsnetz das fast ausschliesslich in Frage kommende.

In jedem Falle ist natürlich zunächst zu prüfen, ob die betreffende Leitung oder der Verteilungspunkt zum Anschluss der neu hinzukommenden Stromnehmer geeignet ist: ob die Zuleitungen stark genug dimensioniert, und ob die Betriebsverhältnisse der in der Leitung vorhandenen und neu anzuschliessenden Stromnehmer derartige sind, dass gegenseitige Störungen ausgeschlossen erscheinen.

Die Erledigung dieser Fragen erheischt eine genaue Prüfung unter Berücksichtigung der im Abschnitt „Leitungen" zu gebenden Gesichtspunkte.

Ist eine Strom-Erzeugungsstelle überhaupt noch nicht vorhanden, so ist die Bestimmung ihrer Lage von grösster Wichtigkeit.

Hat man bezüglich der Lage der Erzeugungsstelle ganz freie Wahl, so wird man dieselbe so treffen, dass sowohl die Anlage- als auch die Betriebskosten ein Minimum werden, was unter sonst gleichen Umständen dann der Fall ist, wenn die Erzeugungsstelle im „Schwerpunkt" des Stromkonsums liegt, den man findet, indem man sich die einzelnen Stromkonsumstellen durch ihrer Konsumgrösse entsprechende Massen dargestellt denkt.

Je ausgedehnter eine Anlage, und je niedriger die in Frage kommende Betriebs-Spannung, desto wichtiger ist es, die Lage sorgfältig zu wählen. Es wird aber nur in den seltensten Fällen möglich sein, die Centrale wirklich in den „Schwerpunkt" des Konsums zu verlegen. Entweder steht gerade an dieser Stelle kein geeigneter Raum zur Verfügung, oder die Ankaufs- oder Mietskosten sind zu hohe, oder die Transportkosten für die erforderlichen Betriebsmaterialien, — wie Kohlen für die Dampfkessel u. s. w., — sind zu bedeutend, etc.

Oft auch ist die Lage der Centrale von vorn herein gegeben, insbesondere dann, wenn es sich um die Ausnutzung einer bereits vorhandenen oder an eine bestimmte Stelle gebundenen Kraft handelt, z. B. einer bestehenden Dampfkraftanlage, oder einer Wasserkraft.

Von der Lage der Erzeugungsstelle und der Ausdehnung des Konsumgebiets ist die Wahl des Verteilungssystems wesentlich abhängig.

II. Ansicht einer Werkstätte mit elektrischem Einzel-An

... der Werkzeugmaschinen (ausgeführt von Siemens u. Halske).
s. Seite 10/11.

Dagegen ist die Bestimmung der Grösse und der besonderen Einrichtungen der Erzeugungsstelle hauptsächlich bedingt durch die Grösse und Zahl der Stromnehmer — wovon bereits oben die Rede — und von den allgemeinen Betriebsverhältnissen.

d) Die Betriebsverhältnisse.

Zur Projektierung einer Anlage, sowie auch zur Berechnung der Rentabilität einer solchen ist es notwendig, zu wissen, wann jeder einzelne Stromnehmer in und ausser Betrieb gesetzt wird, und wieviel Energie er zu jeder Zeit konsumiert, so dass man einen klaren Überblick bekommt, wie stark zu jeder Tages- und Jahreszeit die Beanspruchung der Erzeugungsstation ist und wie sich der zu liefernde Strom auf Kraft- und Lichterzeugung verteilt.

Ein gleichmässiger Betrieb während der verschiedenen Stunden des Tages und an den verschiedenen Tagen des Jahres wird nur in ganz seltenen Fällen — hauptsächlich nur in reinen Kraftanlagen — stattfinden. Der Lichtbetrieb wird schon dadurch in der Regel sehr schwankend, dass die Beleuchtungsdauer in den verschiedenen Jahreszeiten ganz von Sonnen-Auf- und Untergang abhängt. Meist wird auch das Lichtbedürfnis während der verschiedenen Stunden der Beleuchtungsdauer sehr verschieden sein.

In gemischten Anlagen wird sich das Verhältnis vielfach so stellen, dass tagsüber fast nur Motoren, Abends fast nur Lampen zu speisen sind. Dies Verhältnis ist schon darum günstig, weil dann Störungen des Lichtes durch die Motoren, wie sie besonders beim plötzlichen Einschalten grösserer Motoren leicht eintreten, möglichst vermieden werden und weil eine gleichmässigere Ausnutzung der Maschinen-Anlage möglich ist.

Bei schwierigeren Betriebsverhältnissen ist es vorteilhaft, die Belastungsänderungen graphisch darzustellen, indem man die Zeit als Abscissen, die Belastung — Motoren und Licht getrennt — als Ordinaten aufträgt.

e) Besondere Verhältnisse.

Je nach der speciellen Bestimmung der Anlage und nach den örtlichen Verhältnissen werden vielfach bei Einrichtung der Anlage noch besondere Rücksichten zu nehmen sein.

In physikalischen Laboratorien z. B. liegt die Möglichkeit der Störung von magnetischen und elektrischen Instrumenten vor. Bei Anlagen in Schiffen ist auf die etwaigen Störungen des Kompasses Rücksicht zu nehmen. Bei transportablen Anlagen muss ein bequemes Transportieren und schnelles und leichtes Montieren möglich sein. Die Einrichtung muss möglichst einfach und zugleich betriebssicher sein.

Bei Anlagen für vorübergehenden Gebrauch (provisorische Anlagen) können viele sonst unerlässliche Sicherheitsmafsregeln ausser Acht gelassen werden, da an die Dauerhaftigkeit und Betriebssicherheit oft nur geringe Anforderungen gestellt werden.

Ganz eigenartige Verhältnisse liegen vor bei elektrischen Bahnbetrieben. Länge und Frequenz der Strecke, Fahrgeschwindigkeit, Steigung, die zu bewegenden Lasten u. s. w. spielen hier eine wesentliche Rolle bei Bestimmung der Grösse und Art der Motoren, der Krafterzeugungsstation etc. Die Stromzuführung ist mit mannigfachen Schwierigkeiten verbunden und sind hier zum Teil die örtlichen Verhältnisse mafsgebend bei Wahl des Systems.

Auf alles dies werden wir in den folgenden Kapiteln noch ausführlicher zurückkommen.

Allgemeine Gesichtspunkte.

Nachdem man auf Grund der im Vorausgegangenen kurz erörterten allgemeinen Vorerhebungen sich die nötigen allgemeinen Unterlagen, die Daten bezüglich der Anforderungen, denen im speziellen Fall entsprochen werden soll, verschafft hat, wird es möglich sein, sich über die jedem einzelnen Fall angemessene Einrichtung einer Anlage klar zu werden.

Die ganz allgemeinen hierfür mafsgebenden Gesichtspunkte sind folgende:

In erster Linie muss natürlich die Einrichtung derartig sein, dass sie dem speziellen Zweck möglichst vollkommen entspricht. Auch ist zumeist einer Reihe von örtlichen und andern Verhältnissen Rechnung zu tragen.

Unter steter Berücksichtigung dieser Gesichtspunkte ist nun in allen Punkten der Anlage nach möglichster **Betriebssicherheit** und nach möglichster **Einfachheit** der Anlage sowohl als des Betriebes zu streben.

Ausserdem wird es sich darum handeln, sowohl die **Herstellungskosten**, als auch die laufenden **Betriebskosten** auf ein Minimum zu reduzieren.

In welcher Weise diese Gesichtspunkte bei den einzelnen Teilen der Anlage zur Geltung kommen, werden die folgenden Abschnitte erkennen lassen.

II. Abschnitt.

Wahl des Systems.

Der allgemeine Charakter, das „System" einer Anlage, ist gegeben durch die Stromart, die Schaltung der Stromnehmer und die Betriebsspannung, sowie durch die Art der Leitungsführung bezw. das Verteilungs-System [1]).

Hierüber wird man sich daher zunächst Rechenschaft zu geben haben und wird dabei, um den oben angeführten allgemeinen Bedingungen genügen zu können, hauptsächlich berücksichtigen müssen — nach Mafsgabe der im vorigen Kapitel erläuterten „allgemeinen Erhebungen" — die Art der Stromnehmer, die Lage der Erzeugungsstelle zu den Stromnehmern und die Ausdehnung des Consumgebietes, sowie die Betriebsverhältnisse.

a) Die Strom-Art.

Was zunächst die Frage anbetrifft, ob Gleichstrom, Wechselstrom oder Drehstrom zu verwenden ist, so sind folgende Gesichtspunkte mafsgebend.

Für Gleichstrom spricht zunächst die Möglichkeit, Accumulatoren zu verwenden.

Mit Hilfe von Accumulatoren ist es möglich, bei sehr schwankendem Betrieb die Maschinenstation selbst kleiner zu halten und den Betrieb ökonomischer zu gestalten.

---

[1]) Unter dem „Schaltungssystem" verstehen wir die prinzipielle elektrische Anordnung der Stromnehmer zu einander und zum Stromerzeuger. Die Bezeichnung „Leitungs-System" bezieht sich auf die räumliche Anordnung der Leitungen zwischen Consumstelle und Stromerzeuger.

Die Maschinenstation wird z. B. für eine mittlere Leistung berechnet; bei schwächerem Betrieb werden die Accumulatoren geladen und arbeiten bei stärkerem Betriebe mit den Maschinen zusammen. — Die Maschinen sind also während des grössten Teils der gesammten Betriebsdauer voll belastet und arbeiten mit günstigstem Wirkungsgrade. — Ist der Betrieb unter eine gewisse Grenze gesunken, sodass beispielsweise nur noch einige wenige Lampen brennen, so werden die Maschinen still gesetzt und es übernehmen die Accumulatoren, die zudem nur einer verschwindend geringen Wartung bedürfen, allein den Betrieb.

In den Betrieben mit sehr unregelmässigen Variationen bleiben sie dauernd zu den Maschinen parallel geschaltet, um vorübergehende Mehrleistungen sofort selbstthätig zu übernehmen. Die bei vielen Motorenbetrieben ganz unvermeidlichen Stromstösse nehmen sie ohne weiteres auf und schützen die Maschinen vor den andernfalls unvermeidlichen Störungen und sichern ein ruhiges Brennen, besonders des Glühlichts. Auch die durch ungleichförmigen Gang der Betriebsmaschine entstehenden Schwankungen gleichen sie aus.

Ferner stellen die Accumulatoren eine vorzügliche Notreserve dar, die in vielen Fällen — beispielsweise in Theatern — von höchstem Werte ist, indem bei etwa eintretenden Störungen an der Maschine die Batterie sofort selbstthätig den Betrieb übernehmen kann.

Bei Mehrleitersystemen bewähren sie sich vorzüglich als Ausgleicher.

In Unterstationen dienen sie zur Constanterhaltung der Spannung, zur Unterstützung des Maschinenstromes u. s. w.

Da eine geladene Batterie ferner eine in jedem Moment zur Verfügung stehende und auch eine transportable Stromquelle darstellt, der man bis zu einer gewissen Maximalgrenze beliebige Stromstärken in beliebigen Intervallen ohne Beeinträchtigung der Ökonomie entnehmen kann, so ist sie von ganz besonderem Werte für elektrisch betriebene Fahrzeuge und ermöglicht unter Umständen in einfachster Weise die Schwierigkeiten der Stromzuführung zu dem Fahrzeug zu umgehen.

Das sind Vorteile, die zum Teil nicht hoch genug angeschlagen werden können und unter Umständen sehr zu Gunsten des Gleichstroms sprechen, selbst wenn man die Energie-Verluste bedenkt, die durch die Accumulatoren bedingt sind.

Handelt es sich um die Erzeugung hoher Spannungen, so ist der Wechselstrom dem Gleichstrom entschieden überlegen. Die Gleichstrom-Maschinen können nicht so leicht für höhere Spannungen gebaut werden; eine Steigerung der Spannung über die hierdurch gezogenen Grenzen hinaus durch Transformation ist nicht möglich. Die Transformation ist zudem mit relativ hohen Verlusten verknüpft. Gerade in der Leichtigkeit, mit der Spannungen bis zu mehreren tausend Volt direkt durch die Maschine erzeugt werden können — in der Möglichkeit, den Wechselstrom durch ruhende Transformatoren auf noch weit höhere Spannungen — bis zu 20000 Volt und darüber — und von diesen herab auf beliebige Tiefspannungen zu bringen, und in dem hohen Wirkungsgrad dieser Transformationen liegt einer der Hauptvorzüge des Wechselstromsystems.

Allerdings kann der Vorteil einer ökonomischen Transformierung in Anlagen mit vielen schwach belasteten Transformatoren infolge des relativ hohen Leerlaufstromes unter Umständen wesentlich beeinträchtigt werden.

Was das Funktionieren der für die verschiedenen Stromarten verwendeten Lampen und Motoren anbetrifft, so brennen die Glühlampen mit Gleich- und Wechselstrom gleich gut.

Die Bogenlampen für Gleichstrom haben eine für viele Zwecke günstigere Lichtverteilung und das Licht flimmert nicht, wie dies bei Wechselstromlampen unter Umständen störend hervortritt. Die Lichtverteilung der Wechselstrombogenlampen kann übrigens nötigenfalls durch Anbringung eines Reflectors unmittelbar oberhalb des Lichtbogens derjenigen der Gleichstromlampen ähnlich gemacht werden.

Als ein wesentlicher Vorzug der Wechselstrombogenlicht-Verteilung ist es anzusehen, dass statt der viel Energie verzehrenden Vorschalt- und Ersatzwiderstände Drosselspulen verwendet werden können,[1] und dass die Lampen bei Verwendung geeigneter Transforma-

---

[1] Bezüglich der Vorschaltwiderstände wird hierbei insbesondere zu erwägen sein, wie weit dieselben eventuell mit grösserem Vorteil durch die Leitung selbst gebildet werden, wodurch zwar grösserer Energie-Verlust, aber unter Umständen eine sehr wesentliche Ersparung an Leitungsmaterial erzielt werden kann.

toren ohne nennenswerte Energieverluste auch einzeln an Netze mit 110 Volt oder höherer Spannung angeschlossen werden können.

Die Motoren für Gleichstrom lassen sich durch entsprechende Wicklung den verschiedensten Verhältnissen mit Leichtigkeit in vollkommenster Weise anpassen und können insbesondere mit einer sehr hohen Anzugskraft und weitgehender Regulierbarkeit ausgestattet werden.

Die ein- und mehrphasigen Wechselstrommotoren zeichnen sich dagegen durch ihren geräuschlosen und funkenlosen Gang und sehr genaue Einhaltung der Tourenzahl auch bei bedeutenden Belastungsänderungen aus. In dieser letzteren Eigenschaft liegt aber auch zugleich die geringe bezw. nur in unökonomischer Weise zu erzielende Regulierbarkeit begründet, ein Mangel, der den Wechselstrom für manche Zwecke weniger geeignet erscheinen lässt. Bezüglich des Bahnbetriebes, wo dieser Mangel anscheinend sehr ins Gewicht fällt und noch die Schwierigkeit der Stromzuführung hinzutritt (bedingt durch die Notwendigkeit dreier Leitungen), haben indessen neuere Ausführungen mit Dreiphasenstrom gezeigt, dass diese Nachteile unter Umständen entweder vermindert, oder durch andere Vorzüge reichlich aufgewogen werden können.

Sehr unangenehm machen sich ferner insbesondere in Anlagen mit asynchronen Motoren zuweilen die Phasen-Verschiebung und die daraus sich ergebende hohe Stromstärke bemerkbar, besonders wenn stets ein Teil der Motoren in der Anlage nur mit geringerer Belastung arbeitet. Es kann dies unter Umständen zu einer erheblichen Verteuerung der Generatoren- und Leitungs-Anlage führen. Doch kann man diesem Mangel in verschiedener Weise bis zu einem gewissen Grade abhelfen.

Die Wechselstrom-Maschinen im allgemeinen sind einfacher und dauerhafter als die Gleichstrommaschinen, bedürfen nur geringer Wartung und sind weniger empfindlich gegen Verschmutzung. Es bedürfen aber die Generatoren sowie die asynchronen Motoren im allgemeinen einer besonderen Stromquelle zur Erregung. Ferner ist das Parallelschalten der Generatoren etwas umständlicher und schwieriger als bei Gleichstrom.

Zur Entscheidung der Frage, ob in einer Wechselstromanlage Einphasen-, Zweiphasen- oder Dreiphasen- (Dreh-) Strom vorzuziehen sei, ist hauptsächlich im Auge zu behalten, dass bei grösseren Lichtanlagen bei Dreiphasenstrom wesentlich an Leitungsmaterial gespart werden kann, sowie, dass die Motoren im allgemeinen weit einfacher in der Bedienung und sicherer im Betriebe sind und eine weit günstigere Anzugskraft besitzen als bei Einphasenstrom. Auch sind die Generatoren und Motoren billiger als für Einphasenstrom. Dagegen können die einzelnen Phasen nicht so einfach und sicher reguliert werden wie bei Einphasenstrom, was bei Lichtanlagen unter Umständen von Bedeutung sein wird. Vorteilhafter gestaltet sich die Lichtverteilung mit Zweiphasenstrom, der für Motorenbetrieb sich nahezu ebenso günstig stellt, wie Dreiphasenstrom, aber im allgemeinen ein teureres Leitungsnetz ergiebt.

Berücksichtigt man die grösere Übersichtlichkeit und Einfachheit der Einphasenanlagen, so wird man den Einphasenstrom bei reinen Lichtanlagen, besonders bei kleineren, in der Regel bevorzugen; in reinen Kraftanlagen dagegen Dreiphasenstrom (Drehstrom). In Anlagen für Kraft und Licht wird einphasiger Wechselstrom nur dann in Frage kommen, wenn der Motorenbetrieb mehr in den Hintergrund tritt und keine hohe Anforderungen bezüglich der Anzugskraft etc. gestellt werden. Wo letzteres nicht zutreffend, kann Zweiphasenstrom erfolgreich in Concurrenz treten. In allen Anlagen aber mit ausgedehnterem Motorenbetrieb und grösseren Verteilungsnetzen wird Drehstrom am Platze sein. Wenn man bei Drehstromanlagen auf den Vorteil der Leitungsersparnis und günstigeren Ausnutzung der Generatoren gegenüber einphasigem Wechselstrom verzichten will, um eine übersichtlichere Verteilung für das Licht und eine sichere Regulierung zu erzielen, so kann man die Lichtleitungen von nur zwei Polen des Generators abzweigen, also als reinen Wechselstrom, während für Motoren alle drei Phasen benutzt werden. Die Ausnutzung der Generatoren ist dann selbst bei Überwiegen des Lichtbetriebes eine relativ günstige. Man vereinigt hierbei die Vorteile des ein- und mehrphasigen Wechselstromes in ähnlicher Weise, wie es in dem sogenannten „monocyclischen" System geschieht, bei welchem einphasiger Wechselstrom verwandt wird, dem für Motorenbetrieb eine Hilfsphase zugefügt wird.

Um die Vorteile des Gleich- und Wechselstroms zu vereinigen, hat man vielfach ein gemischtes System in Anwendung gebracht. Man kann beispielsweise die für eine Fernübertragung erforderliche

Hochspannung durch Wechselstrom erzeugen, und diesen dann an der Sekundärstation nach Bedarf teilweise in Gleichstrom umwandeln, mittels einer durch einen Wechselstrom-Motor angetriebenen Gleichstrom-Dynamomaschine.

Zur Entscheidung der Frage, welche Periodenzahl für eine Wechselstromanlage zu wählen ist, hat man zu beachten, dass höhere Wechselzahlen ungünstigere Constructionsbedingungen für die Generatoren und Motoren ergeben, während die Transformatoren im allgemeinen günstiger ausfallen, wenngleich die Hysteresisverluste grösser sind. — Auch finden in den Leitungen grössere Spannugsverluste durch Selbstinduction statt, die unter Umständen sehr erheblich werden können. — Die Bogenlampen brennen bei höherer Wechselzahl besser. Doch macht sich der Unterschied über ca. 40—50 Perioden pro Secunde nicht mehr bemerkbar. — Da sich nun auch der Motorenbetrieb bei niedrigeren Wechselzahlen günstiger gestaltet, so sollte man über 40—50 Perioden überhaupt nicht hinausgehen; in reinen Kraftanlagen, besonders wenn längere Leitungen in Frage kommen, wird man eher noch niedrigere Werte wählen.

b) *Schaltung der Stromnehmer.*

Was nun die **Schaltung der Stromnehmer** anbetrifft, so können entweder mehrere derselben von einem und demselben Strome durchflossen werden — Hintereinanderschaltung, Serienschaltung oder Reihenschaltung. (Fig. 1) — oder die Stromnehmer erhalten jeder eine besondere Stromzuführung, deren mehrere von einer gemeinschaftlichen Hauptleitung oder von einer Stromquelle abzweigen — Nebeneinanderschaltung, Parallelschaltung (Fig. 2).

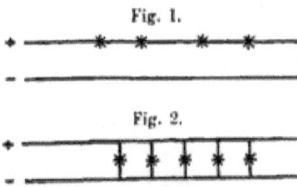

Fig. 1.

Fig. 2.

Beide Schaltungsweisen können auch vereinigt werden, indem Gruppen parallel geschalteter Stromnehmer hintereinander oder Reihenschaltungsgruppen parallel geschaltet werden; gemischte Schaltung. (Fig. 3 u. 4).

Bei Hintereinanderschaltung ist eine Betriebsspannung erforderlich, die mindestens gleich der Summe der Einzelspannungen der Stromnehmer ist; die Stromstärke in der Leitung dagegen ist gleich derjenigen eines einzelnen Stromnehmers.

Bei Parallelschaltung dagegen ist die minimale Betriebsspannung gleich derjenigen eines einzelnen Stromnehmers, während die Stromstärke der Hauptleitung gleich der Summe der Stromstärken aller Stromnehmer ist.

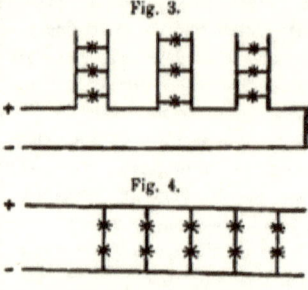

Fig. 3.

Fig. 4.

Man wird sonach unter sonst gleichen Bedingungen bei Serienschaltung höhere Spannungen und wesentlich geringere Leitungsquerschnitte erhalten als bei Parallelschaltung. Der hiedurch bedingten Ersparung an Leitungsmaterial steht aber der Nachteil gegenüber, dass die Stromnehmer sehr von einander abhängig sind. Der Hauptvorteil der Parallelschaltung ist die grosse **Unabhängigkeit** der einzelnen Stromnehmer. In den gemischten Schaltungsweisen lassen sich die Vorteile beider Schaltungen bis zu einem gewissen Grade vereinigen.

Die Reihenschaltung ist sowohl bei Bogenlampen und Glühlampen, als auch bei Motoren anwendbar. Von letzteren kommen indessen ausschliesslich die Gleichstrom-Motoren in Frage.

Bogenlampen findet man bis zu 50 Stück und mehr hintereinander geschaltet. In der Regel geht man nicht über ca. 10—15 Lampen hinaus, da man sonst zu hohe Spannungen erhält. Sind mehr Lampen vorhanden, so ist es zu empfehlen mehrere Gruppen in Serie geschalteter Lampen parallel zu schalten. — Glühlampen können ebenfalls in grösserer Anzahl hintereinander geschaltet werden, und wählt man dann meist Lampen niedriger Spannung, um keine zu hohe Gesammtspannung zu erhalten. Hintereinanderschaltung von Glühlampen in grösserer Anzahl findet fast nur zur Beleuchtung von Strassen, Plätzen etc. Anwendung. - - Von Motoren eignen sich für Hintereinanderschaltung fast ausschliesslich Gleichstrom-Reihenschluss-Motoren, und wird diese Schaltung meist nur bei reinen Kraftübertragungen angewandt, insbesondere wenn die Motoren stets gleichzeitig in und ausser Betrieb gesetzt werden sollen.

Um bei Hintereinanderschaltung die einzelnen Stromnehmer, insbesondere wenn es sich um eine grössere Anzahl handelt, unabhängiger von einander zu machen und eventuell einzeln aus- und einschalten zu können, sind Kurzschluss-Vorrichtungen, und bei constanter Betriebsspannung Ersatzwiderstände oder eventuell bei Wechselstrom Drosselspulen erforderlich.

Reine Reihenschaltungs-Anlagen finden sich nur verhältnismäfsig selten. Die weitaus grössere praktische Bedeutung haben die **Parallelschaltungsanlagen** und noch mehr die Anlagen mit **gemischter Schaltung**.

Letztere Schaltung wird beispielsweise bei Anlagen mit Bogenlichtbeleuchtung fast stets angewandt, weil die Spannung der einzelnen Bogenlampen eine relativ niedrige, etwa 30—45 Volt ist und es im Allgemeinen sehr unrationell wäre, eine Anlage mit so niedriger Betriebsspannung einzurichten, wie sie bei einfacher Parallelschaltung der Bogenlampen erforderlich wäre. Nur bei ganz kleinen Anlagen findet daher einfache Parallelspaltung der Bogenlampen statt, während zumeist Gruppen von bei Gleichstrom 2, bei Wechselstrom 3 hintereinandergeschalteten Bogenlampen parallel angeordnet werden. Die Betriebsspannung beträgt dann ca. 110—120 Volt, was auch der gebräuchlichen Glühlampenspannung entspricht.

Da man erst in neuerer Zeit beginnt, Glühlampen für wesentlich höhere Spannungen als 120 Volt einzuführen und über eine oberste Grenze von etwa 220 Volt vorläufig überhaupt nicht hinauskommt, und da andererseits Hintereinanderhaltung von Glühlampen mit mancherlei Unannehmlichkeiten verknüpft ist, so ist man in Beleuchtungsanlagen bis zu gewissem Grade noch an die Spannung 110—120 Volt gebunden.

Um indessen gleichwohl mit höheren Spannungen arbeiten zu können, was mit Rücksicht auf die Ersparung von Leitungsmaterial besonders in ausgedehnteren Anlagen von grosser Bedeutung ist, hat man verschiedene Mittel ersonnen.

Edison schlug zunächst eine gemischte Schaltung derart vor, dass Gruppen parallel geschalteter Lampen hintereinandergeschaltet werden. Zur Erzielung möglichster Unabhängigkeit der einzelnen Gruppen schaltet man alsdann zu jeder einzelnen Gruppe einen Ausgleicher parallel, der bei schwächerem Strombedarf einer Gruppe den überschüssigen Strom aufnimmt und bei stärkerem Bedarf Strom abzugeben im Stande ist. (Edison's System der Unterstationen). (Fig. 5.) Besonders eignen sich hierfür Accumulatorenbatterien.

Die Unabhängigkeit der einzelnen Parallelschaltungsgruppen kann auch dadurch gewahrt werden, dass man statt einer Hochspannungsdynamo so viele Einzeldynamos hintereinanderschaltet, als Parallelgruppen von Stromnehmern hintereinander zu schalten sind. Zwischen je zwei Gruppen zweigt eine Ausgleichsleitung nach den entsprechenden Verbindungspunkten zwischen den Dynamos ab. (Hopkinson's Mehrleitersystem). Fig. 6 u. 7.

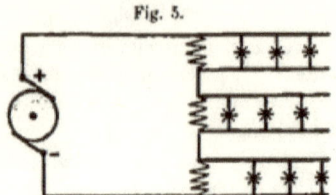

Fig. 5.

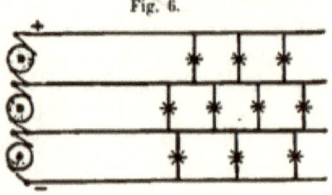

Fig. 6.

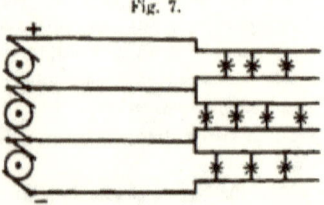

Fig. 7.

Diese Systeme können in verschiedenartiger Weise variiert und mit einander combiniert werden.

Insbesondere die Mehrleitersysteme vereinigen in sich aufs Vollkommenste die Vorteile der Hintereinander- und der Parallelschaltung.

Statt mehrere hintereinander geschaltete Dynamos zu verwenden, kann man die Unabhängigkeit der einzelnen Mehrleitergruppen auch dadurch erzielen, dass man zu einer Primärdynamo besondere Ausgleicher parallel schaltet, zu welchen die Ausgleichsleitungen zurückgeführt werden.

Als Ausgleicher können verwendet werden bei Gleichstrom: Accumulatoren, Ausgleichsmehrfachdynamos; bei Wechselstrom auch Inductionsspulen, Transformatoren etc. Fig. 8, 9, 10, 11.

An Leitungsmaterial wird bei Mehrleiter-Anlagen ausserordentlich gespart, da die Aussenleiter ebenso dimensioniert werden können, als wenn reine Serienschaltung vorläge, während die Ausgleichsleiter nur nach Mafsgabe der zu erwartenden Belastungsdifferenzen der einzelnen Gruppen, die man durch passende Anordnung der Stromnehmer möglichst gering zu halten sucht, zu bemessen sind.

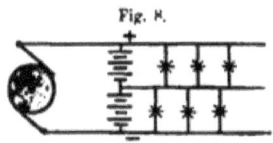

Fig. 8.
Akkumulatoren als Ausgleicher.

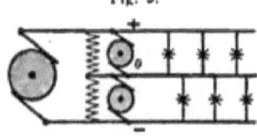

Fig. 9.
Dynamos als Ausgleicher.

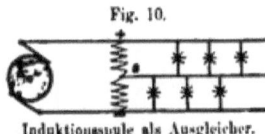

Fig. 10.
Induktionsspule als Ausgleicher.

Selbstverständlich können von einem Mehrleitersystem auch Zweileitergruppen unter der vollen oder unter einer Teilspannung abgezweigt werden. (Vgl. Fig. 12).

Von grösster praktischer Bedeutung ist insbesondere das Dreileitersystem geworden.

Mitunter hat man auch Fünfleitersystem angewandt, doch gestalten sich hierbei schon die Schaltungs- und Betriebs-Verhältnisse so compliciert, dass es nur für sehr grosse Anlagen eine praktische Bedeutung hat.

Fig. 11.
Transformator als Ausgleicher.

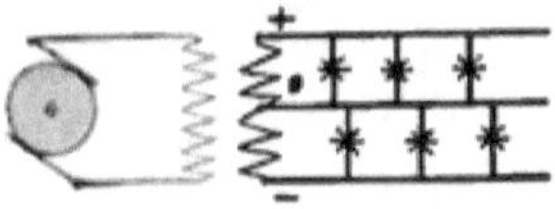

In vielen Fällen, besonders bei grösseren Anlagen mit zahlreichen Motoren, wird mit Vorteil ein combiniertes Drei- und Fünfleitersystem angewandt, indem man beispielsweise als Stromerzeuger 2 hintereinandergeschaltete Dynamos für je 250 Volt aufstellt, von denen je nach Bedarf Motoren und event. Bogenlampen unter 500 oder 250 Volt gespeist werden, während für das Glühlicht Ausgleicher aufgestellt werden, die eine Unterteilung auf 125 Volt bewirken, und die dann entsprechend dem geringeren Strombedarf nur klein zu sein brauchen.

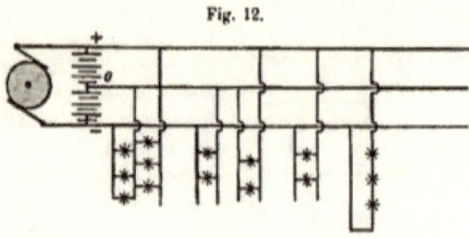

Fig. 12.

Dreileiter-System mit 2- und 3-poligen Abzweigungen.

Die Frage, welches System und in welcher Form es am vorteilhaftesten anzuwenden ist, muss von Fall zu Fall auf Grund der jedesmaligen Sachlage und im Zusammenhang mit der Frage der Wahl der Betriebsspannung entschieden werden.

c) *Wahl der Betriebsspannung.*

Bezüglich der Wahl der Betriebsspannung ist zunächst Rücksicht zu nehmen auf die Anlage- und Betriebskosten.

Mit wachsender Spannung vermindert sich unter sonst gleichen Umständen der Querschnitt der erforderlichen Leitungen bis auf das praktisch zulässige Minimum, so dass unter Umständen bedeutend an Leitungsmaterial gespart werden kann.

Die Kosten für Maschinen, Apparate u. s. w. dagegen sind bei den höheren Spannungen zumeist höher. Bei gleichen Anlagekosten wird sich der Wirkungsgrad, und damit die Betriebskosten der Anlage bei höherer Spannung im allgemeinen günstiger gestalten. Eine oberste Grenze für die Spannung liegt in der Beschaffenheit der Stromerzeuger und Umformer selbst; die Gleichstrom-Nebenschluss-Maschinen liefern zur Zeit je nach ihrer Grösse maximal etwa 100—1500 Volt, Serienmaschinen oder solche mit besonderer Erregerstromquelle etwas mehr[1]); Wechselstrom-Maschinen bis zu ca, 5000 Volt [2]) Transformatoren bis zu etwa 15000—20000 Volt.

Da der Vorteil der Hochspannung in erster Linie in der Leitungs-Ersparnis liegt, wird man im allgemeinen die Spannung nicht höher wählen, als es nötig ist, um zur Erzielung eines bestimmten Wirkungsgrades Leitungen von dem minimal überhaupt zulässigen Querschnitt verwenden zu können.

Ein Nachteil der hohen Spannungen ist die damit verbundene Lebensgefahr. Auch ist die Sicherheit des Betriebes in vielen Fällen unter sonst gleichen Umständen bei Niederspannungsanlagen grösser, als bei Hochspannung. —

In sehr vielen Fällen ist die zu wählende Betriebsspannung durch die Schaltungsweise der Stromnehmer und durch die Spannung der letzteren gegeben. Bei reiner Parallelschaltung ist die Spannung einfach gleich der Spannung eines einzelnen Stromnehmers vermehrt um den Spannungsverlust in den Zuleitungen; bei Serienschaltung gleich der Summe der Spannungen aller in einer Reihe geschalteter Stromnehmer, vermehrt um den Spannungsverlust in den Zuleitungen.

Die Spannung der einzelnen Stromnehmer ist im allgemeinen an bestimmte Grenzen gebunden. Bogenlampen für Gleichstrom erfordern etwa 35—45 Volt je nach der Stromstärke; solche für Wechselstrom etwa 28—35 Volt; ausserdem ist ein gewisser Vorschaltwiderstand erforderlich, der eine bestimmte Zusatzspannung bedingt.

Glühlampen werden für Spannungen bis 200—250 Volt geliefert, sind aber für Spannungen über ca. 130 Volt schwieriger herstellbar. Kleinere Motoren sind schwer ausführbar über ca. 250 Volt.

---

[1]) Man hat vielfach relativ kleine Gleichstrom-Maschinen für Spannungen bis zu mehreren Tausend Volt gebaut, die besonders in Kraftübertragungen mit nur einer Secundärmaschine oder in Bogenlicht-Serienanlagen Verwendung fanden; doch sind besonders letztere Betriebe nicht ohne erhebliche Nachtheile und es haben sich solche Maschinen auf dem Continent nicht eingebürgert.

[2]) Eine bekannte Schweizer Firma baut zur Zeit für eine Kraftübertragung nach Mailand Maschinen, welche direkt Spannungen von 13500 Volt liefern.

Diesen Verhältnissen Rechnung tragend, hat man nun für Parallel- und gemischte Schaltungsanlagen folgende Normalspannungen ziemlich allgemein angenommen:

65 Volt für kleine Parallelschaltungsanlagen; die Bogenlampen werden einzeln parallel geschaltet.

110—120 Volt für kleine und mittlere Parallelschaltungsanlagen; die Bogenlampen bei Gleichstrom zu je zweien, bei Wechselstrom zu je dreien parallel geschaltet.

220—240 Volt für Dreileitersystem; die Glühlampen unter 110 bis 120 Volt, die Bogenlampen zu je zweien bezw. dreien unter 110—120 Volt, oder unter 220—240 Volt in parallel geschalteten Serien von je 4 bezw. 6 Lampen; die Motoren alsdann meist unter 220—240 Volt.

440—500 Volt für Fünfleitersystem.

Grössere Kraftvertheilungsanlagen mit nicht zu grossen Entfernungen, sowie elektrische Bahnen: 300—700 Volt. — Fernübertragungen 500 bis ca. 15000 Volt, je nach der zu übertragenden Leistung und der Entfernung.

Die meisten Hochspannungs-Centralen mit Transformatoren haben Spannungen zwischen 1000—5000 Volt, Serienschaltungs-Anlagen finden sich bis zu etwa 2000 Volt und höher.

d) *Stromleitungs-System.*

Einen wesentlichen Einfluss sowohl auf die Anlagekosten als auch auf die Sicherheit und Einfachheit des Betriebes hat die Art und Weise wie die Leitungen — abgesehen von dem allgemeinen Schaltungs- system — von den Stromerzeugern bis zu den einzelnen Stromnehmern geführt werden.

Bei reinen Reihenschaltungsanlagen sowie in den Fällen, wo nur ein einziger Stromnehmer vorhanden ist, bedarf die zu wählende Leitungsführung kaum einer Erörterung. Bei ausgedehnteren Parallel- schaltungs- und gemischten Anlagen dagegen kann dieselbe in sehr verschiedener Weise gedacht werden.

Man kann entweder zu jedem einzelnen Stromnehmer oder zu jeder einzelnen Seriengruppe von Stromnehmern eine besondere Leitung von dem Stromerzeuger aus legen, und hat dann den Vorteil grösster Unabhängigkeit der einzelnen Stromkreise — man thut dies häufig bei Bogenlichtbeleuchtung — oder man führt zu kleineren oder grösseren Stromnehmergruppen je eine Hauptleitung, von der je nach Bedarf Zweigleitungen zu den einzelnen Stromnehmern oder kleineren Gruppen abgehen. Für Glühlicht und nicht zu grosse Motoren ist dies die Regel.

Zur Erzielung grösserer Uebersichtlichkeit, sowie zur Vereinfachung des Betriebes ist es in diesem Falle von grösstem Werte, wenn möglichst sämmtliche Abzweigungen einer Hauptleitung von einem und demselben Verteilungspunkte ausgehen. Die Vorteile dieses „Centralisations-Systems" überwiegen zumeist weitaus die durch dasselbe bedingten Mehrkosten der Leitungen.

Durch Verwendung von Hauptstrom-Regulatoren kann man die an den Verteilungspunkten infolge der Belastungsänderungen auftretenden Spannungsschwankungen leicht ausgleichen und infolgedessen grössere Spannungsverluste in den Hauptleitungen zulassen, wodurch unter Umständen bedeutend an Leitungsmaterial gespart werden kann.

Für grössere Verteilungsgebiete mit ziemlich gleichmässig verteiltem Stromkonsum empfiehlt sich oft die Anwendung einer das Gebiet ringförmig durchziehenden in sich selbst zurücklaufenden Doppelleitung (bezw. Dreifachleitung bei Drehstrom oder bei Dreileitersystem), von welcher die Leitungen für die einzelnen Stromnehmer oder kleineren Gruppen derselben abzweigen. Der „Ring" selbst wird an verschiedenen Stellen durch mehrere direkt von den Stromerzeugern ausgehenden Leitungen gespeist. An den Speisepunkten wird nötigenfalls durch Hauptstrom-Regulatoren constante Spannung gehalten. Für sehr grosse Verteilungsanlagen mit sehr zahlreichen Consumstellen, besonders zur Versorgung grösserer Gebiete mit elektrischer Energie, die au sehr

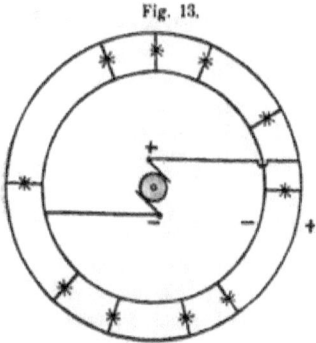

Fig. 13.

zahlreichen, ziemlich gleichmäfsig verteilten Stellen entnommen werden soll und wo man darauf Rücksicht nehmen muss, dass an beliebigen Stellen des Gebiets in möglichst einfacher Weise noch neue Anschlüsse erfolgen können, wie dies besonders bei grösseren städtischen Centralen der Fall ist, wird der Ring vorteilhaft zu einem „Netz" erweitert, welches als aus mehreren teilweise zusammenfallenden Ringen bestehend aufgefasst werden kann.

Fig. 14.

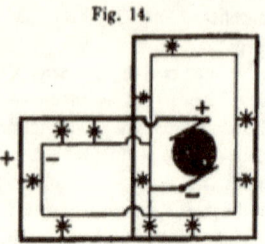

Das Netz erhält ebenfalls an mehreren geeigneten Stellen Speisepunkte, an denen constante Spannung gehalten wird.

Bei Versorgung ausgedehnter Gebiete mittels hochgespannten Wechselstroms, wird es fast ausnahmslos erforderlich sein, an den Verbrauchsstellen auf eine niedrigere Spannung herunter zu transformieren. Man kann zu diesem Zweck entweder sämmtliche Sekundär-Transformatoren in einem gemeinschaftlichen Raume unterbringen, von dem sämmtliche Niederspannungsleitungen abzweigen, oder man stellt an jeder Verbrauchsstelle oder an kleineren Gruppen derselben die erforderlichen Transformatoren auf. In ersterem Falle wird das eigentliche Leitungsnetz ein Tiefspannungsnetz sein, in letzterem Falle ein Hoch-

Fig. 15.

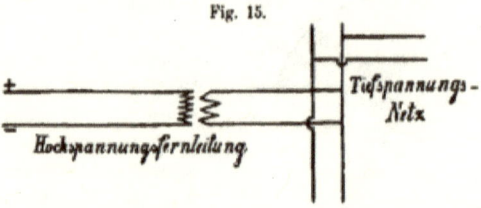

spannungsnetz und zwar entweder mit Tiefspannungs-Einzelleitungen oder mit einer Anzahl kleinerer Tiefspannungs-Gruppen-Netze.

Die Verwendung von Einzeltransformatoren an den Gebrauchsstellen hat den Vorteil, dass man die Spannung für jede Stelle beliebig wählen

Fig. 16.

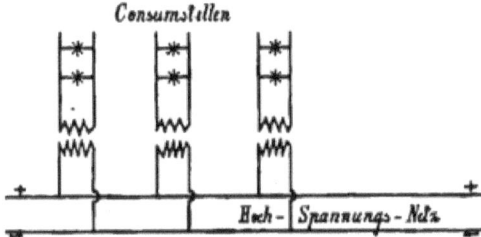

Fig. 17.

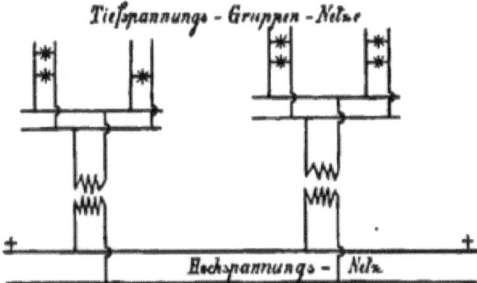

Fig. 18.

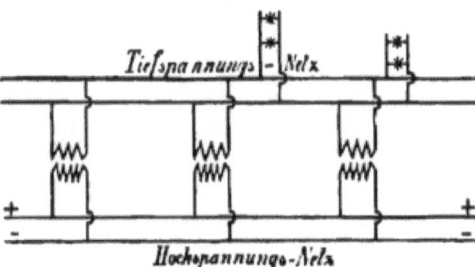

kann. Es wird aber nicht überall angängig sein, mit der Hochspannung bis zur Verbrauchsstelle zu gehen. Auch werden zuweilen die Mehrkosten der zahlreichen kleinen Transformatoren sehr ins Gewicht fallen.

Mitunter wird es sich als vorteilhaft erweisen, parallel zu dem Hochspannungsnetz ein Tiefspannungsnetz zu legen, welches an zahlreichen geeigneten Punkten durch Transformatoren mit dem Hochspannungsnetz in Verbindung steht.

III. Abschnitt.

Wahl der stromerzeugenden Maschinen.

Die für eine Strom-Erzeugungs-Station erforderlichen stromerzeugenden Maschinen kann man je nach ihrer Bedeutung unterscheiden als Haupt- und Neben-Maschinen. Erstere sind die eigentlichen Strom-Erzeuger, letztere sind Hilfsmaschinen, wie Erreger, Zusatzmaschinen, Umformer, Ausgleicher.

Wir fassen im Nachstehenden hauptsächlich die ersteren ins Auge und werden auf die bei letzteren zu berücksichtigenden besonderen Eigentümlichkeiten noch am Schlusse dieses Kapitels kurz zurückkommen.

Bei der Wahl der Maschinen im Allgemeinen wird man sich zu entscheiden haben über die Gattung der Maschinen, ihre Leistungsfähigkeit und Anzahl, ihre Tourenzahl, ihre Spannung; gleichzeitig wird man dabei über die Schaltung der Maschinen-Anlage und die erforderlichen Nebenapparate sich Rechenschaft geben müssen.

Die mafsgebenden Gesichtspunkte hierbei sind folgende.

a) *Maschinengattung.*

Was zunächst die zu wählende Maschinengattung anbetrifft, so ist bei Gleichstrom hauptsächlich die Frage zu entscheiden, ob Reihenschluss-, Nebenschluss- oder Compound-Maschinen zu verwenden sind.

Erstere werden mit Vorteil für reine Reihenschaltungsanlagen angewendet, wobei für jeden Stromkreis eine eigene Maschine erforderlich ist; ferner für reine Kraftübertragungsanlagen mit nur einem Sekundär-Motor, im Allgemeinen da, wo es in erster Linie auf eine Konstant-

Erhaltung oder leichte Regulierung der Stromstärke in dem Stromkreise der Maschine ankommt.

Nebenschlussmaschinen sind überall da zu verwenden, wo es sich um Konstant-Erhaltung der Betriebsspannung oder um sichere Regulierung derselben handelt; sie sind also vor Allem in Parallelschaltungs- bezw. gemischten Anlagen am Platze.

Gute Nebenschlussmaschinen haben auch noch den wesentlichen Vorteil, dass sie im Falle eines Kurzschlusses ein Anwachsen der Stromstärke über eine im Bereich des Zulässigen liegende Grenze hinaus unmöglich machen.

Compound-Maschinen sind nur von untergeordneter Bedeutung, und finden meist nur in kleinen Anlagen Verwendung, wo die Betriebsspannung ohne besondere Wartung bei Betriebsschwankungen selbstthätig konstant erhalten werden soll.

Wechselstrom-Maschinen werden ähnlich wie Gleichstrom-Nebenschluss-Maschinen im Falle eines Kurzschlusses spannungslos, während die Stromstärke bis auf höchstens etwa das Drei- oder Vierfache des normalen Stromes steigt.

Die Vorteile und Nachteile des Wechselstroms im Allgemeinen gegenüber dem Gleichstrom und die besonderen Eigenschaften des einphasigen und mehrphasigen Wechselstroms haben wir bereits oben bei Besprechung der zu wählenden Stromart kurz erwähnt, und ergiebt sich danach leicht das zu wählende Maschinen-System.

b) Leistung und Anzahl.

Was nun die Leistungsfähigkeit und Anzahl der Maschinen anbetrifft, so ist hierfür mafsgebend der maximale Strombedarf, das Vorhandensein von Accumulatoren und deren Leistungsfähigkeit, die Betriebsverhältnisse, und eventuell, das Bedürfnis nach ausreichender Reserve.

Die Gesamtheit der Maschinen, eventuell unterstützt durch die Accumulatoren, muss mindestens dem Maximum des Energiebedarfs gewachsen sein. Um dieses Maximum zu bestimmen, muss man den Konsum jedes einzelnen Stromnehmers kennen. Hierzu kommen dann noch die Verluste in den Zuleitungen und eventuell (z. B. bei Bogenlampen) in den Vorschaltewiderständen und Drosselspulen oder in Stromregulatoren.

In der Regel werden in einer grösseren Anlage niemals sämtliche Stromnehmer zugleich oder sämtlich mit vollem Strom in Betrieb sein, und der maximale Energiebedarf, nach dem sich die Leistungsfähigkeit der Centrale zu richten hat, kann mithin unter Umständen ganz bedeutend kleiner sein als es der gleichzeitigen Speisung aller Stromnehmer entsprechen würde.

Bei ein- oder mehrphasigen Wechselstrom-Anlagen mit asynchronem Motorenbetrieb hat man jedoch zu beachten, dass schwach belastete Motoren wegen der höheren Phasenverschiebung einen relativ sehr hohen Stromkonsum haben, dem die Maschinen gewachsen sein müssen.

Um bei etwa auftretenden Betriebsstörungen an einer Maschine den Betrieb aufrecht erhalten zu können, ist die Aufstellung einer der Hauptmaschine gleichen Reservemaschine dringend zu empfehlen.

In reinen Reihenschaltungsanlagen erhält jeder Stromkreis seine eigene Maschine. Aber auch in grösseren Parallelschaltungs- und gemischten Anlagen wird man oft mit Vorteil statt einer grösseren mehrere kleinere Maschinen verwenden. Am besten macht man die einzelnen Maschinen von genau gleicher Grösse, da dann jede durch eine der andern ersetzt werden kann.

Es wird durch Aufstellung mehrerer kleinerer Maschinen statt einer einzigen grösseren die Betriebssicherheit wesentlich erhöht, da etwaige Störungen an den Maschinen im Allgemeinen nur einen Teil der Anlage betreffen werden.

Man hat auch noch den wesentlichen Vorteil, dass die Reservemaschine ebenfalls kleiner sein kann, wodurch die Anlagekosten vermindert werden und der Vorteil der grossen Maschinen, dass sie relativ billiger sind als die kleineren, meist vollständig aufgewogen wird.

Ist der Betrieb in einer Anlage nicht zu allen Zeiten gleich stark, so bietet die Aufstellung mehrerer Maschinen noch den besonderen Vorteil, dass man dem jedesmaligen Strombedarf entsprechend mehr oder weniger Maschinen in Betrieb nehmen kann, die dann stets unter annähernd voller Belastung arbeiten, wodurch sich der Betrieb weitaus ökonomischer gestalten lässt.

Besonders ist letzteres dann der Fall, wenn der Antrieb der Stromerzeuger durch Dampfkraft erfolgt, und zwar so, dass jede Maschine oder mindestens jede Gruppe gleichzeitig im Betrieb befindlicher Maschinen von einer besonderen Dampfmaschine aus betrieben wird.

In Gleichstrom-Anlagen kann durch Aufstellung von Accumulatoren trotz eines stark veränderlichen Strombedarfes der Betrieb zu einem sehr gleichmässigen gestaltet, die Maschinen-Anlage kleiner gehalten, und unter Umständen eine besondere Maschinen-Reserve ganz gespart werden. Es wurde dies bereits oben erläutert.

Für Mehrleitersystem wird die Maschinen-Anlage bei Gleichstrom am besten so eingerichtet, dass für jede Teilspannung des Mehrleitersystems eine besondere Maschine aufgestellt wird. Die einzelnen Maschinen werden hintereinandergeschaltet. Die Regulierung erfolgt durch Einzelregulierung dieser Maschinen (vergl. Fig. 6, S. 27, sowie Schaltung 8, S. 107). In manchen Fällen ist es vorteilhafter, Ausgleichsmaschinen aufzustellen, und eine (oder mehrere parallel geschaltete) Hauptmaschine für die volle Spannung zu verwenden. (Schaltung 9, Seite 107.) Besonders dann ist dies zu empfehlen, wenn der grössere Teil der erzeugten Energie unter voller Spannung den Stromnehmern zugeführt wird (wie dies zumeist für Motoren und für Bogenlichtgruppen der Fall ist) während nur für einen kleinen Teil des erzeugten Stromes (hauptsächlich Glühlicht) die Unterteilung der Spannung erforderlich ist. Es wird dann nur für diejenigen Stromkreise, die der Unterteilung bedürfen, ein kleines Ausgleichsmaschinen-Aggregat erforderlich.

Hat man grössere Leistungen auf grössere Entfernungen zu übertragen, so empfiehlt sich ebenfalls die Verwendung von Ausgleichern, die dann an der Sekundärstation aufgestellt werden. Man spart dadurch vor allen Dingen den Mittelleiter für die Fernübertragung.

Wie bereits weiter oben erwähnt, kann in Gleichstrom-Anlagen der Ausgleich auch durch Accumulatoren erfolgen.

In Wechselstrom-Anlagen ist ein Hintereinanderschalten der Dynamos nicht in so einfacher Weise möglich, wie bei Gleichstrom-Maschinen.

Als Ausgleicher können eventuell mit Vorteil Transformatoren verwandt werden, deren Sekundärspannung leicht direkt an der Transformatorwicklung unterteilt werden kann.

Auch kann man durch Transformation in einfacher und ökonomischer Weise jede gewünschte Gebrauchsspannung herstellen.

Man ist ferner leicht in der Lage, Teilspannungen direkt an der Wechselstrom-Maschine abzunehmen, wobei letztere den Ausgleich übernimmt.

Speziell für Mehrphasenstrom lässt sich eine Unterteilung der Spannung mit genügender Ausgleichung leicht dadurch bewirken, dass man vom Nullpunkt der in Sternschaltung gedachten Maschine einen Ausgleichsleiter abzweigt. Die Stromnehmer werden dann zwischen diesen und je einen der Aussenleiter geschaltet. Die Teilspannung beträgt dann das $\frac{1}{\sqrt{3}}$-fache der Spannung zwischen den Aussenleitern.

c) Tourenzahl.

Bei Wahl der Tourenzahl der Strom-Erzeuger ist zunächst mafsgebend die Art des Antriebs. Bei direkter Kupplung mit dem Antriebsmotor ist die Tourenzahl der Dynamo gleich derjenigen des Motors, und man wird daher zumeist auf langsam-laufende Maschinen angewiesen sein. Wird die Maschine durch Riemen oder Seil direkt von dem Antriebsmotor bethätigt, so kann die Tourenzahl an und für sich so hoch gewählt werden, als es mit Rücksicht auf die Übersetzungsverhältnisse angemessen erscheint. Durch eine mehrfache Übersetzung, die man aber möglichst vermeiden wird, lässt sich natürlich die oberste Grenze für die Tourenzahl fast beliebig weit hinausschieben.

Eine oberste Grenze für die Tourenzahl ist aus praktischen Gründen durch die Leistung gesetzt, die von der Maschine verlangt wird. Während die kleinsten Maschinen oft für 2000 Touren und mehr gebaut werden, machen Maschinen von mehreren hundert Kilowatt Leistungsfähigkeit selten mehr als 200—300 Touren pro Minute.

Wichtige Gesichtspunkte sind in der Regel der Preis und die Grösse der Maschine. Bei gleicher Leistungsfähigkeit und unter sonst gleichen Voraussetzungen sind diese um so grösser, je geringer die Tourenzahl der Maschine. Dagegen sind zumeist die Zuverlässigkeit, Dauerhaftigkeit und gewöhnlich auch der Wirkungsgrad bei den langsam-laufenden Maschinen günstiger als bei den schneller-laufenden.

Alle Maschinen, besonders aber solche, die von Antriebsmotoren getrieben werden, welche unter Umständen (z. B. bei einer Störung am Regulator) eine wesentlich höhere Tourenzahl annehmen können, sollten so gebaut sein, dass sie etwa das Doppelte der normalen Tourenzahl noch ohne Schaden aushalten können.

d) Spannung.

Die Spannung der Maschinen wird sich stets nach derjenigen der Stromnehmer bezw. der Summe der Spannungen der in Serie geschalteten Stromnehmer zu richten haben, und wird gleich der letzteren, zuzüglich des Verlustes in den Leitungen und in etwaigen Vorschaltwiderständen sein.

Infolge des mit der Belastung sich ändernden Spannungsverlustes in der Maschine wird im allgemeinen bei Belastungsänderungen eine Änderung der Klemmenspannung eintreten. In Gleichstrom-Compound-Maschinen kann dieselbe nahezu vollständig compensirt werden. In Wechselstrom-Maschinen wird dieselbe bei Belastung mit phasenverschobenen Strömen infolge der Selbstinduktion der Maschinen ganz besonders grosse Werte annehmen (eventuell ein Mehrfaches des normalen Spannungsabfalls). Hierauf ist stets Rücksicht zu nehmen. Man wird in Anlagen, die mit constanter Spannung zu betreiben sind — ganz besonders bei Wechselstrom-Anlagen — darauf sehen, dass der Spannungsabfall in den Maschinen möglichst gering ist. Um eine genaue Einstellung und Regulierung der Spannung während des Betriebes zu ermöglichen, wird man geeignete Reguliervorrichtungen vorsehen müssen (Nebenschlussregulatoren für Gleichstrom-Nebenschluss- oder -Compound-Maschinen; bei Maschinen mit besonderer Erregung: Hauptstrom- oder Nebenschlussregulatoren für die Erreger). Die Grösse dieser Regulatoren wird von der Grösse der auszugleichenden Schwankungen abhängen.

Ist eine variable Spannung erforderlich z. B. beim Laden von Accumulatoren, beim Betrieb hintereinandergeschalteter Stromnehmer die einzeln ausschaltbar sind, so kann entweder die Spannung der Maschine ebenfalls variiert werden, z. B. durch Änderung des Erregerstromes, durch Bürstenverstellung bei Gleichstrom-Maschinen, durch Änderung der Tourenzahl der Maschine, oder durch mehrere dieser

Mittel gleichzeitig; es kann aber auch bei **gleichbleibender** Spannung der Haupt-Maschine, durch Zuschalten von Zusatz-Maschinen oder Accumulatoren die erforderliche Mehrspannung geliefert, oder eventuell durch Einschalten von Widerständen oder Gegenspannungen in die Leitungen die **Überspannung** vernichtet werden.

Eines der letztgenannten Mittel ist in Parallelschaltungsanlagen stets dann anzuwenden, wenn die Spannungsänderung nur in einem oder einigen Stromkreisen stattfinden soll, während die übrigen Stromkreise Constanterhaltung der Spannung erfordern. Es ist dies z. B. der Fall, wenn Accumulatoren während des Lichtbetriebes zu laden sind (Verwendung einer Zusatzmaschine zur Spannungs-Erhöhung); wenn in einzelnen Leitungen mit hohem maximalen Spannungsverlust den durch Belastungsschwankungen bedingten Aenderungen des letzteren Rechnung getragen werden muss (Einschaltung von Regulierwiderständen in die Leitung) u. s. w.

Bezüglich der Wahl der Betriebsspannung im Allgemeinen ist bereits weiter oben das Nötige gesagt worden. Vgl. Abschnitt II c.

e) *Aufstellung der Strom-Erzeuger.*

Die **Aufstellung** der Dynamos erfolgt im Allgemeinen — sofern es sich nicht um provisorische oder transportable Anlagen handelt — auf einem soliden Stein- oder Betonfundament, in welchem die Maschinen sorgfältig zu verankern sind. In Wohnhäusern ist dafür Sorge zu tragen, dass die Erschütterungen und die Geräusche der laufenden Maschinen und Transmissionen sich nicht auf die Gebäudemauern übertragen können.

Die Maschinen pflegt man gegen das Fundament vollständig zu isolieren, entweder durch eine imprägnierte Holzunterlage, oder durch eine Schicht Dachpappe oder Asphalt, oder durch Unterlagen aus einem anderen geeigneten Isoliermaterial.

Es ist hierbei darauf zu achten, dass auch die Befestigungsbolzen gegen das Gestell der Maschine isoliert werden, sowie letzteres gegen den Antriebsmotor. Bei Riemenantrieb gibt der Riemen selbst die vollkommenste Isolierung gegen den Antriebsmotor.

Bei direktem Zusammenbau mit dem Antriebsmotor ist die Isolierung oft schwer durchführbar und wird in der Regel ganz unterlassen.

Auch bei Hochspannungsmaschinen unterlässt man oft die Isolierung mit Rücksicht auf die hierdurch bedingten Gefahren für das Leben des Bedienungspersonals. Will man indessen nicht auf die Isolierung verzichten, so ist es nötig, den Boden rings um die Hochspannungsmaschine herum, soweit er als Standort für das Bedienungspersonal in Frage kommen kann, ebenfalls mit einem isolierenden Belag zu versehen und dafür zu sorgen, dass eine unabsichtliche gleichzeitige Berührung des Gestells und unisolierter anderer Gegenstände ausgeschlossen.

Wird die Maschine durch Riemen angetrieben, so empfiehlt es sich, um jederzeit die Riemenspannung bequem nachregulieren zu können, die Maschine auf einem, im Fundament fest verankerten Gleit-Schienen-System verschiebbar zu machen.

f) *Wahl der Nebenmaschinen.*

Bezüglich der Wahl der Nebenmaschinen ist nun ausser dem oben Gesagten noch Folgendes speziell zu beachten.

Zusatzmaschinen finden nur bei Gleichstrom Verwendung und dienen zur vorübergehenden Erhöhung der Betriebsspannung der Hauptmaschinen (vgl. Kap. d., „Spannung").

Sie werden hauptsächlich angewandt zur Ladung von Accumulatoren, wenn die Betriebsspannung der Hauptmaschinen überhaupt nicht oder nur innerhalb zu enger Grenzen geändert werden kann. Sie sind alsdann Nebenschluss-Maschinen, die in dem Ladestromkreise in Hintereinanderschaltung mit der Hauptmaschine arbeiten, und deren Spannung teils durch Nebenschluss-Regulierung, teils durch Änderung der Tourenzahl variiert wird.

Sie werden ferner angewandt um bei gleichbleibender Spannung der Hauptmaschinen eine Fernspannung konstant zu erhalten, die ohne diese Einrichtung bei Belastungs-Änderungen infolge der Spannungsverluste in der Leitung stark variieren würde. Die Maschine wird zu diesem Zweck, wenn die Sekundärspannung der Primärspannung **gleich sein soll**, als Hauptstrom-Maschine ausgeführt, die mit unveränderlicher Tourenzahl angetrieben wird und bei variabler Stromstärke den jedesmaligen Spannungsverlust in der Leitung selbstthätig ersetzt. Weicht die constant zu haltende Sekundärspannung von der Primärspannung ab, so kommen im Allgemeinen Compoundmaschinen in Frage.

Erregermaschinen sind Gleichstrommaschinen zur Erregung der Schenkel der Dynamos. Sie finden fast ausschliesslich bei Wechselstrommaschinen Anwendung, zuweilen auch bei grösseren Gleichstrommaschinen für hohe Spannung, deren Schenkelwicklung nicht für die betr. Hochspannung ausgeführt werden kann.

Die Erregermaschinen sind Nebenschlussmaschinen und werden zuweilen auch zur Lieferung von Strom an einen Teil der Stromnehmer der Anlage mit benutzt.

Ihre Grösse bestimmt sich nach der Grösse der für die Erregung erforderlichen Leistung, die bei grösseren Maschinen ca. $1^1/_2-2\%$ der Hauptmaschinenleistung bei kleineren Maschinen bis zum Doppelten hiervon und mehr beträgt.

Man wählt mit Vorteil die Leistungsfähigkeit des Erregers reichlich, besonders für Kraftübertragungsanlagen. Falls der Erreger noch Strom für andere Zwecke zu liefern hat, ist hierauf ebenfalls entsprechend Rücksicht zu nehmen.

Soll der Erreger direkt mit der Hauptmaschine zusammen gebaut werden, so ist hiermit die Tourenzahl des Erregers festgelegt und wird dann zumeist für den Erreger relativ niedrig sein, so dass grössere, teurere Maschinen zu wählen sind. Die direkte Kupplung mit der Hauptmaschine hat auch noch den weiteren Nachteil, dass Tourenschwankungen die Spannung der letzteren stärker beeinflussen. Die Anordnung wird aber sehr einfach und übersichtlich, was nicht unterschätzt werden darf.

Falls die Erregermaschine noch für andere Zwecke oder für mehrere Hauptmaschinen zugleich Strom zu liefern hat, so wird man zumeist zur Erzielung grösserer Unabhängigkeit separaten Antrieb des Erregers wählen. Auch wird man dann die Spannung der Erregermaschine constant halten müssen und die erforderliche Regulierung des Erregerstromes durch Hauptstromregulatoren bewirken. Anderenfalls empfiehlt es sich in der Regel, diese Regulierung durch Nebenschlussregulierung am Erreger zu bewirken. Die Erregerspannung kann beliebig, etwa zu 60—120 Volt, gewählt werden.

Umformer dienen zur Verwandlung hochgespannter Ströme in niedriger gespannte oder umgekehrt, ferner zur Verwandlung von Gleichstrom in ein- oder mehrphasigen Wechselstrom und umgekehrt. Wenn

Gleichstrom hierbei primär oder sekundär in Frage kommt, besteht der Umformer zumeist aus einem durch den primären Strom getriebenen Motor, der einen den Sekundärstrom liefernden Stromerzeuger treibt. Transformatoren für reinen Wechselstrom dagegen besitzen keine umlaufenden Teile. Vgl. über diese Abschn. IV, „Transformatoren"

Ausgleichsmaschinen für Mehrleitersystem dienen zur Erhaltung der Unabhängigkeit der einzelnen Zweige des Mehrleitersystems, wenn ungleiche Belastung eintritt. Sie bestehen (bei Gleichstrom) aus mehreren auf einer Welle sitzenden, im magn. Felde rotierenden Ankern, die den Stromnehmern der einzelnen Zweige parallel geschaltet werden, und bei geringerem Stromverbrauch des zugehörigen Zweiges den überschüssigen Strom aufnehmen, indem sie als Motor laufen und hierdurch die Anker der stärker beanspruchten Zweige als Dynamo-Anker antreiben, so dass diese in (teilweiser) Parallelschaltung zur Haupt-Dynamo den erforderlichen Zusatzstrom für die betreffenden Zweige liefern. Sie sind Nebenschluss-Maschinen. Ihre Grösse ergiebt sich aus der Grösse der in dem Mehrleitersystem auftretenden Belastungsdifferenzen der einzelnen Zweige.

Sicherheits-Vorschriften.[1])

a) Verband Deutscher Elektrot.; Hochspannungs-Vorschriften.

§ 6. Generatoren und Motoren. a) Mit isolirtem Gestell. Die Maschinen müssen mit einem isolirenden Bedienungsgang umgeben werden. Die Anordnung muss derart getroffen sein, dass die Bedienung ohne gleichzeitige Berührung eines Hochspannung führenden Teiles und des Gestelles oder eines nicht isolirten Körpers erfolgen kann.

b) Mit geerdetem Gestell. Die Hochspannung führenden Teile müssen, soweit sie im Betriebe zugänglich sind, durch Schutzverkleidungen aus geerdetem Metall oder isolirendem Material gegen Berührung geschützt sein.

§ 7. Erregerstromkreise von Hochspannungsmaschinen. Wenn das Gestell von Hochspannungsmaschinen nicht geerdet ist, so gelten die Vorschriften des § 6 auch für Erregerstromquellen und sonstige mit den Hochspannungsmaschinen in Verbindung stehende Niederspannungsstromkreise.

---

[1]) Quellenangabe siehe Vorrede.

b) Von anderweitigen Vorschriften
seien erwähnt:

1) *Schweizer Regulativ.*

Art. 2. a) Dynamomaschinen sollen ohne Nachteil zufällige Überschreitungen der Tourenzahl und Betriebsspannung bis auf das 1,5- bis 2-fache des Normalen auszuhalten vermögen.

b) Bei Hochspannungsmaschinen, d. h. bei solchen, welche mit mehr als 750 V. Gleichstromspannung, oder 500 V. effektiver Wechselstromspannung arbeiten, sind die blanken stromführenden Teile so anzuordnen, dass für das Wartepersonal die Möglichkeit gleichzeitiger Berührung thunlichst ausgeschlossen ist.

c) Falls Hochspannungsmaschinen ganz von der Erde isolirt werden, sind dieselben mit einem isolirenden Fussboden zu umgeben.

2) *Wiener Vorschriften.*

§ 2. Übersteigt die zwischen irgend zwei Punkten der Stromquelle oder der zu den Vorrichtungen für Aufspeicherung oder Umwandlung des elektrischen Stromes führenden Leitungen auftretende Potentialdifferenz (Spannung) bei Wechselstrom 150 V. oder bei Gleichstrom 300 V., so ist die Stromquelle oder die Vorrichtung zur Aufspeicherung und Umwandlung des elektrischen Stromes von der Erde zu isoliren. Wechselstrommaschinen müssen unter allen Umständen von der Erde isolirt werden.

Es genügt als Isolirung eine Holzunterlage von 100 mm Stärke, die durch einen Anstrich von Asphalt oder Teer oder durch Tränken in Leinöl gegen das Eindringen von Feuchtigkeit geschützt ist. Dabei müssen die Apparate auf der isolirenden Unterlage in der Weise befestigt sein, dass eine Berührung der metallischen Bestandtheile derselben mit Körpern, die einen kleineren Isolationswiderstand haben als Holz, ausgeschlossen ist.

Wo eine solche Isolirung einer Maschine vom Boden nicht durchführbar ist (z. B. bei Dampf-Lichtmaschinen), muss der Boden rings um die Maschine mit einem gut isolirenden Materiale (Holz, Kautschuk, Glas u. s. w.) belegt sein, so dass eine nicht isolirt stehende Person die Maschine nicht berühren kann.

Es darf in diesem Falle (höhere Spannung oder Wechselstrom), wenn für die Stromquelle oder die Apparate zur Aufspeicherung und Umwandlung des elektrischen Stromes kein eigener verschliessbarer Raum vorhanden ist, die Aufstellung nur in solchen Räumen erfolgen, welche ausschliesslich dem Bedienungspersonale zugänglich sind.

Endlich müssen in nächster Nähe der genannten Apparate auffallende Plakate angebracht sein, welche zur Vorsicht mahnen.

IV. Abschnitt.

Wahl der Transformatoren.

a) Art der Transformatoren.

Wir haben an dieser Stelle lediglich die Wechselstrom-Transformatoren mit nur ruhenden Teilen im Auge. Über rotierende Transformatoren, ergiebt sich das Nötige leicht aus dem Vorausgegangenen.

Auf die verschiedenen von den bedeutenderen Fabriken vertretenen Bauarten von Transformatoren soll ebenfalls nicht hier näher eingegangen werden, da sich diese im grossen und ganzen gleich gut bewähren.

Dagegen wird man den speziellen Anforderungen des Einzelfalles entsprechend zu erwägen haben, für welche Stromart, ob für ein- oder mehrphasigen Wechselstrom, die Transformatoren gebaut sein sollen.

In Einphasen-Anlagen und für zweipolige (einphasige) Stromkreise einer Mehrphasen-Anlage kommen natürlich von vornherein nur Einphasentransformatoren in Betracht.

Aber auch für Mehrphasenstromkreise werden häufig mehrere Einphasen-Transformatoren verwandt und als dann die von diesen gelieferten Ströme verkettet.

Es hat das einerseits den Vorteil, dass man mit einer geringeren Zahl von Transformatoren-Typen zu rechnen hat, sowie dass man bei betriebsmäfsig ungleichmäfsiger Belastung der Phasen die Grössen leicht dem Strombedarf jeder Phase anpassen kann. Für den Besitzer der Anlage fällt dies indessen weniger ins Gewicht, als der Umstand, dass im allgemeinen der Mehrphasen-Transformator sich etwas billiger stellt, wie die entsprechende Zahl Einphasen-Transformatoren; dass ferner durch Verminderung der Zahl der Einzel-Transformatoren eine grössere Übersichtlichkeit gewonnen wird. Wenn es sich bei Dreiphasenstrom darum handelt, von den Transformatoren aus einen neutralen Mittelleiter abzuzweigen, so wird die Verwendung von Mehrphasen-Transformatoren stets vorzuziehen sein.

b) Grösse, Leistung und Anzahl der Transformatoren.

Die Grösse eines Transformators ist abhängig von der Leistung in Kilowatt, die zu transformieren, sowie von der Wechselzahl und von der Phasenverschiebung, bei der die betreffende Leistung stattfinden soll.

Höhere Wechselzahlen ergeben im allgemeinen kleinere Transformatoren.

Auf alle Fälle wird die Wechselzahl der Transformatoren derjenigen der Generatoren anzupassen sein. (Vgl. Abschn. II a.)

Phasenverschiebung tritt hauptsächlich auf in Motorenstromkreisen bei asynchronem Betrieb. Bei Belastung mit phasenverschobenem Strom ist die Leistungsfähigkeit der Transformatoren in Watt geringer und zwar proportional zu dem Cosinus-Wert des Verschiebungswinkels, der für einen vollbelasteten Motor etwa 0,7 bis 0,8 beträgt, bei schwacher Belastung weniger; z. B. bei halber Belastung ca. 0,5 bis 0,6.

Transformatoren werden gebaut für Leistungen bis zu etwa 200 Kilowatt. Darüber hinaus zu gehen vermeidet man in der Regel aus technischen Schwierigkeiten.

Man ist schon hierdurch häufig auf eine Unterteilung der von den Generatoren gelieferten grösseren Leistungen durch die Transformatoren hingewiesen. Für solche Unterteilungen sprechen aber auch noch mancherlei andere Gründe; zunächst alle diejenigen, die auch für eine passende Unterteilung der Generatoren sprechen (vgl. Abschnitt III, „Wahl der stromerzeugenden Maschinen" Kap. b.), und man wird daher im allgemeinen mindestens die einzelnen Transformatoren nicht grösser wählen als die einzelnen Generatoren.

Mehrere kleinere Transformatoren bieten ferner häufig gegenüber einem grösseren den Vorteil, dass bei schwacher Belastung ein Teil derselben abgeschaltet werden kann, falls die Betriebsverhältnisse dies gestatten. Man spart dadurch Leerlaufarbeit der Transformatoren.

Bei Entscheidung der Unterteilungsfrage muss man indessen auch nicht vergessen, dass zumeist ein grösserer Transformator weniger kostet als mehrere kleinere von gleicher Gesamtleistung; sowie dass der Wirkungsgrad der grösseren Transformatoren sich zumeist günstiger stellt, als der der kleineren.

Bei kleinen Leistungen wird eine Unterteilung zumeist überhaupt nicht in Frage kommen.

Ist Licht- und Kraftbetrieb gleichzeitig vorhanden, so empfiehlt es sich häufig, um grössere Unabhängigkeit zu erlangen und insbesondere Störungen des Lichtes zu vermeiden, für Licht und Kraft ganz getrennte Transformatoren aufzustellen; es ist dies besonders dann wünschenswert, wenn der Motorenstrom Phasenverschiebung hat und wenn der Motorenbetrieb stärkeren Schwankungen unterworfen ist.

Ob und in wieweit es sich empfiehlt, in grösseren Verteilungs-Anlagen an den einzelnen Consumstellen Einzeltransformatoren aufzustellen oder ob besser für grössere oder kleinere Bezirke Gruppentransformatoren aufzustellen, muss von Fall zu Fall erwogen werden unter Berücksichtigung des in Aussicht genommenen Verteilungssystems (vgl. Abschn. II d), sowie der Lage der Einzel-Consumstellen zu einander, der Grösse des Strombedarfs und der Art des Betriebes, der räumlichen Verhältnisse an der Consumstelle und der Höhe der in Frage kommenden Hochspannung etc.

c) *Spannung der Transformatoren.*

Dem Charakter des Transformators als „Umformer" entsprechend wird man bei Wahl der Transformatoren zwei Spannungen festzusetzen haben, die zuzuführende Primär- und die zu entnehmende Sekundärspannung.

Das Verhältnis derselben, das Übersetzungsverhältnis, ist insofern Beschränkungen unterworfen, als es mit Schwierigkeiten verknüpft ist, über und unter eine gewisse Spannung hinaus zu gehen. Im allgemeinen liegt die unterste wie die oberste Spannungsgrenze um so höher, je grösser die Leistung des Transformators ist. Die oberste Spannungsgrenze, für die heute ohne besondere Schwierigkeiten grössere Transformatoren von etwa 40—50 Kilowatt und höher gebaut werden, beträgt ca. 10000—15000 Volt, die Niederspannung für diese sollte nicht unter 50—100 Volt gewählt werden.

Die Transformatoren werden entweder dazu dienen, eine niedrigere Spannung zu erhöhen, oder eine höhere zu erniedrigen. Ersterer Fall wird hauptsächlich nur insoweit in Frage kommen, als es sich darum handelt, die von den Generatoren unter einer niedrigeren Spannung erzeugte Energie auf weitere Entfernungen zu übertragen. Wenn irgend thunlich wird man in solchen Fällen die betreffende Hochspannung direkt von der Maschine erzeugen lassen, was aber nicht in allen Fällen möglich oder rationell ist; letzteres z. B. dann nicht, wenn nur ein kleiner Teil der Maschinenleistung unter höherer Spannung zu übertragen ist, während der grössere Teil in der Nähe der Centrale unter niedrigerer Spannung consumiert werden soll. (Vgl. auch Abschn. III, „Wahl der stromerzeugenden Maschinen").

In weit ausgedehnterem Mafse werden in der Regel die Transformatoren zur Herabtransformierung auf niedigere Spannung Verwendung finden, da die Strom konsumierenden Apparate mit Ausnahme sehr grosser Motoren in der Regel nicht zur dritten Aufnahme hoher Spannungen geeignet sind und die örtlichen Betriebsverhältnisse der Konsumstellen in der Regel hohe Spannungen von vornherein ganz ausschliessen. Für derartige Transformatoren hat man einerseits die sekundäre Konsumspannung zu bestimmen, die von der Art der Stromnehmer, deren Schaltung u. s. w. abhängt, wie oben in Abschn. II (Kap. c, Wahl der Spannung) dargelegt. Andererseits ist die primäre Spannung zu ermitteln, die dem Transformator zugeführt wird, wobei besonders zu beachten ist, dass in den Verbindungsleitungen von den Generatoren bis zu den Primärklemmen der Transformatoren ein oft nicht unerheblicher Spannungsverlust entsteht (vgl. Abschn. IX „Leitungen").

Auch in den Transformatoren selbst entsteht ein Spannungsverlust, sodass bei konstanter Primärspannung mit zunehmender Belastung der Sekundärwicklung ein Sinken der Sekundärspannung erfolgt. Bei grösseren Transformatoren beträgt dieser Verlust bei maximaler Belastung höchstens 2 %, wofern keine Phasenverschiebung vorhanden. Bei Belastung mit phasen-verschobenem Strom (asynchroner Motorenbetrieb) kann dieser Verlust je nach der Selbstinduction des Transformators und dem Werte der Phasenverschiebung ein Mehrfaches des normalen Wertes betragen, was besonders dann sehr ins Gewicht fällt, wenn von demselben Transformator Glüh-Lampen gespeist werden sollen, die gegen Spannungsschwankungen sehr empfindlich sind.

Findet mehrfache Transformation statt, so gestalten sich diese Verhältnisse noch entsprechend ungünstiger und es wird sich dann fast durchweg die Trennung von Licht- und Krafttransformatoren empfehlen.

d) *Transformatoren für besondere Zwecke.*

Für besondere Zwecke werden häufig in Licht- und Kraftanlagen Transformatoren angewandt, die zum Teil eine besondere Schaltung und Einrichtung besitzen, auf die hier nicht näher eingegangen werden kann. Über die Verwendung derselben sei kurz folgendes bemerkt.

Messtransformatoren (Reductionstransformatoren) finden hauptsächlich Verwendung für Spannungsmessung und Phasenvergleichung, um gefährliche Hochspannungen an den von Hand zu bedienenden Apparaten zu vermeiden, die überdies häufig nicht zur direkten Verwendung bei Hochspannung geeignet sind. Um Proportionalität der reduzierten Spannung mit der Hochspannung zu bewahren, ist der Anschluss von einzelnen Glühlampen oder anderweitige Belastung solcher Transformatoren streng zu vermeiden, wenn nicht von vornherein bei Dimensionierung derselben auf solche Belastungen Rücksicht genommen wird.

Um Bogenlampen von etwa 30—40 Volt Spannung einzeln an Netze von etwa 100—120 Volt anschliessen zu können ohne die überschüssige Energie töten oder die Überspannung zwar ohne Energieverlust, aber bei Erhaltung der vollen Stromstärke in Drosselspulen vernichten zu müssen, finden vielfach Transformatoren Anwendung, denen manche Konstrukteure um geringen Raumbedarf mit geringen Kosten und hohem Wirkungsgrad zu vereinen, eine besondere Schaltung geben, bei der nur ein Teil der vollen Energie umgeformt zu werden braucht. Man hat bei ihrer Wahl darauf zu achten, dass dem Spannungsverlust in den Leitungen entsprechend Rechnung getragen wird und dass ein genügender Beruhigungswiderstand für die Lampen vor oder hinter dem Transformator vorgesehen wird (vgl. Abschn. IX und X).

Transformatoren können leicht umschaltbar gemacht werden, so dass sie verschiedene Sekundär-Spannungen geben. Es kann dies verwendet werden, um einen Transformator beispielsweise am Tag für eine höhere Motorenspannung, am Abend auf eine niedrigere Lichtspannung umzuschalten. Derartige Vorkehrungen werden indessen stets nur als eine Art Notbehelf anzusehen sein.

Auf ähnlichen Principien beruhen die Anlass-Tranformatoren für den Anlauf von Motoren, und die Regulier-Transformatoren für Konstanthaltung oder Regulierung von Spannungen, die jedoch bisher wenig Eingang gefunden, ebenso wie die Kompensatoren, die selbstthätig vermöge ihrer Schaltung die Einhaltung einer bestimmten Spannung oder Stromstärke bewirken.

e) Aufstellung der Transformatoren.

Bezüglich der Aufstellung der Transformatoren im Allgemeinen, soweit für dieselben Hochspannungen in Frage kommen, gelten im Wesentlichen dieselben Bestimmungen wie für Hochspannungsmaschinen (vgl. Abschn. III „Wahl der stromerzeugenden Maschinen"). Wenn man nicht vorzieht, das Gestell an Erde zu legen, ist die Anbringung eines isolierenden Bedienungsganges dringend zu empfehlen. Die stromführenden Teile sind möglichst gegen zufällige Berührung zu schützen. Die Aufstellung sollte stets so erfolgen, dass die Transformatoren nur kundigem Personal zugänglich sind. Vielfach werden Transformatoren in Stromverteilungsgebieten im Freien aufgestellt, und sind dann mit einem gegen Witterungseinflüsse schützenden Gehäuse zu umgeben, das, wenn aus Metall bestehend, gut leitend mit der Erde verbunden sein muss. Auch auf Säulen oder im Innern von kleinen Türmen oder in unterirdischen Behältern oder Schächten können die Transformatoren untergebracht werden, unter Berücksichtigung der erforderlichen Sicherheitsmaassregeln. Bei unterirdischer Aufstellung ist besonders auf Schutz gegen Feuchtigkeit und genügende Ventilation zur Vermeidung von Gasansammlungen Rücksicht zu nehmen. Säulen oder Türme können in Städten leicht dem Charakter der Strassen oder Plätze entsprechend ausgestaltet werden.

Die Unterbringung in Wohnhäusern sollte nur dann in Betracht gezogen werden, wenn die örtlichen Verhältnisse eine derartige Anordnung ermöglichen, dass weder durch Zufall noch durch Unvorsichtigkeit unkundiger Personen eine Berührung hochspannungführender Teile des Transformators oder der Leitungsanlage erfolgen kann.

Sicherheits-Vorschriften.[1]

a) Verband Deutscher Electrotechniker; Hochspannung.

§ 8. a) Für zugänglich aufgestellte Transformatoren gelten die Vorschriften des § 6.

Für Transformatoren, welche in besonderen abgeschlossenen Räumen oder Behältern aufgestellt und nur besonders instruirtem Personal zugänglich sind, brauchen diese Vorschriften nicht eingehalten zu werden, sofern eine Vorrichtung angebracht ist, mittels welcher vor Hantirung das Gestell geerdet werden kann.

b) Bei Reihenschaltung muss entweder durch entsprechende Konstruktion des Transformators oder durch eine selbstthätige Vorrichtung dafür gesorgt sein, dass bei Unterbrechung des sekundären Stromkreises eine gefährliche Erhitzung des Transformators nicht eintreten kann.

c) Die Hochspannungs-Wickelungen müssen bei Spannungen unter 3000 Volt die doppelte Betriebsspannung, bei höheren eine Überspannung von 3000 Volt gegen Erde, gegen Gestell und gegen Niederspannungswickelungen eine Stunde lang aushalten können.

b) Von anderweitigen Vorschriften

seien erwähnt:

1) *Schweizer Regulativ.*

Art. 14. Die Art. 1 und 2 gelten auch für die Einrichtung der Transformatorenstationen.

Die Transformatoren müssen in ventilirbaren Räumen aufgestellt werden; sie sollen dem Betriebspersonal jederzeit zugänglich sein und von demselben gefahrlos bedient werden können.

Befinden sich die Transformatoren in eisernen Häuschen, so sind diese letzteren an Erde zu legen gemäss Art. 20 und 21.

Art. 15. Die angeschlossenen Primär- und Sekundärleitungen sollen allpolig gesichert und ausschaltbar sein. Beim Drei- und Fünfleitersystem sollen dagegen die Sicherungen der Mittelleiter weggelassen werden.

Die Hoch- und Niederspannungsapparate sind auf besondern, räumlich von einander getrennten Schalttafeln anzubringen, deren Konstruktion den Vorschriften der Art. 4, 7 und 8 zu entsprechen hat.

Art. 16. Die mit Luftleitungen verbundenen Transformatorenstationen sind bestmöglich gegen Blitz zu schützen und die Transformatoren selbst nach Art. 2 alin. c zu isoliren.

2) *Bestimmungen des Board of Trade.*

§ 34. c) Werden Verteilungskästen zur Unterbringung von Transformatoren benutzt, so ist der Eintritt von Wasser aus dem Erd-

---

[1] Quellenangabe siehe Vorrede.

boden oder aus Rohrleitungen nach Möglichkeit zu verhindern. Beträgt der Kubikinhalt eines Verteilungskastens mehr als ein Kubikyard (750 l), so ist durch Ventilation oder auf andere Weise dafür Sorge zu tragen, dass zufällig eindringende Gase entfernt werden und die Möglichkeit der Funkenbildung ausgeschlossen ist.

§ 40. In Hochspannungsanlagen, bei denen Transformatoren auf den Grundstücken von Konsumenten sich befinden, sind die sämmtlichen Hochspannungsteile (die Einführungsleitungen und sonstigen Apparate) einschliesslich des Transformators gänzlich in solides Mauerwerk oder in feste Mantelumhüllungen einzuschliessen, die in gut leitende Verbindung mit Erde gesetzt sind.

Beispiele ausgeführter Transformatoren-Anlagen.

	Seite
Transformatorensäule in Grünberg (Schlesien)	56—57
Eiserner Transformatoren-Turm in Olten	58
Transformatorenstation in Marienbad	59
Transformatorensäule in Zürich	60
Transformatoren-Häuschen zu Tettnang	61

Eiserner Transformatoren-Turm in Olten (Elektr. Werk Olten-Aarburg, Schweiz);
Zweiphasenstrom, Primärspannung 5800 Volt pro Phase. Sekundäre Verteilungsspannung 125 Volt. In dem geöffneten gemauerten Unterbau des Turmes sind die Transformatoren sowie eine Marmortafel, welche die Abzweigsicherungen des Sekundärnetzes enthält, sichtbar. Ausgeführt von Brown, Boveri & Cie. Baden (Schweiz).

Transformatorenstation in Gestalt einer Anschlagsäule, in Marienbad.
Leitungsnetz oberirdisch. Ausgeführt von Ganz & Comp., Budapest.

Transformatoren-Häuschen zu Tettnang.

Einphasiger Wechselstrom von 2000 Volt wird durch unterirdisch verlegte Bleikabel zugeführt und auf 110 Volt transformiert. Die sekundären Verteilungsleitungen sind oberirdisch verlegt. Die Verteilungssicherungen etc. befinden sich auf einer Verteilungs-Schalttafel im Häuschen. Ausgeführt von Maschinenfabrik Oerlikon.

V. Abschnitt.

Wahl der Accumulatoren.

Über die Bedeutung der Accumulatoren für elektrische Licht- und Kraftanlagen, sowie über deren verschiedene Verwendungsarten haben wir uns bereits in einem früheren Abschnitt (Wahl des Stromsystems, Abschn. II a) kurz ausgesprochen. Hier handelt es sich um die Wahl der für die verschiedenen Zwecke angemessensten Arten, sowie der Grösse, Zahl und Anordnung der Zellen. Ist man sich über die Anforderungen klar, denen im einzelnen Fall eine Batterie genügen soll, so hat die Wahl der letzteren im allgemeinen keine Schwierigkeiten.

a) Art der Accumulatoren.

Was zunächst die Art der Accumulatoren anbelangt, so haben bis jetzt nur die Blei-Accumulatoren eine so ausgedehnte Anwendung gefunden, dass ein sicheres Urteil über ihr Verhalten im Dauerbetrieb unter den verschiedensten Betriebsverhältnissen möglich ist.

Die verschiedenen von den hervorragenderen Fabriken zur Zeit ausgehenden Systeme, die sich hauptsächlich durch die Art der Verbindung der aktiven Masse mit dem massiven Bleigerippe unterscheiden, sind für die verschiedenen Zwecke im grossen und ganzen gleich gut geeignet. Ähnliches gilt von den verschiedenen Befestigungsweisen der Platten in den Gefässen.

Die Ausstattung ist im übrigen eine verschiedene, je nachdem die Accumulatoren transportabel oder stationär sein sollen. Bei ersteren ist besondere Sorgfalt auf Festigkeit, Sicherheit gegen Erschütterungen, Herausschleudern von Säure etc., sowie auf geringes Gewicht gelegt.

Sie sind für elektr. Wagenbeleuchtung, Bahnbetrieb, Motorboote u. dgl. zu verwenden.

Bei stationären Accumulatoren, die in besonderen Räumen fest aufgestellt werden und für Stromerzeugungsstationen oder mit diesen in Verbindung stehende Unterstationen hauptsächlich in Frage kommen, können verschiedene dieser besonderen Rücksichten ausser Acht gelassen und dafür der Hauptwert auf lange Lebensdauer, Gleichmäfsigkeit der Entladespannung etc. gelegt werden. Sie werden teils in mit Blei ausgeschlagenen Holz- teils in Glasgefässen geliefert. Letztere sollten wegen ihres leichten Zerspringens nur für kleinere Zellen gewählt werden. Für kleinere Zellen werden mitunter auch Hartbleikästen verwandt.

b) Grösse der einzelnen Zellen.

Die Grösse der Zellen ist in erster Linie abhängig von der Kapazität, welche die Zelle haben soll, d. h. von der Zahl der Ampère-Stunden, welche die Zelle nach einer vollständigen Ladung abgeben soll. Ausserdem hängt sie bis zu einem gewissen Grade ab von der maximalen Entladestromstärke, die das Element ergeben soll, insofern nämlich ein Element nicht ohne Nachteil über eine gewisse, von seiner Grösse abhängige Stromstärke hinaus beansprucht werden darf, und insofern ferner die Kapazität eines und desselben Elements bei verschiedener Entlade-Stromstärke verschieden und zwar mit wachsender Stromstärke etwas geringer ist. Die nötigen Daten hierüber geben die Fabrikanten.

Wie gross man nun von Fall zu Fall die Entladestromstärke und die Kapazität zu wählen hat, muss den jeweiligen Verhältnissen entsprechend erwogen werden.

Ist eine Batterie von hintereinander geschalteten Elementen dazu bestimmt, entweder für sich allein oder in Parallelschaltung zu den Generatoren eine Anzahl Lampen oder Motoren während einer gewissen Zahl von Stunden zu speisen, so ist die erforderliche Stromstärke, welche die Batterie, mithin auch jede einzelne Zelle hergeben muss, aus dem Stromkonsum der einzelnen Lampen bezw. Motoren leicht zu ermitteln, und durch Multiplikation mit der Zeit ergibt sich sofort die erforderliche Kapazität.

Besteht die Batterie aus Gruppen parallel geschalteter Elemente oder aus parallelgeschalteten Reihen von Elementen, so verteilt sich der Strom auf die einzelnen parallel geschalteten Zellen, und jede Zelle ist natürlich nur für den entsprechenden Bruchteil der Stromstärke bezw. der Kapazität zu bemessen. Es ist übrigens sehr zu empfehlen, die Parallelschaltung von Elementen nicht zu weit zu treiben und wo möglich ganz zu vermeiden und lieber entsprechend grössere Elemente zu verwenden. Es könnten sonst, wenn nicht besondere Vorsichtsmafsregeln getroffen werden, leicht durch ungleiche Strom-Verteilung in den parallel geschalteten Zellen bedenkliche Störungen veranlasst werden.

Es ist ferner darauf zu achten, dass die sämmtlichen in Serie zu schaltenden Elemente oder Elementgruppen die gleichen elektrischen Verhältnisse (gleiche Kapazität und Entladestromstärke) besitzen.

Häufig liegen die für die Wahl der Batterie mafsgebenden Verhältnisse nicht so einfach, wie in dem oben erwähnten Fall. Ist z. B. die Batterie dazu bestimmt, in einer Anlage mit stark schwankendem Stromkonsum den Betrieb gleichmäfsiger und ökonomischer zu gestalten, so wird man sich zunächst ein klares Bild des zeitlichen Verlaufs des anzunehmenden Stromkonsums während einer Betriebsperiode, — z. B. während eines Tages, dessen Strombedarf der Berechnung zu grunde gelegt werden kann, — verschaffen, was am besten auf graphischem Wege geschieht, indem man die Zeit als Abscissen, die abzugebende Leistung als Ordinaten aufträgt.

Hierbei ist vorausgesetzt, dass die Betriebsschwankungen einen regelmäfsigen Verlauf haben, wie dies z. B. in grösseren Lichtanlagen während der verschiedenen Tageszeiten, je nach dem Wechsel des Lichtbedürfnisses stets der Fall sein wird.

Hat man nun auch die Wahl der Dynamos noch frei, so wird man dieselben beispielsweise so wählen, dass sie ungefähr die durchschnittliche Leistung, die verlangt wird, oder etwas mehr, übernehmen können. Sinkt dann während eines längeren Zeitabschnittes der Strombedarf um einen gewissen Betrag unter diesen Durchschnittswert, so wird die Batterie geladen.

Steigt der Strombedarf dann über die Normalleistung der Maschinen hinaus, so wird die Batterie zu den Maschinen parallel geschaltet und deckt den Mehrbedarf. Sinkt der Strombedarf für längere Zeit erheblich unter den Durchschnittswert, so wird man vielfach mit Vorteil die Maschine ganz stillsetzen und die Batterie allein eingeschaltet lassen.

Die Grösse der zu verwendenden Elemente ergiebt sich nun aus der von der Batterie abzugebenden Gesamtleistung in Ampèrestunden, gerechnet bis zu dem Zeitpunkt, da die Neuladung erfolgt. Letztere sollte, wenn thunlich, jeden Tag einmal erfolgen. Man muss bei solchen Berechnungen im Auge behalten, dass die zur Ladung erforderliche Energie in Kilowatt-Stunden ungefähr $25^0/_0$ grösser ist, als die von der Batterie bei der Entladung abgegebene Energie, dass aber ein nennenswerter Verlust an Ampèrestunden nicht eintritt.

Welche Einrichtung in solchen Fällen die praktischste ist, muss von Fall zu Fall mit Rücksicht auf alle vorliegenden Verhältnisse besonders entschieden werden, und wird man dabei insbesondere eine rationelle Zeiteinteilung und durch rationellste Ausnutzung der Anlage eine möglichste Verminderung der Anlage- und Betriebskosten zu erstreben haben.

Haben die Betriebsschwankungen keinen regelmäfsigen Verlauf, oder handelt es sich darum, plötzliche Stromstösse aufzufangen oder bei ungleichförmigem Gang der Antriebsmaschine, der störende Spannungsschwankungen an der Dynamomaschine zur Folge hat, eine konstante Spannung an den Verteilungschienen zu halten (Pufferbatterien), oder bei Mehrleitersystemen den Ausgleich zu bewirken, so wird die Batterie im allgemeinen während der ganzen Betriebsdauer parallel zu den Generatoren geschaltet bleiben. Sie übernimmt dann selbstthätig die vorübergehenden Mehrleistungen und wird entweder während der Betriebspausen oder auch während des Betriebes, ohne vom Netz abgeschaltet zu werden, geladen.

Allgemeine Anhaltspunkte für die Bemessung der Batterie lassen sich in diesem Falle schwer geben. Man muss wenigstens schätzungsweise sich eine Vorstellung von der Grösse und Dauer der zu erwartenden Überschreitungen des normalen Strombedarfs, bezw. der Stromstösse und auszugleichenden Schwankungen verschaffen bezw. gewisse Annahmen bezüglich der bei Mehrleitersystemen zu erwartenden Belastungsdifferenzen machen und gelangt so zu einer bestimmten Accumulatorengrösse. Da an derartige Batterien in der Regel noch weitere Anforderungen gestellt werden (Speisung einer gewissen Zahl von Lampen oder Motoren, parallel zu den Generatoren oder, nach deren Stillsetzung, allein; Verwendung als Reservestromquelle etc.), so wird vielfach durch diese schon die ungefähre Grösse der Zellen festgelegt sein.

c) Zahl der Zellen.

Die Zahl der in einer Batterie hintereinander zu schaltenden Zellen ergiebt sich einfach durch Division der Spannung, welche die Batterie liefern soll, durch die Spannung der einzelnen Zelle. Letztere ist indessen nicht konstant, sondern geht während der Entladung von etwa 2,1 Volt auf 1,8 Volt herab.

Während der Ladung steigt sie bis ungefähr 2,7 Volt.

Bei Berechnung der Zellenzahl ist natürlich die minimale Entladespannung (also 1,8 Volt pro Zelle) zu grunde zu legen. Da diese ca. $1/_7$ niedriger ist als die Anfangs-Entladespannung, so müssen beim Anfang der Entladung ein Siebentel der gesamten Zellenzahl abgeschaltet und mit Sinken der Zellenspannung allmählich wieder zugeschaltet werden, um die Betriebsspannung der Batterie konstant zu halten. Hierzu dienen die Zellenschalter.

Der Zellenschalter kann auch während der Ladung benutzt werden um die Abschaltezellen, die infolge ihrer geringeren Entladung schneller geladen sind, als die übrigen Zellen, nach Vollendung ihrer Ladung einzeln abzuschalten, um so unnütze Energie-Verschwendung zu vermeiden.

Falls auch während der Ladung die Batterie am Netz liegen bleiben soll (z. B. behufs Ausgleich, Auffangen von Stromstössen oder — im Fall direkter Ladung durch die Hauptmaschine, — weil die Maschine während der Ladung infolge ihrer erhöhten Spannung keinen Strom direkt an das Netz abgeben kann), so muss bis zu einem Drittel der ganzen Zellenzahl abschaltbar sein, da die Spannung während der Ladung bis zu 2,7 Volt pro Zelle steigt. Um ausserdem während der Ladung die fertig geladenen Zellen abschalten zu können, würde noch ein besonderer Ladezellenschalter nötig sein, der eventuell mit dem Entladeschalter zu einem Doppelzellenschalter vereint sein kann.[1]

---

[1] Einige Schaltungsschemata für Anlagen mit Batterien befinden sich am Schluss des Abschn. VII.

d) Zubehörteile.

Bezüglich des Zubehörs der Batterie ist das Hauptaugenmerk auf die Beschaffenheit der Füll-Säure zu richten, da durch eine Säure von ungenügender Reinheit leicht in kurzer Zeit die Platten zerstört werden könnten. Die Säure muss bis auf ein bestimmtes spezifisches Gewicht (1.15—1,21) verdünnt sein und wird am besten in dieser Verdünnung nach Angabe der Accumulatorenfabrik von einer zuverlässigen chemischen Fabrik beschafft.

Zum späteren Nachfüllen als Ersatz für Verdunstung verwendet man eine etwas noch verdünntere Säure und bedient sich dazu geeigneter Nachfüllkrüge. Zur Kontrolle des spezifischen Gewichtes der Säure müssen einige Säuremesser vorhanden sein, die gleichzeitig einen Anhalt bezüglich des Ladungszustandes der Batterie geben.

Zum Schutz gegen Fortreissen von Säureteilchen deckt man bisweilen die Zellen mit Glasplatten zu, was aber zumeist sehr lästig ist beim Revidieren der Zellen. Die ganze Batterie wird aufgestellt auf einem oder mehreren Gestellen aus imprägniertem (gut geöltem oder getheertem) Holz. Bei Herstellung desselben dürfen zur Verbindung der Holzteile ausschliesslich Holzpflöcke verwandt werden. Auf die Anordnung im allgemeinen werden wir im Abschnitt VIII „Maschinen-, Accumulatoren- und Transformatoren-Raum" zurückkommen.

Besondere Sorgfalt ist zu verwenden auf die Isolierung der Zellen gegen einander und gegen das Gestell, bezw. gegen Erde. Die Zellen werden so aufgestellt, dass ein freier Zwischenraum von einigen Centimetern zwischen ihnen bleibt. Die Isolierung gegen Gestell und Erde erfolgt durch geeignete Glas- oder Porzellanfüsse oder besonders konstruierte Öl-Isolatoren und dergl., deren Zahl sich nach der Bodenfläche der Zellen richtet.

VI. Abschnitt.

Wahl der Antriebsmotoren.

a) *Allgemeine Anforderungen.*

Von grosser Wichtigkeit für das gute Funktionieren einer Anlage ist die Wahl der für den Antrieb der Stromerzeuger erforderlichen Motoren.

Man verlangt von diesen Motoren in erster Linie eine möglichst hohe Betriebssicherheit, eine leichte und sichere Regulierung und einen sehr hohen Gleichförmigkeitsgrad, und zwar muss sowohl die Geschwindigkeit während jedes einzelnen Umlaufes sehr gleichmäfsig bleiben, als auch die Umlaufsdauer — mithin die Tourenzahl — bei Belastungsschwankungen.

Für Glühlichtanlagen beträgt die zuzulassende Ungleichförmigkeit etwa $1/2-1$ Prozent. Bei stärkeren Schwankungen wird sowohl die Ruhe und Gleichmäfsigkeit des Lichtes, als auch die Lebensdauer der Lampen nachteilig beeinflusst.

Für Bogenlicht können bis zu etwa 3 Prozent zugelassen werden, unter Umständen noch mehr.

Ähnliches gilt für Kraftübertragungsanlagen, wofern bei diesen nicht aussergewöhnlich hohe Anforderungen bezüglich Constanthaltung der Tourenzahl der Motoren gestellt werden.

Man verlangt von den Betriebsmotoren ferner einen ökonomischen Betrieb.

Ausserdem sind oft besondere Umstände zu berücksichtigen, die für die Wahl des Motors ausschlaggebend sind: Das Vorhandensein einer Wasserkraft, billigen Brennmaterials oder eines noch anderen Zwecken dienenden Motors, der event. zur Kraftabgabe für die elektrische Anlage mitbenutzt werden kann.

In letzterem Falle wird ganz besonders zu prüfen sein, ob die Gleichförmigkeit des Motors eine ausreichende ist. Unter Umständen kann dieselbe durch ausreichende Schwungmassen bedeutend verbessert werden.[1)]

Vielfach wird die Art des Motors durch besondere Anforderungen, die an die Anlage gestellt werden, bestimmt sein. Solche Anforderungen können z. B. sein: Transportierbarkeit der Anlage, schnelle Betriebsbereitschaft.

b) Arten von Antriebsmotoren.

Was nun die einzelnen Gattungen von Betriebsmotoren anbetrifft, so entspricht an und für sich die Dampfmaschine in ihrer modernen Gestaltung den allgemeinen Anforderungen weitaus am besten, sowohl hinsichtlich der Betriebssicherheit, als auch ganz besonders hinsichtlich der Exaktheit der Regulierung und des Gleichförmigkeitsgrades sowie der Billigkeit des Betriebes.

Die Notwendigkeit der Aufstellung besonderer Dampfkessel und das zeitraubende Anheizen der letzteren bringt allerdings eine gewisse Umständlichkeit mit sich, die sich besonders in kleineren Betrieben und in transportablen Anlagen bemerklich macht. Doch hat man auch vielfach z. B. fahrbare Beleuchtungsanlagen, bestehend aus einer Lokomobile mit geschickt anmontierter Dynamo, ausgeführt, die allen berechtigten Anforderungen vollauf entsprechen.

In neuerer Zeit sind in einzelnen Fällen auch Dampfturbinen zur Anwendung gekommen. Den mancherlei Vorteilen steht zur Zeit noch der Nachteil einer übermäfsig hohen Tourenzahl und eines relativ hohen Dampfverbrauchs gegenüber.

Gasmotoren zeichnen sich durch stete Betriebsbereitschaft und ihren geringen Raumbedarf (infolge Fortfalls des Kessels) aus, bedürfen ausserdem nur sehr geringer Wartung und können in Städten überall aufgestellt werden, was bei Dampfanlagen nicht der Fall ist. Sie eignen sich daher ganz besonders für kleinere Anlagen.

[1)] Wo eine solche Gleichförmigkeit besonders für Glühlicht-Anlagen nicht erreichbar ist, wie das besonders bei kleinen Anlagen oft der Fall, zumal wenn man mit vorhandenen, gleichzeitig noch anderen Zwecken dienenden Antriebsmotoren zu rechnen hat, empfiehlt es sich stets Gleichstrom zu verwenden und eine Accumulatorenbatterie zu den Stromerzeugern parallel zu schalten.

Für grössere Anlagen sind sie schon darum weniger verwendbar, weil ihre Leistungen nicht über 100—200 PS hinausgehen und weil ihr Betrieb ein relativ teurer ist. Auch ist für die Inbetriebsetzung grösserer Gasmotoren ein besonderer kleiner Motor erforderlich.[1]

Als Reservemaschinen für eintretende Unfälle sind sie wegen ihrer sofortigen Betriebsbereitschaft auch in grossen Anlagen vorteilhaft zu verwenden.

Ihre Verwendbarkeit ist abhängig von dem Vorhandensein einer Gas-Centrale. Wo eine solche fehlt, ist ein Gas-Erzeuger besonders aufzustellen, wodurch zwar der Betrieb unter Umständen, besonders bei Verwendung von sog. Generatorgas, wesentlich verbilligt, aber gleichzeitig in der Regel etwas umständlicher und unsicherer wird.

Für transportable Anlagen sind sie wenig geeignet. Weit mehr eignen sich hierfür die Petroleum- und Benzin-Motoren, die indessen wiederum mancherlei kleine Nachteile haben, die ihrer Verwendbarkeit vorläufig noch engere Grenzen setzen.

Turbinen sind, besonders wo bedeutende Gefälle zur Verfügung stehen, sehr billig im Vergleich zu den meisten anderen Motoren und wegen ihrer Einfachheit wenig reparaturbedürftig. Sie lassen aber noch mancherlei bezüglich der Regulierung zu wünschen übrig. Besonders in Beleuchtungsanlagen ist auf die Wahl eines zuverlässigen selbstthätigen Regulators grosses Gewicht zu legen.

Die Ausnützung der Wasserkräfte an und für sich wird oft durch die Veränderlichkeit des Wasserstandes bezw. der disponiblen Wassermenge in den verschiedenen Jahreszeiten etwas beeinträchtigt, und es ist zuweilen erforderlich, entweder durch Anlegen von Reservoiren, welche in den betriebsfreien Stunden das Wasser aufnehmen, um es später für den Betrieb abzugeben, eine sparsamere und vollkommenere Ausnützung der disponiblen Wassermenge zu bewirken, oder, wo dies wegen zu hoher Anlagekosten undurchführbar, als Reserve eine Dampfmaschine oder einen anderen Motor aufzustellen.

Der Hauptwert der Wassermotoren liegt darin, dass die Betriebskosten sich ausserordentlich billig stellen, wenn nicht infolge der bisweilen sehr bedeutenden Anlagekosten (wenn z. B. ausgedehnte Rohr-

---

[1] Wo eine Accumulatorenbatterie vorhanden, kann event. die Dynamo, von der Batterie aus als Motor getrieben, für den Anlauf des Gasmotors verwandt werden.

leitungsanlagen erforderlich werden) die Beträge für Verzinsung und Amortisation zu bedeutend werden.

In manchen Fällen — hauptsächlich für Nebenmaschinen, wie rotierende Umformer, Zusatzmaschinen, sind Elektromotoren mit grossem Vorteil für den Betrieb zu verwenden. Der Hauptwert liegt hier ausser in dem einfachen und sichern Betrieb und dem geringen Raumbedarf: in der bequemen Geschwindigkeitsregulierung und dem ruhigen und gleichmässigen Gang.

Alle übrigen Motorenarten, Windmotoren, Heissluftmotoren u. s. w. sind zumeist nur von untergeordneter Bedeutung für die Elektrotechnik.

c) Anzahl und Leistung.

Was nun die Anzahl der Betriebsmotoren anbetrifft, so ist es stets zu empfehlen, für jeden einzelnen von mehreren parallel zu schaltenden oder einzeln in und ausser Betrieb zu setzenden Stromerzeugern einen besonderen Motor aufzustellen, wodurch die grösste Übersichtlichkeit und Betriebssicherheit und vollkommenste Unabhängigkeit der einzelnen Stromerzeuger von einander erzielt wird.

Je zwei hintereinander zu schaltende Stromerzeuger bei Dreileitersystem werden dagegen am besten von einer und derselben Maschine angetrieben, wodurch erreicht wird, dass sie stets gleichzeitig in und ausser Betrieb gesetzt und auf gleicher Tourenzahl gehalten werden.

Der Antrieb mehrerer parallel zu schaltender Generatoren von einer und derselben Maschine wird hauptsächlich dann sehr unökonomisch, wenn es öfter vorkommt, dass nur ein Teil der Dynamos in Betrieb ist. Selbst wenn dafür gesorgt wäre, dass die leerlaufenden Teile der Transmissionen abgeschaltet werden, würde doch speziell bei Dampfmaschinen der Wirkungsgrad der Anlage bei der relativ geringen Belastung ein schlechter sein.

Abgesehen hiervon aber hat man bei Verwendung mehrerer Antriebsmaschinen den Vorteil grösserer Betriebs-Sicherheit, da event. bei einem Unfall an einer der Maschinen der Betrieb mit den anderen aufrecht erhalten werden kann.

Die höheren Anlagekosten bei Verwendung besonderer Antriebsmaschinen für die einzelnen Generatoren werden fast immer durch diese Vorteile aufgewogen werden.

Die erforderliche Leistungsfähigkeit der Antriebsmotoren in effektiven Pferdestärken erhält man aus der von den anzutreibenden Dynamos abzugebenden Leistung in Kilowatts, indem man letztere durch 0,735, sowie durch den Wirkungsgrad der Stromerzeuger und durch den Wirkungsgrad der Zwischenglieder zwischen Antriebsmotor und Stromerzeuger, (Riemen, Zahnräder etc.) dividiert.

Bei Dampfmaschinen, deren Leistung unter Verminderung des Wirkungsgrades in Regel um bis zu $50\,^0/_0$ und mehr über die „Normal"-Leistung gesteigert werden kann, wird man, wenn es in erster Linie auf einen ökonomischen Betrieb ankommt, die Grösse so wählen, dass die „Normal"-Leistung der Dampfmaschine sich mit dem während eines variablen Betriebes am meisten in Frage kommenden Kraftbedarf der Dynamos deckt. Die Maximalleistung der Dampfmaschine mit der Maximalleistung der Dynamos, die zugleich deren „Normalleistung" ist, zusammenfallen zu lassen, wird in der Anlage zwar billiger, im Betrieb aber häufig teurer sein.

d) Tourenzahl.

Die Tourenzahl der Antriebs-Motoren hängt zum grössten Teil von der Art derselben ab.

Im Allgemeinen lassen sich Maschinen für stärkere Leistungen schwerer für höhere Tourenzahlen bauen, als Maschinen für geringere Leistung. Ganz besonders ist den Maschinen mit hin- und hergehenden Teilen eine gewisse Grenze für die Tourenzahl gesteckt. Dampfmaschinen sowie Gas- und Petroleummotoren für kleinere und mittlere Leistungen werden bis zu etwa 500 Touren gebaut; für sehr kleine Leistungen noch mehr. Turbinen sind in ihrer Tourenzahl bis zu gewissem Grade ans Gefäll gebunden und gehen ebenfalls selten über wenige Hundert Touren hinaus.

Der Vorteil der schnelllaufenden Maschinen liegt zum Teil in dem in der Regel geringeren Preis und in den bequemeren Übersetzungsverhältnissen für die bei der betreffenden Leistung meist für höhere Tourenzahl gebauten Dynamomaschinen.

Ein Hauptnachteil liegt insbesondere bei den Maschinen mit hin- und hergehenden Teilen in der schnelleren Abnutzung und geringeren Betriebssicherheit bei Überschreitung einer gewissen Grenze der Tourenzahl.

Sollen die Dynamos mit den Motoren direkt gekuppelt werden, so müssen beide gleiche Touren machen. Man wird daher, um nicht zu grosse und daher zu teure Stromerzeuger zu erhalten, falls nicht besondere Umstände eine andere Disposition erforderlich machen, mit der Tourenzahl der Antriebsmaschine bis zu der obersten in dem betr. Falle ohne Nachteil erreichbaren Grenze gehen, wofern die zu verwendende Generatortype diese selbe Tourenzahl zulässt, was beispielsweise bei Wechselstrommaschinen mit Rücksicht auf die Polwechselzahl nicht für jede Type ohne weiteres möglich ist.

Bei anderen Antriebsarten wird man ebenfalls, um nicht zu ungünstige Übersetzungsverhältnisse zu erhalten, die Tourenzahl der Motoren in den meisten Fällen mit Vorteil hoch annehmen.

e) Antriebsart.

Was die Antriebsart anbetrifft, so sprechen bei deren Wahl hauptsächlich mit: die Raumverhältnisse, die Betriebssicherheit, die Anlagekosten und die Betriebskosten.

Wo es sich darum handelt, möglichst an Raum zu sparen, wird man am besten direkte Kupplung von Motor und Dynamo anwenden. Man wird dadurch gleichzeitig die grösste Betriebssicherheit erreichen, da alle Zwischenglieder zwischen dem Motor und der von ihm anzutreibenden Dynamo ganz in Wegfall kommen. Auch wird sich der Betrieb durch Wegfall der Zwischenglieder ökonomischer gestalten. Dagegen werden die Anlagekosten in der Regel höhere werden, insofern schnelllaufende Dynamos nicht verwendet werden können.

Die direkte Kupplung kann in zweifacher Weise ausgeführt werden. Entweder wird der rotierende Teil der Dynamo direkt auf die verlängerte Motorwelle gesetzt — dies hat in vielen Fällen den Vorteil grösster Betriebssicherheit, kleinsten Raumbedarfs und geringster Anlagekosten — oder die Dynamo wird unabhängig neben den Motor gesetzt, so dass ihre Axe in der Verlängerung der Axe des Motors liegt, und beide Axen werden durch eine besondere Kupplung vereinigt. Dies hat wiederum den Vorteil der leichten Trennbarkeit beider Maschinen. Ausserdem kann durch Verwendung geeigneter Kupplungen eine Isolierung der Dynamo gegen den Motor leicht bewirkt werden, was unter Umständen von Wert ist. Durch Verwendung elastischer

Kupplungen werden ferner kleine Ungleichmäfsigkeiten im Gange des Motors ausgeglichen und gleichzeitig dem bei starren Kupplungen leicht auftretenden Warmlaufen der Lager infolge ungenauer Centrierung der gekuppelten Wellen vorgebeugt. Bei starrer Kupplung sollten möglichst die Lager der gekuppelten Maschinen auf einer gemeinschaftlichen Grundplatte ruhen.

Der direkten Kupplung am nächsten steht der Antrieb durch Zahnräder, welcher besonders da am Platze ist, wo aus irgend welchen Gründen Motor- und Dynamoaxe nicht in eine Linie gebracht werden können, oder wo unter möglichster Raumersparung eine Dynamo anzutreiben ist, die nicht mit dem Motor gleiche Tourenzahl hat. Auf sorgfältigste Herstellung der Räder ist besonderes Gewicht zu legen, da dieselben sonst leicht zu einer Quelle grosser Kraftverluste werden.

Die Verluste einer einfachen Stirnradübersetzung betragen bei gut gefrästen Zähnen von reichlich bemessenen Dimensionen etwa $3-4\%$; für eine doppelte Übersetzung etwa $10-12\%$. Für unbearbeitete Räder steigen diese Werte leicht auf das Dreifache.

Der Antrieb durch Riemen erfordert viel Raum und gewährt nur eine geringere Betriebssicherheit, da ein Abfallen des Riemens, eine Verletzung desselben oder eine unrichtige Spannung desselben zu den schwersten Betriebsstörungen Veranlassung geben kann. Bei Riemenantrieb bedarf aus diesem Grunde auch die Anlage einer erhöhten Wartung.

Die Riemenspannung bleibt nicht immer dieselbe, da der Riemen sich im Laufe der Zeit dehnt. Zu schwache Riemenspannung hat ein stärkeres Gleiten des Riemens zur Folge, wodurch Kraftverluste und Ungleichmäfsigkeiten des Ganges bedingt sind. Das Gleiten des Riemens sollte etwa $2-3\%$ nicht überschreiten. Zu starke Spannung bewirkt ein Warmlaufen der Lager. Ungleichmäfsigkeiten im Riemen selbst, insbesondere schlechte Verbindungsstellen der Riemenenden, erzeugen Stösse, die sich z. B. bei Glühlicht als ein unangenehmes Zucken bemerkbar machen.

Die durch Riemenantrieb verursachten Kraftverluste (Riemengleitung, Riemenverbiegung, Lagerreibung) betragen selbst bei gut eingerichteten Anlagen bei voller Belastung oft $5-10\%$. Ist aber eine mehrfache Übersetzung erforderlich, so steigen sie leicht bis zu 20%, und mehr.

Trotz dieser Nachteile ist der Riemenantrieb die weitaus am meisten angewandte Betriebsart, besonders für kleinere und mittlere Leistungen, und dies hat seinen Grund fast ausschliesslich darin, dass die schnelllaufenden Generatoren meist grössere Übersetzungs-Verhältnisse bedingen, die durch Riemenübertragung in einfachster Weise erzielt werden können.

Bis zu einem Übersetzungsverhältnis 1:6 bis 1:7 genügt meist noch eine einfache Übersetzung, und es ist ratsam, die Tourenzahl von Motor und Dynamo möglichst so zu wählen, dass man mit einer einfachen Übersetzung auskommt. Mehrfache Übersetzungen bewirken nicht nur erhebliche Kraftverluste, sondern haben auch eine wesentliche Verminderung der Betriebssicherheit zur Folge durch die Vermehrung der Zahl der Zwischenglieder zwischen Antriebs-Motor und Generator.

Ganz ähnliches gilt für den Fall, dass mehrere Dynamos von einer Transmission aus durch einen Motor betrieben werden. Kommt es hierbei vor, dass nur ein Teil der Maschinen arbeitet, so muss — wenn nicht ganz besondere Mafsregeln ergriffen werden — stets die ganze Transmission mitlaufen, was sehr unökonomisch ist.

Tritt aber an dem Motor oder an der Transmission eine Störung ein, so ist dadurch die ganze Anlage gestört

Für Seilantrieb, der hauptsächlich für grosse zu übertragende Kräfte Anwendung findet, gilt im Wesentlichen dasselbe, wie vorstehend bezüglich des Riemenantriebs gesagt wurde.

Friktionsantrieb wird hin und wieder angewandt, wird aber nur unter besonderen Umständen, vor allem aber nur bei kleinen Kräften in Frage kommen.

Beispiele ausgeführter Antriebe von Stromerzeugern.

	Seite
Gleichstrom-Dynamomaschine	78
Maschinenhaus der Beleuchtungsanlage des städt. Kurhauses zu Wiesbaden	79
Ansicht der elektr. Centrale der Zürichbergbahn	80
Maschinenhaus von „Lena Gold Mining Company", St. Petersburg	81
Friktions-Antrieb einer Dynamomaschine vom Schwungrad eines Petroleums-Motors aus	82
Dynamomaschine von einer Dampf-Turbine angetrieben	83
Riemen-Antrieb je einer Wechsel- und einer Gleichstrom-Maschine	84
Elektr. Centrale der Zuckerraffinerie von Chs. de Vos (Itzehoe)	85
Dispositionsplan hierzu	86
Antrieb einer Gleichstrom-Nebenschluss-Dynamomaschine von einer bereits für andere Zwecke vorhandenen 1000 pferdigen Dreifach-Expansions-Dampfmaschine	87
Elektrischer Beleuchtungswagen der Königl. Eisenbahndirektion Köln	88
Beleuchtungswagen für Plantagenbeleuchtung in Ostindien	89

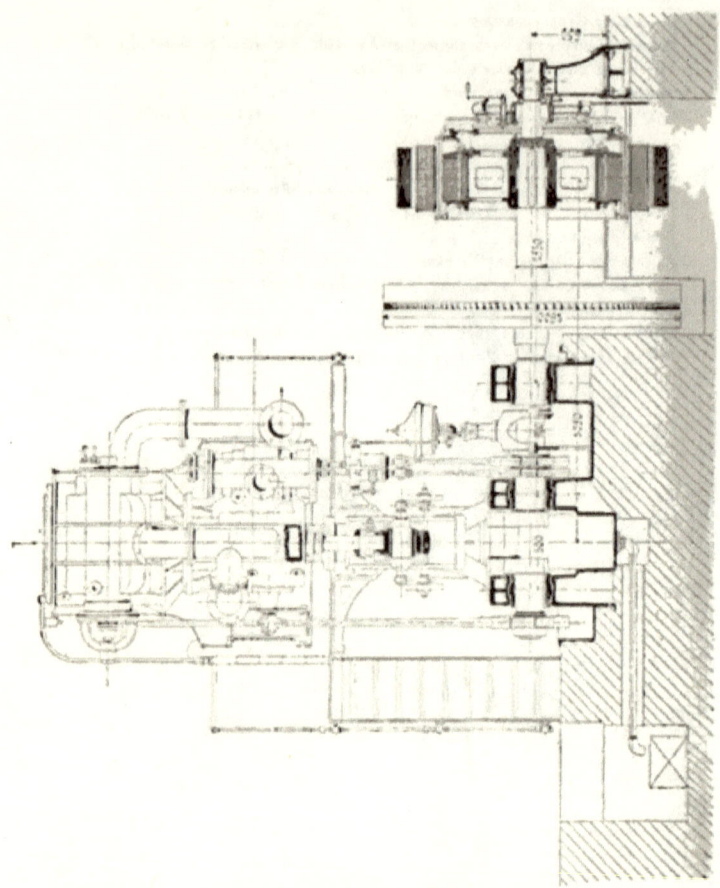

Gleichstrom-Dynamomaschine,
direkt gekuppelt mit einer Dampfmaschine, 150 Touren pro Min., 250–310 eff. PS. — Dynamoleistung maximal 210 KW. bei 110 Volt. — Ausgeführt von El. A.-G. vorm. W. Lahmeyer & Co., Frankfurt a. M. — Maassstab 1:50.

Antrieb von Stromerzeugern.

Maschinenhaus der Beleuchtungs-Anlage des städt. Kurhauses zu Wiesbaden.
Gleichstrom-Dynamos, mittelst Riemen von Gasmotoren angetrieben. Dynamos auf Spannschienen verschiebbar. Kontroll-, Schalt- u. Sicherheits Apparate sowie die Bogenlicht-Vorschaltwiderstände auf der im Hintergrund sichtbaren Schalttafel. Gesamtleistung 120 PS — Ausgeführt durch Deutsche Elektrizitätswerke, Aachen.

Ansicht der elektr. Centrale der Zürichbergbahn.
3 Gleichstrom-Dynamos für 550 Volt, angetrieben von Generatorgas-(Dawsongas-)
Motoren von 120 bezw. 60 PS. Leistung. — Ausgeführt von Maschinenfabrik Oerlikon.

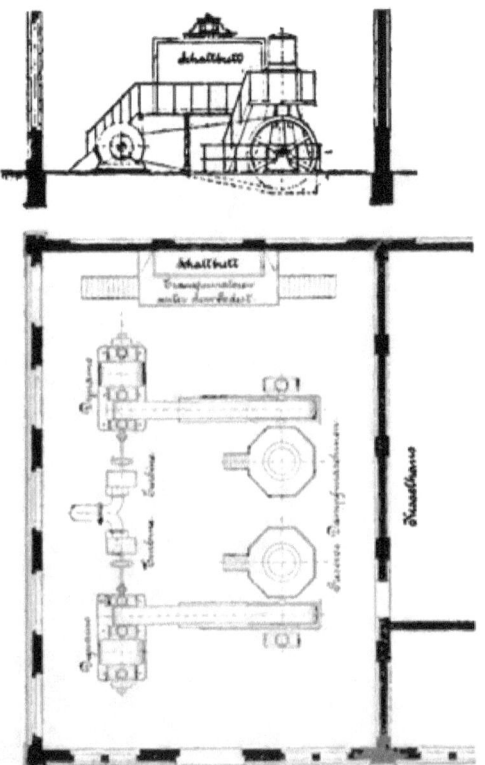

Maschinenhaus von „Lena Gold Mining Company", St. Petersburg.
Maßstab 1:50. — 2 Turbinen, mit deren horizont. Welle direkt 2 Drehstrom-Generatoren, 60 Touren pro M., 136 KW., 150 Volt, gekuppelt sind. — Als Reservekraft sind zwei Dampfmaschinen vorgesehen. Transformatoren für die Fernleitungsspannung von 1000 Volt sind unterhalb der Schalttafel untergebracht. Die Erreger sind direkt an die Generatoren angebaut. — Ausgeführt von El. A.-G. vorm. W. Lahmeyer & Co., Frankfurt a. M.

82   Antrieb von Stromerzeugern.

Friktions-Antrieb
einer Dynamomaschine von Schwaiger von Dampfmaschine aus. Ausgeführt von
vereinigte Fabriken landwirtschaftlicher Maschinen.

Antriebe von Stromerzeugern.

Dynamomaschine von einer Dampf-Turbine angetrieben.
Leistung der Dampf-Turbine 20 PS. bei 2000 Touren p. Min. — Um eine möglichst gleichmäßige Verteilung der Belastung der Turbinenwelle zu erzielen, ist die Dynamo mit zwei Ankern ausgestattet, die auf zwei parallelen Wellen sitzen und durch ein doppeltes Zahnradvorgelege der Turbine angetrieben werden. Der Antrieb erfolgt mittels zweier Gummikupplungen. Ausgeführt von Deutsche Elektrizitätswerke, Aachen.

Riemen-Antrieb je einer Wechsel- u. einer Gleichstrom-Maschine
vom Schwungrad einer liegenden Verbund-Dampfmaschine von 340 PS. Die beiden von derselben
Dampfmaschine anzutreibenden Maschinen sind durch eine lösbare Gummikupplung gekuppelt,
welche als Riemenscheibe ausgebildet ist. Tourenzahl 428 pro M. Die Gleichstrom-Maschinen
dienen teils zur Erregung der Wechselstrom-Maschinen teils zur direkten Stromlieferung für

Elektr. Centrale der Zuckerraffinerie von Chs. de Vos (Itzehoe).
Liegende eincylindrige Dampfmaschine, […] gekoppelt mit einem […] kW […] Motorenbetrieb. […]

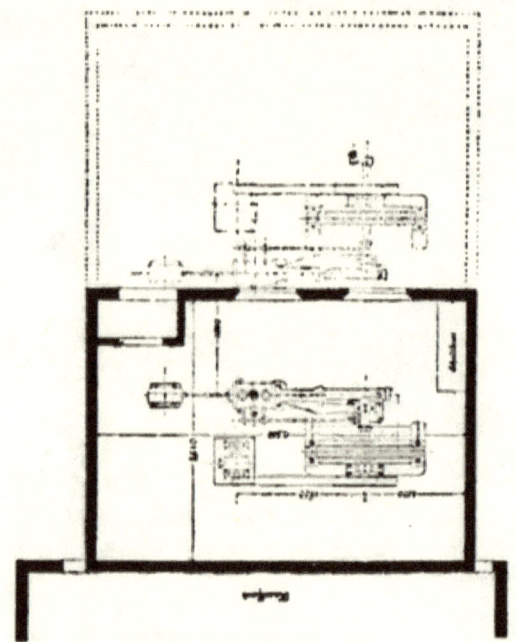

Dispositionsplan
zur elektrischen Centrale der Zuckerraffinerie von Chs. de Vos (Itzehoe). Vgl. Abbildung auf voriger Seite.

Antriebe von Stromerzeugern. 87

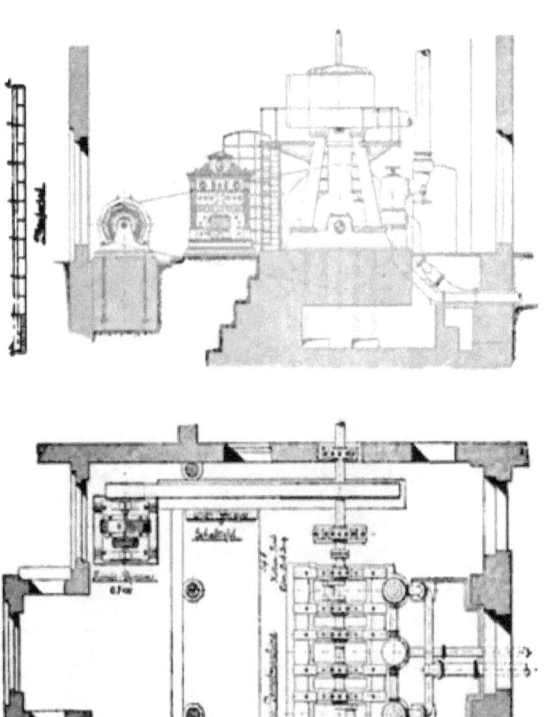

Antrieb einer Gleichstrom-Nebenschluss-Dynamomaschine von einer bereits
für andere Zwecke vorhandenen 1000 pferdigen Dreifach-Expansions-
Dampfmaschine.

Tourenzahl der Dampfmaschine 90 pro Min. Tourenzahl der Dynamomaschine 275 pro Min. Dynamoleistung 75 KW. Der Antrieb erfolgt mittelst Riemen von einer auf die Dampfmaschinenwelle aufgesetzten Riemenscheibe. Die Schalttafel hat in der Nähe der Dynamo, unmittelbar vor dem Riemenlauf Platz gefunden. Da bei dem stark schwankenden Betrieb und der für elektr. Betrieb zunächst nicht vorgesehenen Einrichtung kleine Tourenschwankungen der Dampfmaschine unvermeidlich, sind für die Dynamo selbstthätige Nebenschluss-Regulatoren vorgesehen. — Ausgeführt von El. A.-G. vorm. Schuckert & Co., Nürnberg.

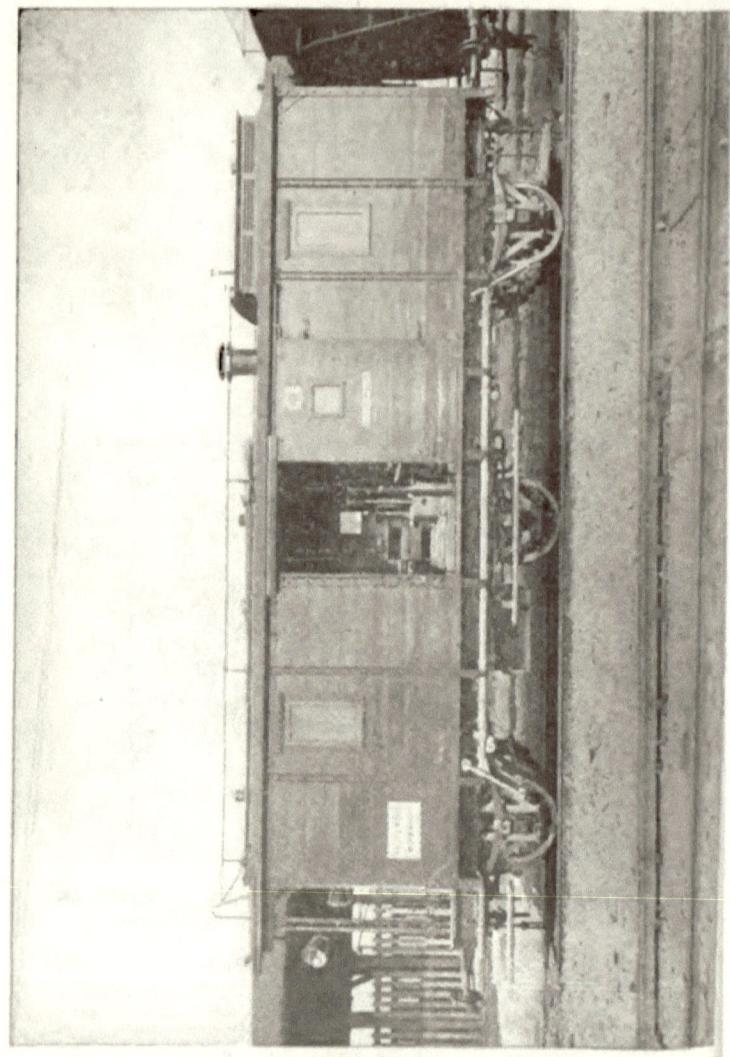

Elektrischer Beleuchtungswagen der Königl. Eisenbahndirektion Köln.

In dem geöffneten Wagen sichtbar eine Gleichstrom-Dynamomaschine, direkt gekuppelt mit einer schnellaufenden Compounddampfmaschine, die ihren Dampf aus einem ebenfalls im Wagen befindlichen Dampfkessel erhält. Ferner ist im Wagen eine Schalttafel nebst den erforderlichen Apparaten untergebracht. Ausgeführt durch Deutsche Elektrizitäts-Werke, Aachen.

Beleuchtungswagen
bestehend aus einem 15 PS-Petroleum-Motor von 600 Touren pro Min., direkt gekuppelt mit einer Dynamomaschine. Ausgeführt für Plantagenbeleuchtung in Ostindien durch **Deutsche Elektrizitäts-Werke, Aachen**.

VII. Abschnitt.

Schalt-Tafel und Apparate.

a) Disposition der Schalt-Tafel.

Zur Aufnahme aller zur Bedienung der Strom-Erzeuger und der einzelnen Stromkreise erforderlichen Schalt-, Controll- und Sicherheitsapparate dient eine **Schalttafel**.

Die Anforderungen, die an eine Schalttafel gestellt werden müssen, sind: **Übersichtlichkeit, Betriebssicherheit, leichte Zugänglichkeit aller Apparate**; wenn möglich, ist auch der Ästhetik Rechnung zu tragen.

Die eigentliche Tafel selbst besteht entweder aus Holz (besonders Eschen- und Eichenholz) oder aus Stein, insbesondere Marmor oder Schiefer.

Steintafeln sind teurer als Holz, verdienen aber den Vorzug wegen ihrer Feuersicherheit, Isolierfähigkeit und ihres geschmackvollen Aussehens. Zu **Hochspannungsanlagen** werden sie mit Vorliebe verwendet. Das Material ist mit Sorgfalt zu wählen. Es darf keine metallischen Adern enthalten.

Kleinere Tafeln werden direkt an der Wand befestigt. Zur Vermeidung von Feuchtigkeit ist es indessen zu empfehlen, einen nicht zu geringen Zwischenraum zwischen Wand und Schalttafel zu lassen. Die Verteilungsschienen und möglichst auch die Verbindungsleitungen zwischen den einzelnen Apparaten sollten hinter der Tafel liegen. Grössere Schalttafeln erfordern ein entsprechend starkes Eisengerüst und erhalten, wenn möglich, einen solchen Abstand von der Wand, dass ausser den Verteilungsschienen und Verbindungsleitungen event. auch die Abschmelz-Sicherungen dahinter Platz finden und eine Revision oder etwaige Reparaturen oder Änderungen leicht vorgenommen werden können.

Die Verteilungs- und Verbindungsschienen werden, wenn hinter der Schalttafel verlegt, meist aus Kupfer, wenn auf der Vorderseite verlegt, des besseren Aussehens halber, zuweilen aus Messing hergestellt.

An Apparaten sollen auf der Vorderseite der Schalttafel nur diejenigen Platz finden, welche zur Bedienung der Dynamos oder der einzelnen Stromkreise wirklich erforderlich sind. Das sind also hauptsächlich die Spannungs- und Stromzeiger, die Ausschalter, Umschalter und Zellenschalter, sowie die Reguliervorrichtungen.

Die Sicherungen bringt man bei grösseren Schalttafeln am besten hinter der Schalttafel unter, muss aber dafür Sorge tragen, dass sie jederzeit bequem und schnell zugänglich sind.

Die Anordnung der Apparate auf der Schalttafel muss so erfolgen, dass die von Hand zu bedienenden Apparate leicht zugänglich, die Controll-Apparate, an denen nur Ablesungen zu erfolgen haben, deutlich sichtbar sind. Letztere nehmen daher am besten den oberen Teil der Schalttafel ein, während erstere sich in bequemer Reichhöhe befinden. Zusammengehörige Apparate müssen zusammen gruppiert werden: Ausschalter bei den etwa zu dem betr. Stromkreis gehörigen Stromzeigern, Regulierapparate bei den Controll-Apparaten, nach welchen die Regulierung zu erfolgen hat.

Die zur Bedienung der Dynamos, der Accumulatoren, der Stromkreise für bestimmte Arten von Stromnehmern etc. erforderlichen Apparate sind auf grösseren Schalttafeln möglichst in gesonderten Gruppen anzuordnen.

Um Irrungen vorzubeugen, die unter Umständen verhängnisvoll werden können, empfiehlt es sich, die specielle Bestimmung jedes Apparates durch ein an oder neben demselben angebrachtes Schildchen mit entsprechender Aufschrift deutlich zu bezeichnen.

Bei Hochspannungs-Schalttafeln sind geeignete Vorkehrungen zu treffen, um das Bedienungspersonal zu schützen. Die Hochspannung führenden Apparate müssen deutlich als solche erkennbar sein. Wo Hoch- und Niederspannungs-Apparate zugleich auf einer Tafel sind, findet am besten eine räumliche Trennung derselben statt. Vielfach zieht man es vor, für Hochspannungsapparate eine besondere Schalttafel aufzustellen. Alle Hochspannung führende Teile der Apparate sollten möglichst auf die Rückseite der Tafel verlegt werden oder, wo dies unthunlich, so geschützt werden, dass eine Berührung unmöglich. Die zufällige Berührung von Punkten verschiedenen Potentials muss nach Möglichkeit ausgeschlossen werden. Alle nicht stromführenden Metallteile sollen an Erde gelegt sein. Statt dessen wird es vielfach vorgezogen, einen isolierenden Belag an allen Stellen anzubringen, von denen aus eine Berührung der Tafel durch Personen möglich, also vor und hinter der Tafel, auf der Erde und nötigenfalls auch an den nahe gelegenen Wänden. In diesem Falle sind alle nichtstromführenden Metallteile gegen Erde zu isolieren.

Den ästhetischen Bedürfnissen wird bei Ausführung der Schalttafeln am besten Rechnung getragen durch saubere Ausführung aller Teile, Einheitlichkeit in der Anordnung und geschickte Gruppierung, durch welche indessen niemals die praktischen Forderungen hintangesetzt werden dürfen. Unter anderem ist auch darauf zu achten, dass electromagnetische Mess- und Controllapparate nicht durch benachbarte stromführende Leitungen beeinflusst werden können.

Durch eine stilvolle Umrahmung kann ferner den weitgehendsten ästhetischen Ansprüchen Rechnung getragen werden. Diese Umrahmung kann mit Vorteil auch die Uhr aufnehmen, die für die Maschinenstation einer grösseren Anlage ganz unentbehrlich ist.

b) *Wahl der Apparate.*

Was nun die auf der Schalttafel unterzubringenden Instrumente und Apparate anbelangt, so sind zunächst die Maschinen, Transformatoren, Accumulatoren und abzweigenden Stromkreise allpolig zu sichern, in der Regel durch Schmelzsicherungen, eventuell auch wo diese nicht rasch genug funktionieren würden oder aus anderen Gründen nicht genügen würden, durch selbstthätige elektromagnetische Maximal- oder Minimal-Ausschalter. Elektromagnetische Selbstausschalter finden hauptsächlich nur bei Accumulatorenbatterieen, event. auch bei parallel geschalteten Nebenschlussmaschinen und bei Transformatoren Anwendung. Die Maximalschalter zuweilen auch bei Gleichstrom-Serien-Kraft-Anlagen. Am besten vermeidet man, so weit irgend thunlich, alle elektromagnetischen Selbst-Ausschalter.

Maschinen, Accumulatoren, Transformatoren und abzweigende Stromkreise sind ferner **von Hand ausschaltbar** zu machen; am besten **allpolig** durch mehrpolige oder, bei besonderen Betriebsbedingungen, mehrere einpolige Hebelschalter. Eventuell genügt bei zweipoligen Stromkreisen auch einpolige Ausschaltung, bei Gleichstrom-Dreileitersystem Ausschaltung der ·Aussenleiter. Verketteter Mehrphasenstrom sollte stets allpolig ausgeschaltet werden.

Die Wahl der Sicherungen und Ausschalter ist einerseits von der Stromstärke, andererseits von der Betriebsspannung abhängig. Auf die Vor- und Nachteile der zahlreichen existierenden Konstruktionen können wir hier nicht eingehen. Einige allgemeine Anforderungen siehe unter „Sicherheitsvorschriften" am Schluss dieses Kapitels. Speziell bezüglich der Wahl der Sicherungen mit Rücksicht auf Leitungsquerschnitt und Stromstärke vgl. Abschnitt IX „Leitungen", Kap. „Zubehörteile".

Bezüglich der für Accumulatorenbatterien in Frage kommenden **Zellenschalter** und die Bemessung der Kontactzahl, die sich nach der Zahl der Abschaltzellen richtet, sei auf den Abschnitt „Accumulatoren" verwiesen.

Was die **Kontroll- und Mess-Instrumente** anbelangt, so wird man in der Regel für sämtliche stromliefernden Maschinen und Apparate je einen **Stromzeiger** vorsehen müssen; nur bei **einzeln geschalteten** Generatoren könnte von dieser Forderung unter Umständen Abstand genommen werden. Für Mehrphasen-Anlagen wird man event., **falls ungleiche Belastung der Phasen** betriebsmässig zu erwarten ist, in jede Phase einen besonderen Stromzeiger zu legen haben. Für abzweigende Stromkreise oder an anderen Stellen der Verbindungsleitungen zwischen den Maschinen und Apparaten verwendet man Stromzeiger nur insoweit, als die Kenntnis der dort herrschenden Stromstärken für den Betrieb von Interesse ist.

In Wechselstrom-Anlagen mit mehreren parallel geschalteten Generatoren empfiehlt sich ausserdem die Einfügung eines **Arbeitszeigers** in jeden Maschinenstromkreis.

Spannungszeiger wird vielfach nur **einer** nötig sein, wenn demselben ein geeigneter **Umschalter** beigefügt wird, so dass an allen für den Betrieb in Frage kommenden Stellen die Spannung gemessen werden kann. In grösseren Anlagen verwendet man ausserdem häufig einen oder mehrere Spannungszeiger (bei Dreileiter-System 2, bei Drehstrom 3) die dauernd an die Sammelschienen angeschlossen bleiben. Haupt-Spannungszeiger erhalten mit Vorteil ihren Platz in der Mitte der Tafel und werden für grössere Schalttafeln in der Regel grösser ausgeführt als die übrigen Mess- und Kontroll-Instrumente, so dass sie weithin sichtbar sind. Wo schnelle Schwankungen im Betriebe, oder mechanische Erschütterungen der Instrumente zu erwarten, müssen dieselben gut gedämpft sein. In Schiffen versieht man dieselben nötigenfalls mit cardanischer Aufhängung.

Elektromagnetische Instrumente zeigen bei Wechselstrom nur für eine bestimmte Wechselzahl und für eine bestimmte Stromcurve richtig. Calorische Instrumente sind unabhängig hiervon und sie werden ausserdem nicht durch benachbarte Starkströme beeinflusst.

Besonders für grössere Licht-Anlagen ist es wertvoll, über den jeweiligen Isolationszustand der Anlage ein Urteil zu haben. Es dienen hierzu besondere Erdschlussprüfer, die je nach den besonderen Anforderungen, die gestellt werden, und nach den in Frage kommenden Spannungen verschiedene Konstruktion haben.

Wattstundenzähler oder Ampère-Stundenzähler dienen entweder zur Messung der von den einzelnen Maschinen in einem gewissen Zeitraum erzeugten Leistungen, oder der in bestimmte Stromkreise abgegebenen Leistung. Hierüber entscheidet lediglich das Bedürfnis. Die Apparate sind der in Frage kommenden Stromstärke bezw. Stromstärke und Spannung entsprechend zu wählen. Auf die einzelnen Konstruktionen näher einzugehen, ist hier nicht der Ort; es sei aber darauf hingewiesen, dass nicht alle Zähler gleich gut in allen Fällen geeignet sind. Manche Zähler sind sehr empfindlich bezüglich der richtigen Aufhängung, andere werden durch benachbarte Starkströme sehr beeinflusst, andere durch Erschütterungen, andere wieder registrieren Ströme oder Stromvariationen von kurzer Dauer äusserst ungenau und sind daher bei vielen Motorenbetrieben unverwendbar. In besonderen Fällen wird man sich also über das Verhalten der Zähler im Betriebe zu vergewissern haben.

Die Unterbringung der Zähler, soweit dieselbe überhaupt in der Centrale erfolgt, sollte niemals auf der Schalttafel selbst geschehen. Bei Tafeln mit dem nötigen Wandabstand kann man sie vielfach mit Vorteil hinter der Tafel unterbringen an der hinteren Wand.

Sicherheits-Vorschriften.[1]

a) Verband Deutscher Elektrotechniker.

I. Niederspannung.

§ 3. Die Hauptschalttafeln in Betriebsräumen sollen aus unverbrennlichem Material bestehen, oder es müssen sämtliche stromführende Teile auf isolierenden und feuersicheren Unterlagen montiert werden. Sicherungen, Schalter und alle Apparate, in denen betriebsmässig Stromunterbrechung stattfindet, müssen derart angeordnet sein, dass etwa auftretende Feuererscheinungen benachbarte brennbare Stoffe nicht entzünden können und unterliegen überdies den in § 1 gegebenen Vorschriften.

Für Regulierwiderstände gelten die Bestimmungen des § 14.

§ 10. h) Bei Durchführung der Leitungen durch hölzerne Wände und hölzerne Schalttafeln müssen die Öffnungen durch isolierende und feuersichere Tüllen ausgefüttert sein.

§ 11. Die stromführenden Teile sämtlicher in eine Leitung eingeschalteten Apparate müssen auf feuersicherer, auch in feuchten Räumen gut isolierender Unterlage montiert und von Schutzkästen derart umgeben sein, dass sie sowohl vor Berührung durch Unbefugte geschützt, als auch von brennbaren Gegenständen feuersicher getrennt sind.

Die stromführenden Teile sämtlicher Apparate müssen mit gleichwertigen Mitteln und ebenso sorgfältig von der Erde isoliert sein, wie die in den betreffenden Räumen verlegten Leitungen. Bei Einführung von Leitungen muss der für die Leitung vorgeschriebene Abstand von der Wand gewahrt bleiben. Die Kontakte sind derart zu bemessen, dass durch den stärksten vorkommenden Betriebsstrom keine Erwärmung von mehr als 50° C über Lufttemperatur eintreten kann. Für Schalttafeln in Betriebsräumen gilt § 3.

§ 12. a) Sämmtliche Leitungen von der Schalttafel ab sind durch Abschmelz-Sicherungen zu schützen.[2]

d) Die Sicherungen müssen derart konstruirt sein, dass beim Abschmelzen kein dauernder Lichtbogen entstehen kann, selbst dann nicht, wenn hinter der Sicherung Kurzschluss entsteht; auch muss bei Sicherungen bis 6 Quadratmillimeter Leitungs-Querschnitt (40 Ampère Abschmelzstromstärke) durch die Konstruktion eine irrtümliche Verwendung zu starker Abschmelzstöpsel ausgeschlossen sein.

Bei Bleisicherungen darf das Blei[3] nicht unmittelbar den Kontakt vermitteln, sondern es müssen die Enden der Bleidrähte oder Bleistreifen in Kontaktstücke aus Kupfer oder gleich geeignetem Materiale eingelöthet werden.

---

[1] Quellenangabe siehe Vorrede.
[2] Ausgenommen von letzterer Vorschrift ist der Mittelleiter von Dreileiteranlagen, falls derselbe dauernd an Erde liegt: er darf in diesem Falle nicht gesichert werden.
[3] In den Hochspannungsvorschriften ist diese Fassung dahin verallgemeint, dass es heisst: „Bei Sicherungen dürfen weiche, plastische Metalle . . . ."

f) Die Maximalspannung ist auf dem festen Teil, der Leitungs-Querschnitt und die Betriebsstromstärke sind auf dem auswechselbaren Stück der Sicherung zu verzeichnen.[1]

§ 13. a) Die Schalter müssen so konstruiert sein, dass sie nur in geschlossener oder offener Stellung, nicht aber in einer Zwischenstellung verbleiben können.

Hebelschalter für Ströme über 50 A und in Betriebsräumen alle Hebelschalter sind von dieser Vorschrift ausgenommen.

Die Wirkungsweise aller Schalter muss derart sein, dass sich kein dauernder Lichtbogen bilden kann.

b) Die normale Betriebsstromstärke und Spannung sind auf dem Schalter zu vermerken.

c) Metallkontakte sollen ausschliesslich Schleifkontakte sein.

d) Jede Hauptabzweigung soll womöglich für alle Pole, bei Dreileiter-Gleichstrom für die beiden Aussenleiter Ausschalter erhalten, gleichviel, ob für die einzelnen Räume noch besondere Ausschalter angebracht sind oder nicht.

§ 14. Widerstände und Heizapparate, bei welchen eine Erwärmung um mehr als 50° C eintreten kann, sind derart anzuordnen, dass eine Berührung zwischen den wärmeentwickelnden Teilen und entzündlichen Materialien, sowie eine feuergefährliche Erwärmung solcher Materialien nicht vorkommen kann.

Widerstände sind auf feuersicherem, gut isolierendem Material zu montieren und mit einer Schutzhülle aus feuersicherem Material zu umkleiden. Widerstände dürfen nur auf feuersicherer Unterlage, und zwar freistehend oder an feuersicheren Wänden angebracht werden. In Räumen, wo betriebsmässig Staub, Fasern oder explosible Gase vorhanden sind, dürfen Widerstände nicht aufgestellt werden.

II. Hochspannung.

§ 10. Die Schalttafeln, mit Ausnahme des Gerüstes und der Umrahmung, müssen aus feuersicherem Material bestehen; für die isolierenden Teile gelten die Vorschriften des § 1a.[2])

a) Die Bedienungsseite. Wird ein isolierender Bedienungsgang verwendet, so müssen die stromführenden Teile der Messinstrumente, Sicherungen und Schalter der Berührung unzugänglich angeordnet sein; alle der Berührung zugänglichen nicht stromführenden Metallteile dieser Apparate und des Gerüstes müssen unter sich metallisch verbunden und von der Erde isoliert sein.

Wird kein isolierender Bedienungsgang verwendet, so müssen die stromführenden Teile der Messinstrumente, Sicherungen und Schalter, so-

---

[1]) Weitere Vorschriften über die Dimensionierung bezw. Anordnung der Sicherungen, soweit sie durch die Dimensionierung und Anordnung der Leitungen bedingt sind, siehe im Abschnitt IX c.

[2]) Vergl. Vorwort.

fern sie nicht geerdet sind, der Berührung unzugänglich angeordnet sein; die zugänglichen, nicht stromführenden Metallteile dieser Apparate und des Gerüstes müssen geerdet sein.

b) Rückseite. Die gleichen Vorschriften gelten auch für die Rückseite der Schalttafel, sofern diese Seite nicht derart abgeschlossen ist, dass nur besonders instruirtes Personal Zutritt hat. Bei Schalttafeln, welche betriebsmässig auf der Rückseite zugänglich sein müssen, darf die Entfernung zwischen ungeschützten stromführenden Teilen der Schalttafel und der gegenüberliegenden Wand nicht weniger als ein Meter betragen. Sind auf der letzteren ungeschützte stromführende Teile in erreichbarer Höhe vorhanden, so muss die horizontale Entfernung bis zu denselben 2 Meter betragen und der Zwischenraum durch Geländer geteilt sein.

§ 11. a) Alle Apparate müssen derart konstruirt und angebracht sein, dass eine Verletzung von Personen durch Splitter, Funken und geschmolzenes Material ausgeschlossen ist.

b) Die stromführenden Theile der sämmtlichen in Hochspannungsleitungen eingeschalteten Apparate müssen auf feuersicherer, isolierender Unterlage montiert und von Schutzkasten derart umgeben sein, dass sie von brennbaren Gegenständen feuersicher getrennt sind.

Alle Teile von Apparaten, welche eine hohe Spannung annehmen können, müssen durch einzelne Schutzkasten oder gemeinsamen Abschluss gegen Berührung geschützt sein.

Apparate, welche im Freien an Masten, in der in § 16 b[1]) für Freileitung vorgeschriebenen Höhe angebracht sind, können Schutzkasten entbehren.

Alle Kontakte müssen derart konstruirt sein, dass durch den stärksten vorkommenden Betriebsstrom eine Erwärmung von mehr als $50°$ C. über Lufttemperatur nicht eintreten kann.

§ 12. a) Sämmtliche Leitungen, welche von der Schalttafel nach aussen führen, sind durch Abschmelzsicherungen oder andere selbstthätige Stromunterbrecher zu schützen; ausgenommen ist die neutrale Hauptleitung (Nullleitung) bei Mehrleitersystemen, welche keine Sicherung enthalten darf.

c) Sicherungen müssen derart konstruiert und angebracht sein, dass sie auch unter Spannung gefahrlos gehandhabt werden können.

§ 13. Alle Maschinen und Apparate, welche mit Freileitungen in Verbindung stehen, müssen an passenden Stellen durch Blitzschutzvorrichtungen gesichert sein, die auch bei wiederholten Blitzschlägen wirksam bleiben.

§ 14. a) Die Schalter müssen derart konstruiert sein, dass auch beim Ausschalten des vollen Betriebsstromes sich kein dauernder Lichtbogen bilden kann.

b) Jede Hauptabzweigung soll für alle Pole, sofern nicht die Sicherungen das Ausschalten unter Strom ermöglichen, Ausschalter erhalten, gleichviel ob für die einzelnen Unterabzweigungen noch besondere Ausschalter angebracht sind oder nicht; ausgenommen ist die neutrale Haupt-

---

[1]) Vergl. Abschnitt IX.

leitung (Nullleitung) bei Mehrleitersystemen, welche keinen Ausschalter zu erhalten braucht.

c) Wenn kein isolierender Bedienungsgang am Schalter und am stromverbrauchenden Apparat verwendet wird, so muss der Schalter nach dem Ausschalten den Verbrauchsstromkreis erden; die nicht stromführenden Metallteile der Schalter müssen, sofern sie der Berührung zugänglich sind, dauernd geerdet sein.

Wird ein isolierender Bedienungsgang verwendet, so gelten die für diesen Fall in den §§ 6 und 10 angeführten Vorschriften.[1])

b) Anderweitige Vorschriften.

a) Schweizer Regulativ.

Art. 3. Liegt die Besorgung der Dynamomaschinen und deren Betriebsmotoren dem gleichen Wärter ob, so sollen die Regulierapparate beider so placiert werden, dass die Überwachung und Bedienung derselben von einer Stelle aus möglich ist (unter Vorbehalt von Art. 6).

Art. 4. ..... Die Apparate sind so zu bezeichnen, dass Zweck und Handhabung derselben ersichtlich ist.

Art. 5. Befinden sich Apparate oder zu beaufsichtigende Verbindungen auf der Rückseite des Tableau, so ist zwischen den Strom führenden Teilen und der Wand ein Abstand von mindestens 70 cm offen zu lassen.

Art. 6. Kommen auf der gleichen Schalttafel Apparate und Verbindungen für Hoch- und Niederspannung vor, so sind dieselben getrennt von einander anzuordnen.

Die Hochspannungsleitungen sollen überdies durch rote Farbe kenntlich gemacht werden.

Die Apparate müssen während des Betriebes gefahrlos bedient werden können.

Der Fussboden und eventuell auch die Mauerverkleidung in der Nähe des Tableau ist durch Porzellan von der Erde zu isolieren.

Art. 7. Die Apparate und ihre Verbindungen dürfen beim Stromdurchgang nicht heiss, sondern höchstens handwarm werden.

Ausnahmen sind indessen zulässig bei Stromregulatoren und sonstigen Widerständen, welche Temperaturen bis auf 200°C. annehmen dürfen; doch müssen diese Apparate auf unverbrennlichen Rahmen montiert und so aufgestellt sein, dass sich benachbarte Gegenstände unter ihrer Einwirkung nicht über 60°C. erwärmen.

Art. 8. Metallausschalter sind mit Reibkontakten und so grossen Funkenstrecken zu versehen, dass beim Öffnen kein permanenter Lichtbogen entstehen kann; die Schalthebel sollen in den Hauptstellungen »offen« und »geschlossen« gesichert sein.

---

[1]) Vergl. Abschnitt VI u. VII.

Sämmtliche mit dem Tableau verbundenen Stromkreise sollen allpolig ausgeschaltet werden können.

Art. 9. Die Konstruktion und Anordnung der Sicherungen muss eine derartige sein, dass beim Abschmelzen der Drähte weder Kurzschlüsse entstehen, noch flüssiges Material herumgespritzt wird.

Bei Hochspannungssicherungen, welche, wo thunlich, ausserhalb des Tableau zu placieren sind, empfiehlt es sich, dem Schmelzdraht eine horizontale Lage zu geben.

Die Sicherungen sollen auch während des Betriebes gefahrlos auswechselbar sein.

Die vom Tableau abgehenden Leitungen sind allpolig zu sichern mit Ausnahme der Mittelleiter bei Drei- und Fünfleiteranlagen.

Art. 10. Die Sicherungen und automatischen Ausschalter müssen für die jeweilige Kapacität der zu schützenden Organe und Leitungen und nicht für die Maximalkapacität der Station reguliert sein; die zulässige Beanspruchung ist auf den Sicherungen zu markieren.

Art. 11. Die Blitzschutzvorrichtungen sind an einem vom Tableau getrennten leicht zugänglichen Ort anzubringen.

In Art. 15 heisst es speciell bezüglich der Transformatoren:

»Die angeschlossenen Primär- und Sekundärleitungen sollen allpolig gesichert und ausschaltbar sein. Beim Drei- und Fünfleitersystem sollen dagegen die Sicherungen der Mittelleiter weggelassen werden.

Die Hoch- und Niederspannungsapparate sind auf besonderen, räumlich von einander getrennten Schalttafeln anzubringen, deren Konstruktion den Vorschriften der Art. 4, 7 und 8 zu entsprechen hat.

Art. 34. Die Ausschalter und Sicherungen sind ebenfalls auf unverbrennliches, nicht hygroskopisches Isoliermaterial zu montiren; dieselben sollen einen guten Kontakt sichern und sich beim Stromdurchgang nicht erhitzen.

Zur Unterbrechung von Stromkreisen von über 5 A und 100 V, bei welchen bereits stärkere Öffnungsfunken auftreten, sind solche Schaltermodelle zu wählen, deren Kontakthebel in Zwischenstellungen nicht stehenbleiben können.

Art. 35. Die Sicherungen sind so zu konstruieren, dass beim Durchschmelzen derselben keine Kurzschlüsse entstehen und das flüssige Metall nicht herausspritzen kann.

Die Schmelzkörper sollen leicht ersetzt werden können.

In Stromkreissen mit Spannungen von über 120 V sollen alle Sicherungen zweipolig sein. Die Stromstärken, für welche sie konstruiert sind, müssen auf denselben deutlich sichtbar angegeben sein. Der zum Durchschmelzen einer Sicherung erforderliche Strom darf höchstens das Dreifache des normalen Verbrauchsstromes betragen.

b) Speciell für

Schiffsbeleuchtung

enthält das Lloydregister für englische und ausländische Schiffe eine Reihe von Vorschriften aus denen hier Nachstehendes erwähnt sei.[1])

In dem Dynamoraume ist ein Hauptschaltbrett anzubringen, an welches alle durch das Schiff laufenden Hauptstromkreise angeschlossen sind. Auf demselben ist für jeden Stromkreis Sicherung und Ausschalter vorzusehen. Die für die verschiedenen Unterabteilungen des Stromnetzes erforderlichen Nebenschaltbretter dürfen nur an Plätzen angebracht werden, welche bequem zugänglich sind und jedes dieser Schaltbretter soll wieder für jede Abzweigung mit je eine besondere Sicherung und Ausschalter versehen sein. Wenn Schiffe nach dem Doppeldrahtsystem eingerichtet sind, muss jeder Draht aller Stromkreise, die Lampenstromkreise mit inbegriffen, Sicherungen haben.

In Fällen, wo elektrische Lichter als Kopflicht am Mast oder als Seitenlichter verwendet werden, müssen die Schalter für diese Lichter an Plätzen untergebracht sein, wo sie durch den wachthabenden Offizier oder eine andere verantwortliche Person beaufsichtigt werden können, jedoch für die Mannschaft und Passagiere etc. nicht zugänglich sind.

Die Schaltbretter sollen entweder aus Schiefer oder einem anderen unverbrennbaren Material bestehen. Als Ausschalter sind solche mit plötzlicher Unterbrechung des Kontaktes zu verwenden; dieselben sollen so konstruiert sein, dass sie entweder vollständig auf »zu« oder »offen« stehen, d. h. dass sie nicht in einer Zwischenstellung verharren können; ausserdem müssen sie eine hinreichend grosse Kontaktfläche erhalten und darf ihr Leitungsvermögen kein geringeres sein, als das der mit ihnen verbundenen Leitungsdrähte.

Sicherungen sollen sowohl an jedem Haupt- wie Nebenstromkreise angebracht sein, auf den Schaltbrettern so nahe als möglich den Ausschaltern der betreffenden Stromkreise. Wenn das Schaltbrett sich nicht in der Nähe der Dynamomaschine befindet, oder wenn mehr als eine Dynamo für irgend einen Stromkreis benutzt werden kann, so sollen die Sicherungen für die Hauptleitung möglichst nahe an den Anschlussklemmen der Dynamomaschinen angebracht sein.

Alle anderen Sicherungen sollen ebenfalls nur an leicht zugänglichen Orten, und zwar möglichst nahe am Anfange der von ihnen zu schützenden Kabel und Abzweigungen ihren Platz erhalten; sie müssen eine Unterlage von Schiefer oder anderem unverbrennlichen Material haben und so angeordnet sein, dass das geschmolzene

---

[1] Vergl. Elektrot. Ztschr. 1896, S. 528. — „The Electricien", Electrical Trades' Directory and Handbook 1896, S. 189.

Metall keine Gefahr mit sich bringen kann. Sind sie mit Gehäusen versehen, so müssen auch diese aus unverbrennbarem Material hergestellt werden.

In Schachtdurchgängen oder an feuchten Orten sollen alle Lampen-Sicherungen und Ausschalter wasserdicht sein oder in wasserdichten Behältern untergebracht sein, welche aufklappbare oder tragbare wasserdichte Schutzdeckel tragen. In Kohlenräumen dürfen Sicherungen und Ausschalter nicht angebracht werden.

In den Kabeln zwischen der Dynamo und dem Hauptschaltbrett und in den Verbindungsleitungen zwischen dem Hauptschaltbrett und den Nebenschaltbrettern dürfen keine Verbindungsstellen sich befinden, noch dürfen von diesen Kabeln Abzweigungen nach einzelnen Lampen gemacht werden.

Für jede Installation ist ein Voltmeter vorzusehen. Wenn mehr als eine Dynamomaschine aufgestellt ist, von denen keine den ganzen Strombedarf zu liefern vermag, so ist für jede Dynamo ein eigenes Ampèremeter zu verwenden.[1]

---

[1] Man vergl. zu diesem Abschnitt auch die unter Abschn. IX c wiedergegebenen §§ 38—41 der Vorschriften des Wiener Vereins.

Beispiele einiger häufiger vorkommenden Schaltungen der Maschinen und Apparate in Stromerzeugungsstationen.

a) Zeichen-Erklärung.

Gleichstrom-Nebenschluss-Maschine. Drehstrom-(Wechselstrom-) Generator. Strom- oder Spannungs-zeiger. Schmelz-Sicherung. Ausschalter (einpolig).

Ausschalter (mehrpolig). Umschalter (einpolig) mit Unterbrechung. Akkumulatoren-Batterie. Regulierbarer Widerstand. Zellenschalter.

Zweipoliger Umschalter für Spannungszeiger mit 3 Stellungen, zur Messung der Spannung zwischen den Punkten 1—1, 2—2, 3—3. Stromrichtungszeiger. Sammel- (Verteilungs-) Schienen.

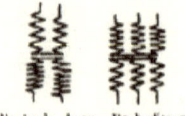

Wechsel- bezw. Dreh-Strom-Transformatoren. Glühlampen.

b) *Schaltungen.*

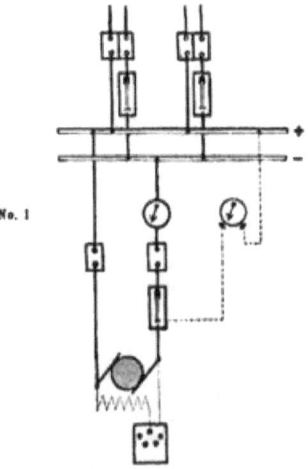

No. 1

Eine Gleichstrom-Maschine.

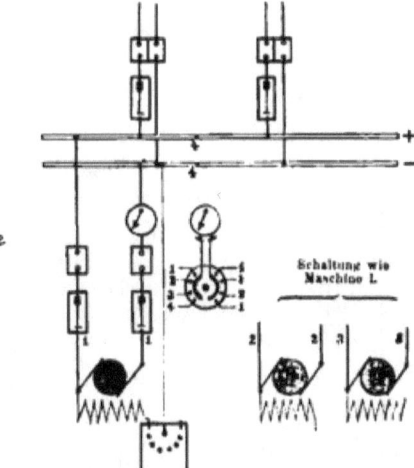

No. 2

Schaltung wie Maschine I.

Mehrere parallel geschaltete Gleichstrom-Maschinen.

104 Schaltungen.

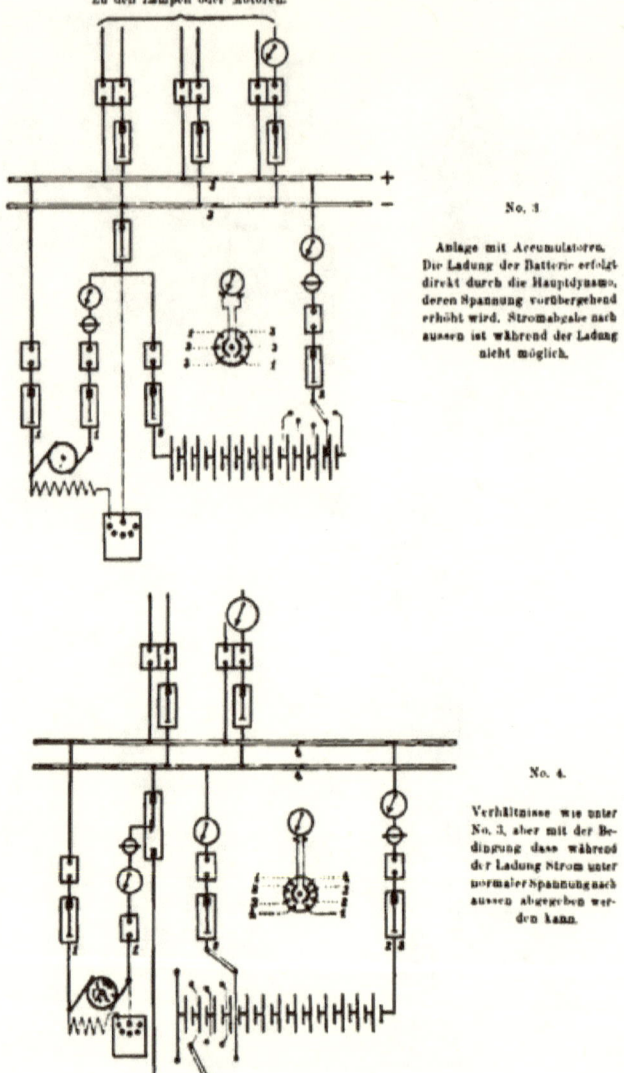

No. 3.

Anlage mit Accumulatoren. Die Ladung der Batterie erfolgt direkt durch die Hauptdynamo, deren Spannung vorübergehend erhöht wird. Stromabgabe nach aussen ist während der Ladung nicht möglich.

No. 4.

Verhältnisse wie unter No. 3, aber mit der Bedingung dass während der Ladung Strom unter normaler Spannung nach aussen abgegeben werden kann.

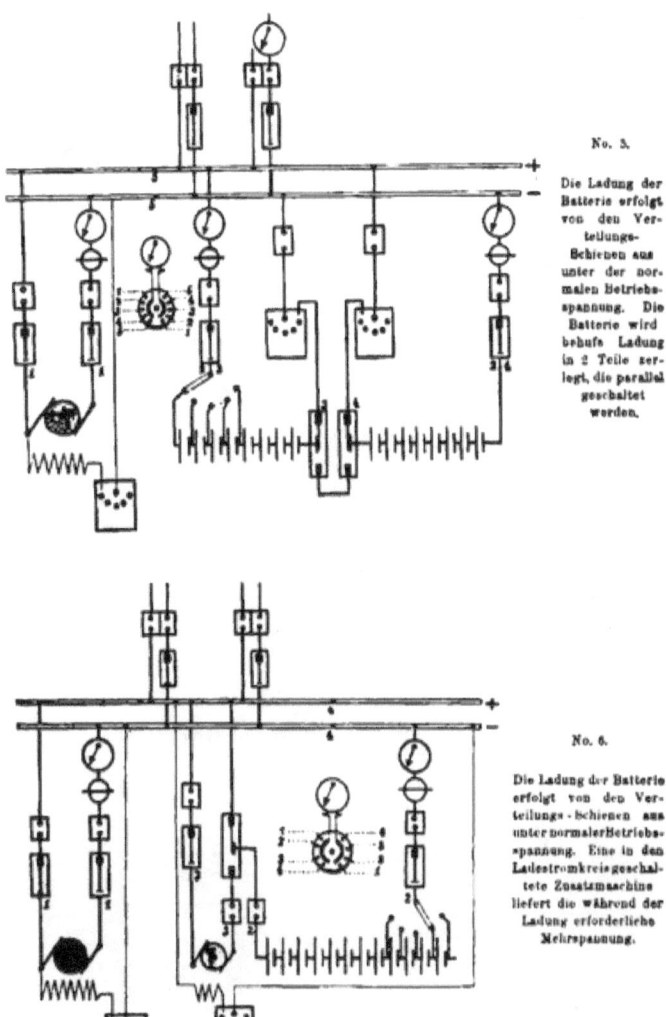

No. 5.

Die Ladung der Batterie erfolgt von den Verteilungs-Schienen aus unter der normalen Betriebsspannung. Die Batterie wird behufs Ladung in 2 Teile zerlegt, die parallel geschaltet werden.

No. 6.

Die Ladung der Batterie erfolgt von den Verteilungs-Schienen aus unter normaler Betriebsspannung. Eine in den Ladestromkreis geschaltete Zusatzmaschine liefert die während der Ladung erforderliche Mehrspannung.

No. 7.

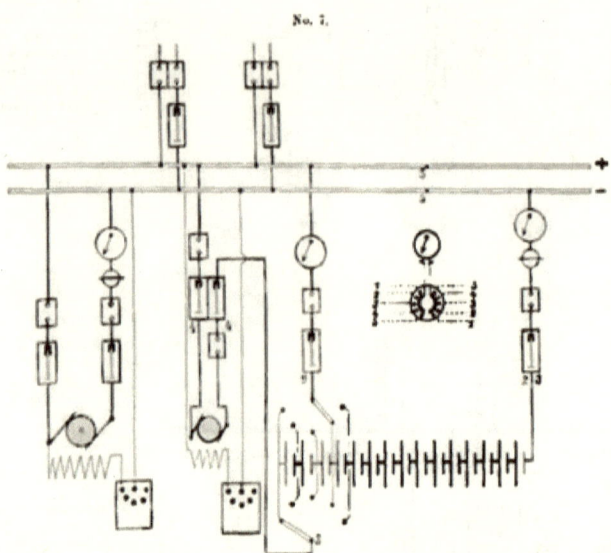

Verhältnisse wie unter No. 6, aber mit der Bedingung, dass die Batterie auch während der Ladung direkt an die Verteilungsschienen angeschlossen bleibt.

Schaltungen.

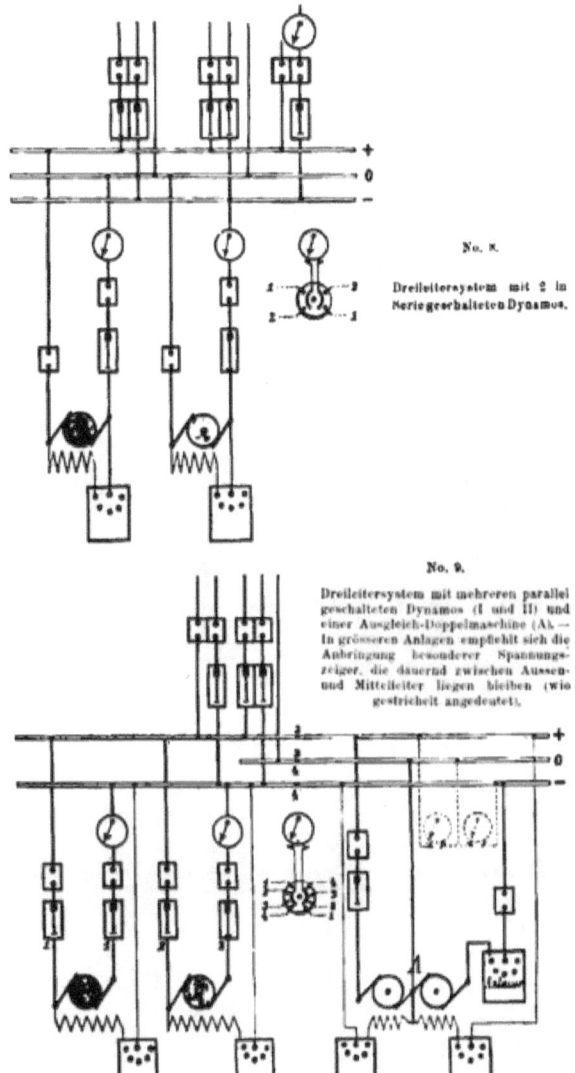

No. 8.

Dreileitersystem mit 2 in Serie geschalteten Dynamos.

No. 9.

Dreileitersystem mit mehreren parallel geschalteten Dynamos (I und II) und einer Ausgleich-Doppelmaschine (A). — In grösseren Anlagen empfiehlt sich die Anbringung besonderer Spannungszeiger, die dauernd zwischen Aussen- und Mittelleiter liegen bleiben (wie gestrichelt angedeutet).

Schaltungen.

No. 10.

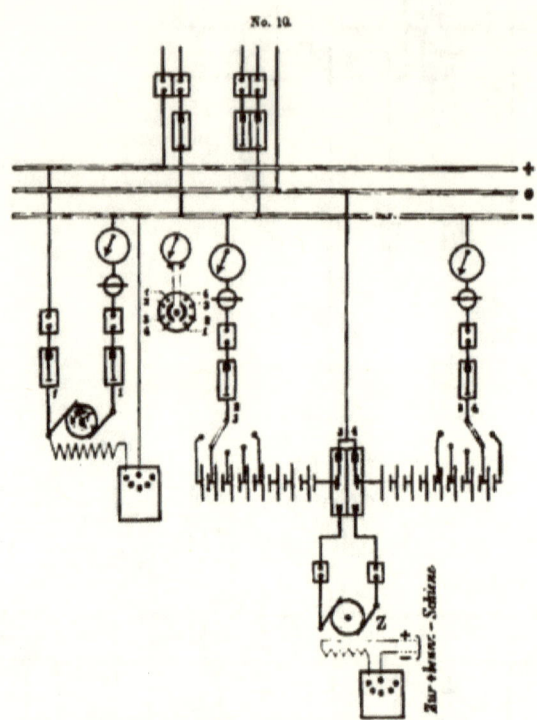

Dreileitersystem mit Accumulatoren als Ausgleicher. Ladung durch Zusatzmaschine Z. Die Batterie kann während der Ladung nicht ausgleichen.

Schaltungen. 109

No. 11.

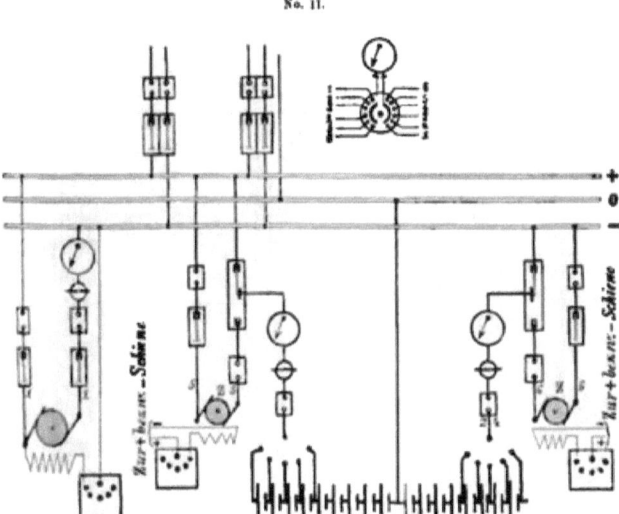

Dreileitersystem mit Accumulatoren als Ausgleicher. Ladung durch zwei Zusatzmaschinen Z, Z. — Die Batterie gleicht auch während der Ladung aus.

Schaltungen.

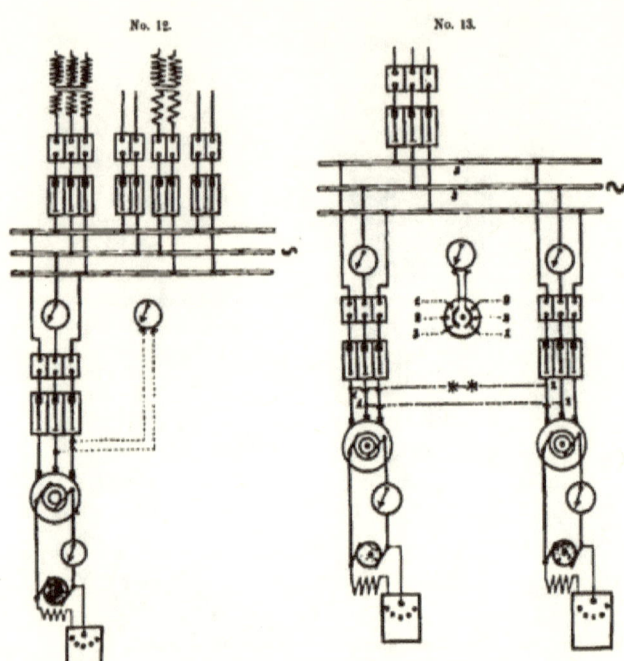

No. 12. Ein Drehstrom-Generator nebst Erreger.

No. 13. Zwei Drehstrom-Generatoren mit Einzel-Erregern. Die Parallelschaltung erfolgt mittelst (einer oder mehrerer) Phasenlampen sowie des Spannungszeigers.

No. 14.

Drei Drehstromgeneratoren; Erregung unter konstanter Spannung von zwei parallel geschalteten Erregern. Parallelschaltung der Generatoren mit Hilfe von Phasenlampen die durch einen Umschalter zwischen je zwei der Maschinen schaltbar, — sowie unter Zuhilfenahme des Spannungszeigers. Anwendung von Messtransformatoren (Hochspannungs-Maschinen).

Beispiele ausgeführter Schalttafeln.

	Seite
Schalttafel für eine Wechselstrom-Centrale mit 6 Generatoren für 4000 Volt Spannung bei 100 Amp.	114
Schalttafel für die Motorenanlage des neuen Reichstagsgebäudes in Berlin	115
Schalttafel der Centrale Chemnitz	116/117
Schaltwand des Muffatwerks (städt. Centrale München)	118

114   Schalttafeln.

Schalttafel für eine Wechselstrom-Centrale mit 6 Generatoren für 4000 Volt Spannung bei 100 Amp. Die Ausschalter und Regulierwiderstände sind in einem Vorbau untergebracht. Ausgeführt von Voigt u. Haeffner (Bockenheim-Frankfurt a. M.).

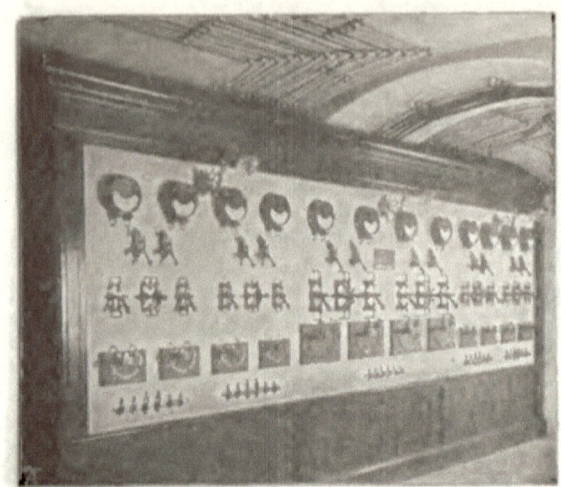

Schalttafel

für die Motorenanlage des neuen Reichstagsgebäudes in Berlin; enthaltend für zwölf zum Ventilatorenbetrieb dienende regulierbare Gleichstrom-Motoren je einen Stromzeiger, eine mehrpolige Schmelzsicherung, einen Ausschalter, einen Anlass- und Regulierwiderstand und einen Umschalter für je zwei Motoren, um dieselben nach Bedarf parallel oder in Serie schalten zu können. Sämtliche Apparate auf einer Marmortafel mit einfacher Umrahmung montiert. Die Regulierwiderstände selbst befinden sich auf der Rückseite der Tafel; auf der Vorderseite sind nur die Contactbretter und Kurbeln montiert. Die Schalttafel wird durch drei Glühlampen beleuchtet. Ausgeführt von El. A.-G. vorm. Schuckert & Co., Nürnberg.

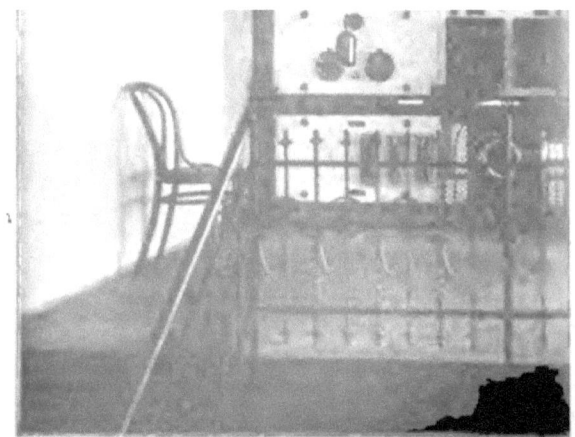

Schalttafel
bestehend aus Marmor mit eleganter Umrahmung und einem Uhraufsatz, enthaltend
Maschine 1 Strom- und 1 Arbeitszeiger, 1 Strommesser für die Erregung, 1 Regulierw
3 Hauptspannungszeiger für die Sammelschienen, 2 Spannungszeiger nebst Umschal
bindungen und Sicherungen auf der Rückseite der Tafel. Die Tafel selbst a

le **Chemnitz.**
für 3 Drehstrom-Generatoren von je 100 KW und 2000 Volt Spannung, und zwar pro
Erregung und 1 dreipoligen Maschinen-Ausschalter. Ferner, in dem linken Felde,
Parallelschaltung. Ferner 2 dreipolige Fernleitungs-Ausschalter. Die Schienen, Ver-
eines Podest untergebracht. Ausgeführt von Siemens & Halske, Berlin.

118 Schalttafeln.

Schaltwand des Muffatwerks (städt. Centrale München)
in monumentaler Ausführung in Eichenholz geschnitzt. Ausgeführt von El. A.-G. vorm.
Schuckert & Co., Nürnberg.

VIII. Abschnitt.

Maschinen-, Accumulatoren und Transformatoren-Raum.

Bei der Einrichtung des Maschinen- und Accumulatoren-Raumes wird man besonders bei kleineren Anlagen häufig mit vorhandenen Räumlichkeiten zu rechnen haben, die selten allen strengen Anforderungen genügen, die an diesen wichtigen Teil der Anlage zu stellen sind. Man muss sich dann den Verhältnissen anpassen, so gut es geht.

Handelt es sich hingegen um einen Neubau, so können die Forderungen, die mit Rücksicht auf die Sicherheit und die Einfachheit des Betriebes gestellt werden müssen, in der Regel leicht erfüllt werden.

Der Maschinenraum muss vor allen Dingen trocken sein, wenn nicht die Isolation der Stromerzeuger, der Apparate und der Leitungen geschädigt und zu schweren Störungen Veranlassung gegeben werden soll.

Peinlichste Sauberkeit ist ebenfalls unerlässlich. Vor allem muss der Raum staubfrei sein. Metallstaub ist vor allen Dingen zu vermeiden. Es sind daher möglichst alle Arbeiten, insbesondere Metallarbeiten, in der Nähe der Dynamos zu vermeiden.

Die Kessel für eine Anlage mit Dampfbetrieb sind, wenn irgend möglich, in einem besonderen Raume unterzubringen. Accumulatoren sind unter allen Umständen aus dem Maschinenraum zu verbannen, da die bei der Gasentwicklung stets mitgerissenen Schwefelsäuredämpfe die Maschinen und Apparate in kürzester Zeit unbrauchbar machen würden.

Der Maschinenraum sollte ferner eine nicht zu starken Schwankungen ausgesetzte Temperatur haben. Vor allem ist jede übermäfsige Erhitzung zu vermeiden, und daher nötigenfalls für gute Ventilation zu sorgen. Bei zu hoher Temperatur arbeiten nicht nur die Dynamos unökonomischer, sondern es kann auch die Isolierung gefährdet werden.

Für ausreichende **Helligkeit**, besonders bei den Maschinen und an der Schalttafel ist selbstverständlich Sorge zu tragen.

Die Disposition ist so zu treffen, dass die Betriebsmotoren und Dynamos möglichst von allen Seiten zugänglich sind.

Sind mehrere Maschinen vorhanden, so muss die Gruppierung möglichst übersichtlich sein.

Die Schalttafel ist so aufzustellen, dass von ihr aus die ganze Anlage bequem überschaut werden kann, und dass die Bedienung der Apparate bequem und sicher erfolgen kann. Vor der Tafel selbst muss so viel Raum sein, dass man davorstehend die ganze Tafel leicht überschauen kann.

Ein den ganzen Maschinenraum beherrschender Laufkrahn von genügender Leistungsfähigkeit sollte in keiner grösseren Centrale fehlen. Der Antrieb desselben kann mit Vorteil durch Elektromotoren bewirkt werden. Handbetrieb muss auf alle Fälle ebenfalls möglich sein.

Was den **Accumulatorenraum** anbetrifft, so sind aus demselben alle Apparate zu entfernen, die von den Säuredämpfen angegriffen werden könnten.

Für ausreichende Ventilation ist Sorge zu tragen, z. B. durch Verbindung nach dem Schornstein — nötigenfalls durch Aufstellung eines Ventilators. Es ist dies sowohl zur Beseitigung der Säuredämpfe, als auch zur Verhütung grösserer Knallgasansammlungen, die unter Umständen zu Explosionen Anlass geben könnten, dringend erforderlich.

Der ganze Raum wird am besten mit einem säurefesten Lack gestrichen. Bei Herstellung des Fussbodens ist darauf Rücksicht zu nehmen, dass das etwaige Auslaufen der Säure aus einer Zelle dem Gebäude keinen Schaden bringen kann.

Die Accumulatorenzellen sind so aufzustellen, dass sie leicht zugänglich sind, damit sie jederzeit einzeln geprüft und etwa erforderliche Reparaturen vorgenommen werden können. Insbesondere ist auf eine etwaige Auswechselung der Platten Rücksicht zu nehmen, durch genügende Höhe des Raumes und ausreichende Hochführung der Leitungen. Kleinere Elemente kann man in zwei Reihen übereinander stellen. Bei grösseren ist dies wegen des grossen vertikalen Raumbedarfs, wegen des bedeutenden Gewichts und der schweren Zugänglichkeit nicht zu empfehlen (vgl. auch Abschn. V d).

Man sorge dafür, dass nirgends Zellen, zwischen denen höhere Spannungsdifferenzen vorhanden, nebeneinander zu stehen kommen. Bei Hochspannungsbatterien oder bei Batterien, die mit isoliert aufgestellten Hochspannungsmaschinen in Verbindung stehen (Erregerbatterien) ist ausserdem ein isolierter Bedienungsgang erforderlich und es ist Sorge zu tragen, dass eine unabsichtliche Berührung zweier Punkte zwischen denen hohe Spannungsdifferenzen herrschen können, bezw. der Batterie und unisolierter Gegenstände, ausgeschlossen ist.

Zur Beleuchtung des Batterieraumes sind nur Glühlampen zu verwenden und es ist insbesondere wenigstens eine bewegliche Handlampe zur Besichtigung der Zellen vorzusehen.

In Wechselstrom-Centralen mit Transformatoren an der Centrale wird am besten auch für die Transformatoren ein besonderer Raum reservirt.

Für diesen gilt im allgemeinen dasselbe, wie für den Maschinenraum. Die einzelnen Transformatoren müssen von allen Seiten zugänglich sein und es sind alle Vorkehrungen zu treffen, die durch die Verwendung hoher Spannungen geboten sind (vgl. Abschn. III c und IV c).

Im Transformatorenraum können nötigenfalls auch Hochspannungs-Sicherungen und eventuell Schaltapparate etc. untergebracht werden. Für letztere wird indessen die Unterbringung auf der Hauptschalttafel zumeist empfehlenswerter sein.

Sicherheits-Vorschriften.[1]

a) Verband Deutscher Elektrotechniker.

I. Niederspannung.

§ 1. Dynamomaschinen, Elektromotoren, Transformatoren und Stromwender, welche nicht in besonderen luft- und staubdichten Schutzkästen stehen, dürfen nur in Räumen aufgestellt werden, in denen normaler Weise eine Explosion durch Entzündung von Gasen, Staub und Fasern ausgeschlossen ist. In allen Fällen ist die Aufstellung derart auszuführen, dass

---

[1] Quellenangabe siehe Vorrede.

etwaige Feuererscheinungen keine Entzündung von brennbaren Stoffen hervorrufen können.

§ 2. In Akkumulatorenräumen darf keine andere als elektrische Glühlichtbeleuchtung verwendet werden. Solche Räume müssen dauernd gut ventiliert sein. Die einzelnen Zellen sind gegen das Gestell und letzteres ist gegen Erde durch Glas, Porzellan oder ähnliche nicht hygroskopische Unterlagen zu isolieren. Es müssen Vorkehrungen getroffen werden, um beim Auslaufen von Säure eine Gefährdung des Gebäudes zu vermeiden. Während der Ladung dürfen in diesen Räumen glühende oder brennende Gegenstände nicht geduldet werden.

II. Hochspannung.

Ganz ähnlich wie § 1 der Niederspannungsvorschriften heisst es in § 5:

«In Räumen, in denen betriebsmässig explosible Gemische von Gasen, Staub oder Fasern vorkommen, dürfen Maschinen und Apparate nur in Schutzkasten, welche jede Feuersgefahr ausschliessen, aufgestellt werden. In allen Fällen ist die Aufstellung derart auszuführen, dass etwaige Feuererscheinungen keine Entzündung brennbarer Stoffe hervorrufen können.

Aus § 9: Die Hochspannungsbatterien müssen mit einem isolierenden Bedienungsgang umgeben und ihre Anordnung muss derart getroffen sein, dass bei der Bedienung eine gleichzeitige Berührung von Punkten, zwischen denen eine gefährliche Spannung herrscht, nicht erfolgen kann. Niederspannungsbatterien, welche zur Erregung von Hochspannungsmaschinen dienen, unterliegen diesen Vorschriften gleichfalls, wenn die Gestelle der zugehörigen Maschinen nicht geerdet sind.

b) Von anderweitigen Vorschriften

seien erwähnt:

I. Schweizer Regulativ.

Art. 17. Die Akkumulatorenräume sollen ausschliesslich mit Glühlicht beleuchtet und beständig gut gelüftet werden.

Die Akkumulatoren sind mittels Porzellan, Glas oder ähnlichen nicht hygroskopischen Körpern vom Gestell und dieses wieder von der Erde zu isolieren.

Bei der Einrichtung der Lokale ist auf die grosse Bodenbelastung durch die Akkumulatoren Rücksicht zu nehmen; ferner sind Vorkehrungen zu treffen gegen die zerstörenden Einwirkungen ausfliessender Säure und der sich entwickelnden Säuredämpfe auf das Gebäude.

Art. 47. In jeder elektrischen Generatoren- und grösseren Elektromotorenstation sollen angeschlagen sein:

    a) das allgemeine Betriebsreglement des Werkes;
    b) das specielle Dienstreglement der Station;
    c) das Schaltungsschema der Maschinen und Apparate;
    d) die Vorschriften über erste Hülfeleistung bei Unglücksfällen.

Art. 48. In Hochspannungscentralen und den damit verbundenen Transformatoren- und Sekundärstationen sind ausserdem noch Instruktionen über die erste Hülfeleistung bei elektrischen Unfällen aufzuhängen und solche auch dem ganzen Personal einzuhändigen.

II. Board of Trade.

§ 34. c) Werden Verteilungskästen zur Unterbringung von Transformatoren benutzt, so ist der Eintritt von Wasser aus dem Erdboden oder aus Rohrleitungen nach Möglichkeit zu verbindern. Beträgt der Kubikinhalt eines Verteilungskastens mehr als 1 Kubikyard (750 l), so ist durch Ventilation oder auf andere Weise dafür Sorge zu tragen, dass zufällig eindringende Gase entfernt werden und die Möglichkeit der Funkenbildung ausgeschlossen ist.

Beispiele ausgeführter Maschinen- u. Accumulatoren-Räume.

	Seite
Maschinenraum des Elektricitätswerks zu Stuttgart	126
Maschinenraum der Düsseldorfer elektr. Stadt-Centrale	127
Maschinenraum des städt. Elektricitätswerks Trient	128, 129
Maschinenraum des Elektricitätswerks an der Sihl (Schweiz)	130
Querschnitt durch das Maschinenhaus des städt. Elektricitätswerkes zu Christiania	131
Schnitt durch das Maschinenhaus der städt. Centrale Hannover	132, 133
Grundriss des Maschinenhauses der Centrale La Goule im Berner Jura	134
Querschnitt des Maschinenhauses der Centrale La Goule	135
Anordnung der Verbindungs- und Zellenschalterleitungen in einem Accumulatorenraum	136, 137
Accumulatorenraum	138

Maschinenraum des Elektricitätswerks zu Stuttgart.

Vier Gleichstrom-Dynamos von 400 KW Leistung, direkt gekuppelt mit je einer 600 PS leistenden Dreifach-Expansionsmaschine. Schalttafel erhöht aufgestellt, durch Treppe zugänglich, mit reichlich bemessenem Bedienungsraum vor und hinter der Tafel; Laufkrahn für Handbetrieb; Beleuchtung durch Bogenlicht; die Vorder- und Rückseite der Schalttafel durch Glühlampen erleuchtet. Ausgeführt von El. A.-G. vorm. Schuckert & Co., Nürnberg.

Maschinen- und Accumulatoren-Räume.

Maschinenraum der Düsseldorfer elektr. Stadt-Centrale.
Zwei liegende Verbund-Dampfmaschinen treiben die direkt mit der Schwungradwelle gekuppelten Gleichstrom-Maschinen an. Die Schalt-, Controll- und Sicherheits-Apparate sind auf der zu ebener Erde aufgestellten einfachen Holzschalttafel untergebracht, von welcher aus der ganze Raum leicht überblickt werden kann. Beleuchtung des Raumes durch in der Mitte aufgehängte herablassbare Bogenlampen. Schalttafelbeleuchtung durch Glühlampen. Ausgeführt von El. A.-G. vorm. Schuckert & Co. Nürnberg.

Maschinenraum des städt[ischen ...]
Gleichstrom-Nebenschlussmaschinen von je 540 Volt Spannung (Leistung 80 KW), direkt [...]
wird durch zwei, hier nicht sichtbare, in einer Unterstation untergebrachte Ausgleich[...]
Ausgeführt von Si[emens ...]

Maschinen- und Accumulatoren-Räume.

Elektricitätswerks Trient.
mit der horizontalen Turbinenwelle, welche 265 Touren p. M. macht. Die Spannung
Maschinen für die Strom-Verteilung nach dem Fünfleitersystem unterteilt.
Halske, Berlin.

Maschinen- und Accumulatoren-Räume.

Maschinen- und Accumulatoren-Räume.

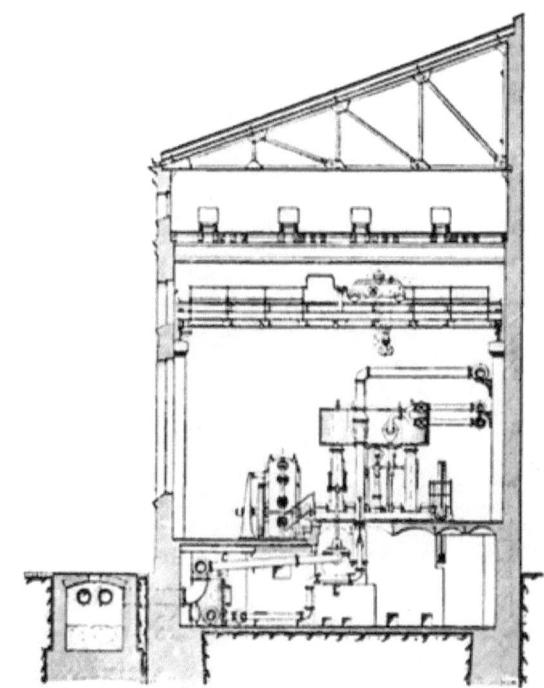

Querschnitt durch das Maschinenhaus des städt. Elektricitätswerkes von Christiania.
Gleichstrom-Dynamos direkt gekuppelt mit den Dampfmaschinen. Accumulatoren in einem Raume oberhalb des Maschinenraumes untergebracht, der durch kräftige schmiedeiserne Doppel-T-Träger zur Aufnahme der bedeutenden Last geeignet gemacht ist. Schalttafel in dem hinteren um einige Stufen erhöhten Teil des Maschinenraums. Ausgeführt von El. A.-G. vorm. Schuckert & Co., Nürnberg.

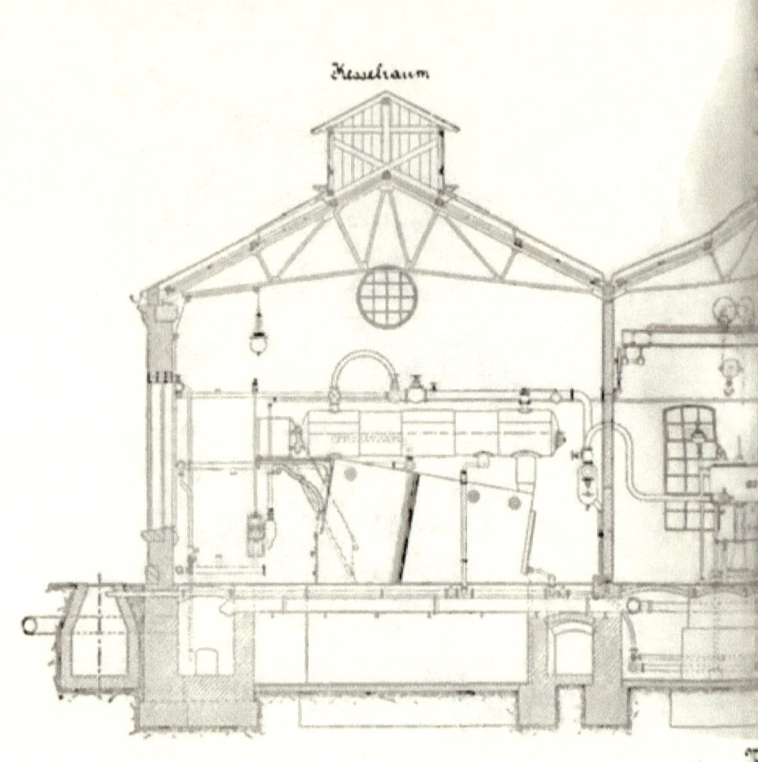

Schnitt durch das Maschinenhaus

4 Wasserröhrenkessel von je 181 qm wasserberührter Heizfläche; 3 Dampfmaschinen mit Dreifach-Expansion d.
Flachring-Dynamo-Maschine von 275 bezw. 400 KW. bei 250 Volt, für Dreileitersystem. Zum Ausgleich, zur B
dienen mehrere parallel geschaltete Accumulatorenbatterien von je 186 Zellen und je ca. 1400 Ampèrestunden
den Ausgleich ist eine Ausgleich-Doppelmaschine aufgestellt. Die Schalttafel liegt erhöht und ist mit
von El.-A.-G. vorm.

Maschinen- und Accumulatoren-Räume.

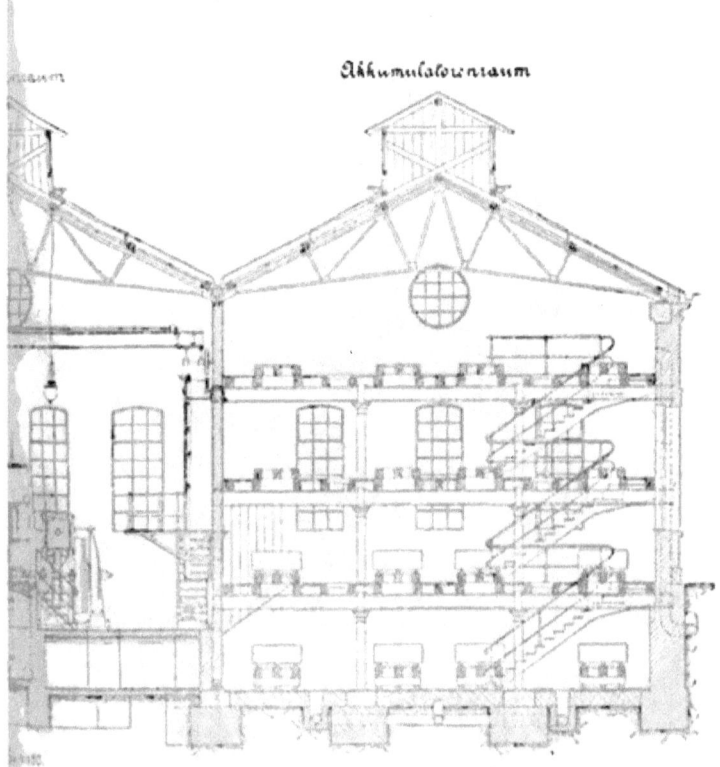

Centrale Hannover.

… 1 à 500–600 PS.; Raum für eine vierte vorgesehen. Jede Dampfmaschine direkt gekuppelt mit einer … Spannung an den Speisepunkten des Netzes und zur Unterstützung der Dynamos sowie als Reserve … in den verschiedenen Stockwerken des Accumulatorenhauses untergebracht sind. Als Reserve für … versehen, von der aus Schalttafel und Maschinen bequem übersehen werden. Ausgeführt … Co., Nürnberg.

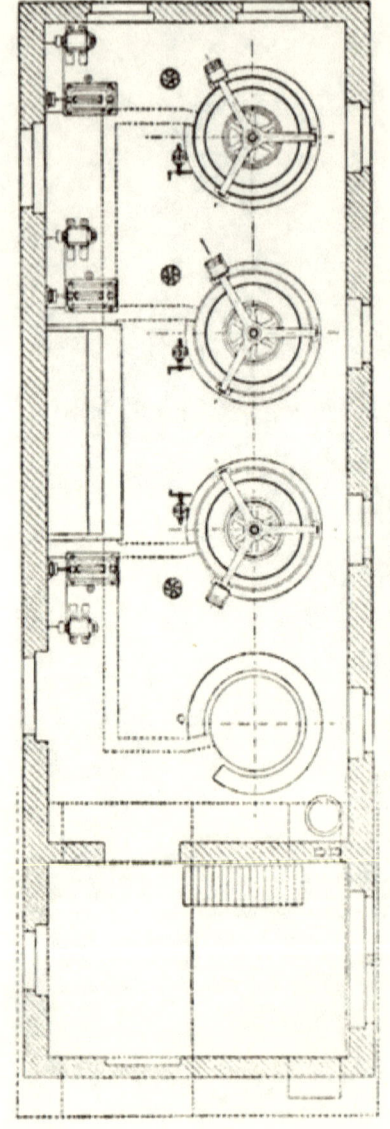

Grundriss des Maschinenhauses der Centrale La Goule im Berner Jura.

Maasstab 1:170. Drei Turbinen à 500 PS. bei 300 Touren p. M. mit vertikaler Welle. Jede direkt gekuppelt mit einem Wechselstrom-Generator für 5000 Volt. Erreger von der Turbinenwelle aus durch besondere Transmission getrieben. Raum für eine vierte Turbine vorgesehen. Schalttafel in der Mitte der einen Langswand. (Vergl. auch Querschnittszeichnung hierzu.) Ausgeführt von Maschinenfabrik Oerlikon.

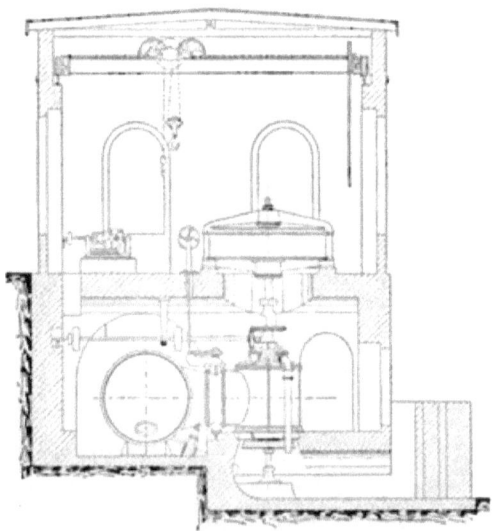

Querschnitt des Maschinenhauses der Centrale La Goule.
Vergl. die Grundrisszeichnung. Maassstab 1 : 150.

Anordnung der Verbindungs- und Zellen
Die Leitungen sind als Kupferschienen oder massive Rundkupfer auf Glockenisolatoren v
Ausgeführt von

Ableitungen in einem Accumulatorenraum,
die an der Decke befestigt sind. Die Leitungen erhalten einen säurebeständigen Anstrich.
Siemens & Halske.

Accumulatorenraum
für eine Batterie von 2 × 64 Zellen von 1000 Ampèrestunden Kapazität. Die einzelnen Zellen sind in der Reihenfolge der Hintereinanderschaltung mit Nummerschildchen versehen und mit geringem gegenseitigen Abstand in 4 Reihen auf Holzgestellen aufgestellt. Zwei breite Bedienungsgänge ermöglichen bequemen Zutritt zu sämtlichen Zellen. Die Leitungen sind derartig geführt, dass sie bei Revisionen und bei etwaigem Herausnehmen von Platten nicht stören
Ausgeführt von El. A.-G. vorm. Schuckert & Co., Nürnberg.

IX. Abschnitt.

Die Leitungen.

Das Verbindungsglied zwischen Stromerzeugern und Stromnehmern bilden die Leitungen.

Über die Leitungs- und Stromverteilungs-Systeme im allgemeinen haben wir bereits weiter oben gesprochen, und es ergiebt sich aus dem dort Gesagten ohne weiteres das Wesentlichste bezüglich der allgemeinen Anordnung der Leitungen (vgl. Abschn. II d).

Wir fassen daher jetzt in erster Linie noch die Gesichtspunkte für die Dimensionierung der Leitungen, ihre materielle Beschaffenheit, sowie die Wahl der zur Befestigung, Verbindung, Isolierung und zum Schutz der Leitungen dienenden Teile ins Auge.

a) Dimensionierung.

Den Querschnitt der Leitungen wird man mit Rücksicht auf die bedeutenden Kosten des Leitungsmaterials so gering als möglich halten. Eine unterste Grenze wird indessen gegeben durch die maximal zulässigen Spannungs- und Energie-Verluste in den Leitungen, ferner durch die maximal zulässige Erwärmung der Leitungen, und durch die erforderliche Festigkeit derselben.

1. Spannungsverlust. Sei die Stromstärke in Ampère welche eine Leitung führen soll $= J$, die Länge der ganzen Leitung in Meter sei $= L$, der spezifische Leitungswiderstand des verwendeten Materials sei $= K$, der Leitungsquerschnitt in qmm $= Q$, so ist der Leitungswiderstand W der ganzen Leitung in Ohm

$$W = \frac{L \cdot K}{Q} \quad \ldots \ldots \ldots \quad 1.)$$

Sei die Spannungsdifferenz in Volt zwischen den beiden Ausgangspolen der Leitung $= E_I$, diejenige zwischen den beiden Endpolen der Leitung $= E_{II}$, mithin der Spannungsverlust $\it{\Delta_E}$ von den Ausgangs- bis zu den Endpolen

$$\it{\Delta_E} = E_I - E_{II}$$

so ist der Arbeitswert in Watt A_I bezw. A_{II} an den Anfangs- und Endpolen, bei **Gleichstrom** und einphasigem Wechselstrom, wenn keine Phasenverschiebung auftritt,

$$A_I = E_I . J \quad \ldots \ldots \ldots \quad 2\,\text{a.})$$
$$A_{II} = E_{II} . J \quad \ldots \ldots \ldots \quad 2\,\text{b.})$$

Der Arbeitsverlust $A_I - A_{II}$ sei kurz mit $\it{\Delta_A}$ bezeichnet.

Zwischen $\it{\Delta_E}$, J, L, Q, K besteht nun die einfache Beziehung

$$\frac{J . L . K}{\it{\Delta_E} . Q} = 1 \quad \ldots \ldots \ldots \quad 3\,\text{a.})$$

oder, was dasselbe ist,

$$\frac{J . W}{\it{\Delta_E}} = 1 \quad \ldots \ldots \ldots \quad 3\,\text{b.})$$

Ferner gilt

$$\it{\Delta_A} = \frac{J^2 . L . K}{Q} \quad \ldots \ldots \ldots \quad 4\,\text{a.})$$

bezw.

$$\it{\Delta_A} = J^2 . W \quad \ldots \ldots \ldots \quad 4\,\text{b.})$$

Gleichung 3a) ermöglicht es, eine beliebige der fünf Grössen J, L, K, $\it{\Delta_E}$, Q zu berechnen, wenn die übrigen gegeben sind; sie ist für die Leitungsberechnungen von der grössten Wichtigkeit.[1]

---

[1] Wie bereits oben bemerkt, gilt sie nur für Gleichstrom und für einphasigen Wechselstrom, wofern keine Phasenverschiebung auftritt. Für einfachen Wechselstrom mit einer Phasenverschiebung $= \varphi$ gilt

1) $A_I = E_I . J . \cos \varphi_I$
2) $A_{II} = E_{II} . J . \cos \varphi_{II}$
3) $\it{\Delta_A} = J^2 . W$
4) $\dfrac{E_I}{E_{II}} = \dfrac{\sin \varphi_{II}}{\sin \varphi_I}$

Für Dreiphasenstrom ist in diesen vier Gleichungen statt J der Wert $\sqrt{3}\,J$ zu setzen, ausserdem bedeutet dann W den Widerstand der **einfachen** Leitungslänge. Die ausführliche Behandlung der einschlägigen Berechnungsmethoden liegt ausserhalb des Rahmens dieses Werkes. Es seien nur kurz einige für den praktischen Gebrauch dienliche Daten angeführt. Als **Näherungs**formel für Quer-

Fast durchweg wird J, K und L als gegeben anzusehen sein, ausserdem werden zumeist Angaben über den maximal zuzulassenden Spannungsverlust sich aus den übrigen Verhältnissen der Anlage ergeben, und es ist zugleich die Auswahl zwischen einer begrenzten Anzahl bestimmter Querschnitte der käuflichen Leitungen gegeben, mit denen man zu rechnen hat.

Man erhält dann zunächst aus J, L, K und dem Spannungsverlust ΔE den Querschnitt

$$Q = \frac{J \cdot L \cdot K}{\Delta_E}$$

wie sich aus Gleichung 3a sofort ergiebt.

Stimmt dieser nicht mit einem der zur Verfügung stehenden käuflichen Leistungsquerschnitte überein, so wird man den nächst höheren verwendbaren Querschnit Q' nehmen, wofern der Verlust ΔE nicht überschritten werden darf. Der Spannungsverlust ist dann für diesen Querschnitt geringer; er beträgt nur

$$\Delta_{E}' = \frac{J \cdot L \cdot K}{Q'}$$

wie sich ebenfalls vermöge Gleichung 3a ergiebt.

Handelt es sich darum, in einer Leitung bei gegebener Stromstärke einen ganz bestimmten Spannungsverlust wirklich zu erhalten, — was besonders bei Bogenlichtleitungen in Frage kommt, wenn man den gesamten Vorschaltwiderstand in die Leitung legen will, — und steht der hierfür berechnete Querschnitt im Handel nicht zur Verfügung oder ergiebt die Berechnung einen so geringen Querschnitt, dass der-

---

schnittsberechnungen auf Grund eines gegebenen Spannungsverlustes oder des letzteren aus ersterem kann dienen:

$$Q = \frac{\frac{A}{E} \cdot L \cdot K}{\Delta_E}$$

Diese Formel gilt ganz allgemein für Gleichstrom, einphasigen oder dreiphasigen Wechselstrom mit oder ohne Phasenverschiebung. Sie gilt genau, wenn die Phasenverschiebung $= 0$, also $\cos \varphi = 1$ ist. Sie weicht von den richtigen Werten um so mehr ab, je grösser die Phasenverschiebung, je kleiner also $\cos \varphi$ ist, gilt aber selbst bei $\cos \varphi = 0{,}7$ noch so genau, dass bei Spannungsverlusten von höchstens ca. 5—7 % die Abweichungen zumeist praktisch ganz belanglos sind. Für den Wert $\frac{A}{E}$ ist entweder $\frac{A_I}{E_I}$ oder $\frac{A_{II}}{E_{II}}$ einzusetzen.

Das Resultat wird in einem Falle (wenn überhaupt eine Abweichung stattfindet)

selbe aus anderweitigen Rücksichten nicht verwendbar ist (vgl. Abschnitt 2 u. 3 dieses Kap.), so kann man entweder den nächst grösseren verwendbaren Querschnitt wählen und — sei es durch Leitungsumwege, sei es durch Einfügen von Widerstandsspulen, oder, bei Wechselstrom, von

etwas grösser, im anderen etwas kleiner als der wahre Wert. Für L ist bei Gleichstrom und einfachem Wechselstrom die ganze Leitungslänge (Hin- und Rückleitung) einzusetzen, bei Dreiphasenstrom dagegen nur die **einfache Leitungslänge**.

Es ist zu beachten, dass der Energieverlust beim Auftreten von Phasenverschiebungen nicht mehr procentual gleich dem Spannungsverlust, sondern grösser ist, und zwar um so grösser, je grösser die Phasenverschiebung, je kleiner also $\cos \varphi$ ist. Für $\cos \varphi = 0{,}7$ und Spannungsverluste von nicht mehr als etwa 5—7% ist z. B. ungefähr der Energie-Verlust procentual doppelt so gross wie der Spannungsverlust. Der Energie-Verlust ist stets $= J^2 W$, bezw. bei Dreiphasenstrom $= 3 \cdot J^2 W$ (vgl. weiter oben).

Wenn auch die oben gegebene Näherungsformel für Querschnittsberechnungen die Kenntnis der Phasenverschiebung nicht voraussetzt, so ist doch deren Kenntnis vielfach unumgänglich (z. B. zur Ermittlung der Stromstärke, der Energieverluste etc.). Es sei daher hierüber folgendes bemerkt.

Als Quelle der Phasenverschiebung kommen im allgemeinen nur die asynchronen Motoren in Frage; die an den Stromzuführungsklemmen derselben herrschende Verschiebung hängt von dem Bau der Motoren ab und wird vom Fabrikanten angegeben. Sie wird grösser mit abnehmender Belastung der Motoren und der Cos-Wert beträgt bei Vollbelastung in der Regel etwa 0,7—0,8; bei halber Belastung etwa 0,5—0,6.

Die Phasenverschiebung bleibt nun nicht in der zu dem Motor hinführenden Leitung überall gleich, sondern vermindert sich etwas nach dem Generator hin und zwar um so mehr, je grösser die Verluste in den Leitungen sind. Zumeist kann diese Änderung ganz vernachlässigt werden, zumal die Verschiebung an den Motorklemmen nicht immer von vornherein mit genügender Genauigkeit angebbar.

Zweigen von einem Punkte — z. B. von den Generatorklemmen, den Hauptverteilungsschienen oder einem entfernter liegenden Verteilungspunkt — mehrere Leitungen in Parallelschaltung ab, so ist die Phasenverschiebung am Ausgangspunkt jeder einzelnen Zweigleitung genau so gross, als wären die übrigen Leitungen gar nicht da. Für den Ausgangspunkt einer abzweigenden Lichtleitung hat man also $\cos \varphi = 1$. Für den Ausgangspunkt einer abzweigenden Motorenleitung ergiebt sich die Verschiebung gemäss dem vorhin Gesagten.

Die Phasenverschiebung in dem Vereinigungspunkt der sämtlichen Abzweigleitungen wird dagegen einen Mittelwert zwischen den Verschiebungen an den Ausgangspunkten der einzelnen Zweigleitungen erhalten. Man kann diesen Mittelwert graphisch bestimmen, indem man die Stromstärken der sämtlichen

Drosselspulen[1]; oder von Glühlampenbatterien — den Widerstand in der Leitung erhöhen, sodass der gewünschte Spannungsverlust erreicht wird; oder man setzt die Leitung aus zwei Stücken verschiedenen Querschnittes oder verschiedenen Leitungsvermögens zusammen, wobei das eine Stück einen höheren, während das andere einen niederen Querschnitt erhält, als die Berechnung für eine einfache Leitung des betr. Materials ergiebt. Die Längen, welche die einzelnen Stücke erhalten müssen, damit sich der richtige Spannungsverlust ergiebt, lassen sich leicht berechnen[2]).

Bei Ringleitungen und Netzen gestalten sich die Verhältnisse natürlich oft sehr komplicirt und die Leitungsrechnung wird sehr umständlich.

Bei Wechselstromleitungen hat man Rücksicht zu nehmen auf die infolge der Selbstinductionserscheinungen auftretenden Spannungsverluste. Diese sind um so grösser, je höher die Periodenzahl, der

---

Abzweigungen in einem gewissen Maafsstabe als gerade Linien aufträgt, die alle von einem Punkte ausgehen, und von einer durch denselben Punkt gehenden festen Geraden jedesmal denjenigen Winkelabstand haben, der dem Verschiebungswinkel am Anfangspunkt der betreffenden Abzweigleitung entspricht.

Man bestimmt nun nach dem Parallelogrammgesetz die Resultante aller so aufgetragenen Stromstärken, und deren Winkelabstand von der festen Geraden. Letzterer ist dann dem gesuchten Verschiebungswinkel, die Resultante selbst aber der Gesamtstromstärke im Vereinigungspunkte gleich. (Die Gesamtstromstärke im Vereinigungspunkte ist also nicht ohne weiteres gleich der algebraischen Summe der Abzweigstromstärken!)

Weichen die Verschiebungswerte der einzelnen Abzweigungen nur wenig von einander ab, so wird eine Schätzung des Mittelwertes der Verschiebung genügen.

[1]) Vgl. Abschn. II a.
[2]) Der bekannte Widerstand der gewählten Drähte pro km Länge sei $= w_1$ bezw. w_2.
Die gesuchten Längen dieser Drähte $= l_1$ bezw. l_2.
Die gegebene Gesamtlänge sei $= l$ und der zur Erzielung des vorgeschriebenen Verlustes nöthige Gesamtwiderstand $= W$.

Dann ist $l_1 = \dfrac{W - l \cdot w_2}{w_1 - w_2}$

und $l_2 = l - l_1$.

Für ausgedehntere Rechnungen bedient man sich mit Vorteil graphischer Methoden oder Tabellen.

gegenseitige Abstand der Leitungen und der Leitungsquerschnitt ist und sind im Uebrigen proportional zu Leitungslänge und Stromstärke. Sie machen sich ferner um so mehr bemerklich, je grösser die Phasenverschiebung ist. Es empfiehlt sich, um diese Verluste möglichst gering zu halten, besonders bei längeren Leitungen, nicht zu grosse Querschnitte ungetheilt zu verlegen. Statt 50 oder 100 qmm Querschnitt wird man z. B. vortheilhaft 2 bezw. 4 Drähte von je 25 qmm parallel schalten. Man wird ferner bei der Verlegung darauf achten, dass nirgends zwei vom gleichen Pol ausgehende Leitungen benachbart liegen.

Was nun die Höhe des in den einzelnen Fällen zuzulassenden Spannungsverlustes anbetrifft, so möge folgendes als Anhalt dienen. Bei **Glühlichtleitungen** ist das Hauptaugenmerk darauf zu richten, dass da, wo es auf gleichmässiges Licht und hohe Lebensdauer der Lampen ankommt, die Spannungsschwankungen an den Lampen, die als Folge der Verschiedenheit des Spannungsverlustes bei Speisung verschiedener Lampenzahlen, sowie bei Spannungs-Schwankungen an dem Stromerzeuger auftreten, die Höhe von ungefähr $2-3\%$ der Gesamtspannung nicht überschreiten.

Welcher Spannungsverlust zugelassen werden kann, wird daher in erster Linie von der Grösse der auftretenden Belastungsveränderungen abhängen.

Werden alle von der betr. Leitung gespeiste Lampen gleichzeitig ein- und ausgeschaltet oder brennt überhaupt nur stets die gleiche Lampenzahl, so können, wofern nicht andere Rücksichten eine Grenze setzen, sehr hohe Spannungsverluste zugelassen werden. In Fällen dagegen, wo öfter nur ein kleiner Theil der angeschlossenen Lampen längere Zeit allein zu brennen hat, wird man über ca. 3% Spannungsverlust nicht hinausgehen. Sind aber die Entfernungen bis zu den einzelnen Konsumstellen sehr gross, so kann man, um an Leitungsmaterial zu sparen, einen hohen Verlust zulassen, muss dann aber dafür sorgen, dass durch — nötigenfalls automatische — Ein- und Ausschaltung von Widerständen in die Leitung bei Verminderung bezw. Erhöhung der Zahl der brennenden Lampen der Verlust in der Leitung konstant gehalten wird.

Ob sich die Verwendung solcher Fernspannungsregulatoren, die meist teuer sind und eine gewisse Unsicherheit des Betriebes nicht ausschliessen, empfiehlt, ist in jedem zweifelhaften Fall durch vergleichende Rechnungen und Prüfungen aller Verhältnisse sorgfältig zu erwägen.

Bei Bemessung der Spannungsverluste in den Leitungen ist stets auch auf die in den Stromerzeugern selbst auftretenden Spannungsverluste bei Belastungsänderungen, sowie auch auf etwaige Spannungsänderungen infolge von Tourenschwankungen, in Wechselstromanlagen mit Transformatoren auch auf die Spannungsverluste der letzteren Rücksicht zu nehmen. Diese Verluste betragen für mittlere und grössere Transformatoren bei Vollbelastung etwa 1—3%. Bei Belastungen mit phasenverschobenem Strom (wenn asynchrone Motoren angeschlossen sind), können dieselben wesentlich höher werden.

Die Verteilung des Spannungsverlustes auf die Haupt- und Zweigleitungen geschieht am besten ungefähr im Verhältnis der Längen der einzelnen Leitungen, so dass also überall der Spannungsverlust berechnet für den laufenden Meter ungefähr derselbe ist.

Die Bogenlampen, insbesondere die Gleichstromlampen bedürfen zum ruhigen Brennen eines Spannungsverlustes in der Zuleitung, der sich bei Hintereinanderschaltung in geringer Anzahl auf etwa 15 Volt pro Lampe minimal beläuft; bei Hintereinanderschaltung der Lampen in grösserer Anzahl kann derselbe geringer gehalten werden. Bei Wechselstromlampen genügen ca. 5 Volt.

Hat man eine gemeinschaftliche Zuleitung für mehrere parallel geschaltete Bogenlampen, bezw. Bogenlampenserien, so muss für jede Zweigleitung jeder einzelnen Bogenlampe bezw. Serie der genannte Spannungsverlust vorgesehen werden.

Hierdurch ist eine unterste Grenze des Spannungsverlustes gegeben.

Ist die Betriebsspannung der Anlage festgestellt, und die Zahl der etwa in Serie zu schaltenden Bogenlampen, so ist damit natürlich, da den Bogenlampen eine bestimmte unveränderliche Spannung zukommt, der zuzulassende Spannungsverlust von selbst gegeben und es ist nur zu beachten, dass derselbe nicht jene oben festgelegte unterste Grenze überschreitet.

Über die Berechnung der Bogenlichtleitung gilt das S. 143 Gesagte.

Für Motorenleitungen kann man im Allgemeinen ohne Bedenken bis zu ca. 10% Spannungsverlust zulassen.

Für Übertragungen elektrischer Energie auf sehr grosse Entfernungen sind unter Umständen sehr bedeutende Spannungs- bezw. Energieverluste, von 20—30 %, mit Vorteil zuzulassen. Falls es sich nicht um reine Kraftübertragungen mit nur einem oder mehreren gleichzeitig in Betrieb zu setzenden, an die betr. Leitung angeschlossenen Stromnehmer handelt, ist in solchen Fällen natürlich eine Regulierung der Sekundärspannung unerlässlich.

Wie hoch man am besten in solchen Fällen den Spannungs- bezw. Energieverlust wählt, lässt sich jedesmal unter gewissen Bedingungen rechnerisch ermitteln. Es giebt nämlich einen Spannungs- bezw. Energieverlust, und mithin auch einen Leitungsquerschnitt, bei dessen Anwendung der Betrieb am ökonomischsten wird.

Insbesondere bei grösseren Fernübertragungen, bei denen die Leitungskosten nicht selten den wesentlichsten Anteil an den gesamten Anlagekosten ausmachen, ist eine Berechnung dieser Werte ganz unerlässlich.

Auf die allgemeine analytische Ermittelung dieses günstigsten Querschnitts können wir hier nicht genauer eingehen. In manchen Fällen wird man auch schneller zu praktisch völlig ausreichenden Resultaten gelangen, indem man für eine Reihe von Fällen die Anlagekosten und die Betriebskosten bestimmt, die man dann der besseren Übersichtlichkeit halber am besten graphisch in ein Coordinatensystem einträgt, als Funktionen des Querschnitts oder des Spannungs- oder Energieverlustes der Leitung.

Der ökonomischste Querschnitt oder Spannungsverlust wird derjenige sein, für den die Summe aller direkten und indirekten Betriebskosten, berechnet für eine Einheit der nutzbaren Leistung der Anlage — Kilowattstunde, Pferdekraftstunde oder Lampenbrennstunde — ein Minimum wird.

2. Erwärmung. Bei der Dimensionirung der Leitungen ist nun noch zu berücksichtigen, dass die in den Leitungen verloren gehende elektrische Energie in Wärme-Energie umgesetzt und die Leitung mithin eine Temperaturerhöhung erfährt; diese muss durch passende Wahl der Leitungen innerhalb der mit Rücksicht auf die Feuersicherheit der Anlage zulässigen Grenzen gehalten werden.

Die Temperaturerhöhung, welche die Leitung erfährt, ist bei gleichem Energieverlust um so geringer, je grösser die Oberfläche der

Leitung ist. Ausserdem spielt die Beschaffenheit der Oberfläche eine wesentliche Rolle. Um die Temperaturerhöhung unter ca. 10° Celsius zu halten, genügt es fast durchweg, wenn auf den qcm Leitungsoberfläche nicht mehr als etwa 0,025 bis äussersten 0,03 Watt in Wärme umgesetzt wird. Es ergiebt sich leicht für einen kreisförmigen Querschnitt Q beim spezifischen Widerstand K und einem Energieverlust pro qcm Oberfläche = c die maximal zulässige Stromstärke J nach der Formel

$$J = \sqrt{35,4 \cdot \frac{c}{K} \cdot Q^{3}}\,^{1)}$$

Setzt man c = 0,02825 so wird einfach $J = \sqrt{\dfrac{Q^3}{K}}$

Strengere Vorschriften gehen mit dem Maximalwerte für c herab bis auf 0,015. — Vgl. die in den Sicherheitsvorschriften am Schluss dieses Kapitels gegebenen Tabellen.

Es ist nach dem oben gesagten sofort klar, dass Leitungen von rechteckigem oder beliebigem anderen Querschnitt, stärker belastet werden können, als Drähte von gleichgrossem aber kreisrundem Querschnitt, da sich bei gleicher Leitungslänge unter Umständen wesentlich grössere Oberflächen ergeben.

Einen wesentlichen Einfluss auf die Wärmeausstrahlung und mithin auf die feuersichere Belastung der Leitungen hat auch die **Umgebung der Leitungen**. Die Erwärmung ist im Allgemeinen bei blanken Leitungen in ruhiger Luft eine höhere als bei isolirten Leitungen.

Sind Leitungen so zu berechnen, dass ein gewisser maximaler **Spannungsverlust** nicht überschritten wird, so wird sich unter sonst gleichen Bedingungen eine relativ stärkere Strombelastung der **kürzeren** Leitungen ergeben und man wird hauptsächlich bei diesen häufig in der Lage sein, den berechneten Querschnitt mit Rücksicht auf die Erwärmung zu erhöhen. Bei sehr kurzen Leitungslängen von nur

---

[1] Da die Oberfläche O in qcm bei kreisförmigem Querschnitt pro Meter Länge $O = 10\sqrt{4 \pi Q}$ und der Verlust pro Meter in Watt $A = \dfrac{J^2 \cdot K}{Q}$, so folgt, der Verlust pro qcm Oberfläche $c = \dfrac{A}{O} = \dfrac{J^2 \cdot K}{10 \sqrt{4 \pi Q^3}}$ Hieraus ergiebt sich sofort für J der oben angegebene Wert.

wenigen Metern, bis etwa 20 m, wird man, da hier die Spannungsverluste in der Regel belanglos sind, fast ausnahmslos die Leitung so stark belasten, bezw. den Querschnitt so klein wählen, als es lediglich mit Rücksicht auf die Erwärmung zulässig ist.

3. Festigkeit der Leitungen. Besonders bei schwachen Leitungen kommt nun noch in Betracht die **Festigkeit** der Leitungen.

Man wird nicht unter eine gewisse Querschnittgrenze gehen können wenn nicht die Gefahr des Zerreissens eine zu grosse sein soll.

Für isolirte Kupferdrähte, im Innern von Gebäuden verlegt, wird diese Grenze bei 1 qmm liegen. Für Glühlicht-Armaturendrähte kann man bis 0,5 qmm herabgehen.

Bei Freileitungen ist insbesondere zu berücksichtigen, dass event. im Winter die Leitungen durch Reif, Schnee und Eis beschwert werden, und dass durch Temperaturverminderung die Spannung der Drähte bedeutend vermehrt wird. Letzterem Umstand ist insbesondere dadurch Rechnung zu tragen, dass beim Montiren die Spannung bezw. der Durchhang der Leitungen dem Verhältnis der herrschenden Temperatur zu dem zu erwartenden Temperaturminimum entsprechend gewählt wird. Bei Hochspannungsleitungen ist diese Vorsicht ganz besonders geboten.

Bei genügender Berücksichtigung von Eisbelastung und Winddruck ist mit mindestens drei- bis vierfacher Sicherheit zu rechnen. Die Spannung der Drähte in kg kann ungefähr gleich dem achten Teil des Drahtgewichtes in kg, multiplizirt mit dem Verhältnis von Spannweite zu Durchhang gesetzt werden.

Im allgemeinen wird ein Querschnitt von etwa 4 qmm bei Hartkupferdraht als unterste Grenze für Spannweiten über ca. 20 m angesehen werden müssen. Bei Hochspannungsleitungen wird man diese Grenze noch höher wählen.

Durch das zunehmende Gewicht des Drahtes bei wachsendem Querschnitt und die dadurch bedingte Spannung, sowie wegen der grösseren Schwierigkeiten bei der Verlegung wird andererseits bei gegebener Spannweite und Durchhang auch eine oberste Grenze des Querschnitts bestimmt sein. Man wird bei ca. 20 m Spannweite nicht gern über 100 qmm, bei ca. 40 m Spannweite im Allgemeinen nicht über 50 qmm hinausgehen.

Die besonderen Ansprüche, die an die Festigkeit der oberirdischen Arbeitsleitungen bei elektrischen Bahnen gestellt werden, machen einen Minimalquerschnitt von ca. 35 qmm bei Hartkupferdraht erforderlich. Zumeist finden Drähte von 50 qmm Querschnitt Verwendung.

Sicherheits-Vorschriften.[1]

a) Verband Deutscher Elektrotechniker.

I. Niederspannung.

§ 4. Stromleitungen aus Kupfer sollen ein solches Leitungsvermögen besitzen, dass 55 Meter eines Drahtes von 1 Quadratmillimeter Querschnitt bei 15° C einen Widerstand von nicht mehr als 1 Ohm haben.

§ 5. Die höchste zulässige Betriebs-Stromstärke für Drähte und Kabel aus Leitungskupfer ist aus nachstehender Tabelle zu entnehmen:

Querschnitt in Quadratmillimetern	Betriebs-Stromstärke in Ampère	Querschnitt in Quadratmillimetern	Betriebs-Stromstärke in Ampère
0,75	3	35	80
1	4	50	100
1,5	6	70	130
2,5	10	95	160
4	15	120	200
6	20	150	250
10	30	210	300
16	40	300	400
25	60	500	600

Der geringste zulässige Querschnitt für Leitungen ausser an und in Beleuchtungskörpern ist 1 Quadratmillimeter, an und in Beleuchtungskörpern $^3/_4$ Quadratmillimeter.

Bei Verwendung von Drähten aus anderen Metallen müssen die Querschnitte entsprechend grösser gewählt werden.

II. Hochspannung.

Es gelten die Bestimmungen der §§ 4 und 5 mit der Abänderung, dass der geringste zulässige Querschnitt nicht 1 bezw. 0,75 qmm, sondern 1,5 qmm beträgt. Ferner:

§ 17. c) Mechanische Festigkeit der Freileitungen und des Gestänges. Freileitungen müssen mit Rücksicht auf mechanische Festigkeit einen Mindestquerschnitt von 10 qmm haben.

[1] Quellenangabe siehe Vorrede.

Spannweite und Durchhang müssen derart bemessen werden, dass Gestänge aus Holz mit 10-facher und aus Eisen mit 5-facher Sicherheit und Leitungen bei − 25° C. mit 5-facher Sicherheit ausgeführt sind. Dabei ist der Winddruck mit 125 kg für 1 qm senkrecht getroffener Fläche in Rechnung zu bringen.

b) Anderweitige Bestimmungen.

I. Board of Trade.

§ 4. **Strombelastung der Leitungen.** Die Strombelastung der Leitungen darf nicht so hoch sein, um die Temperatur irgend eines Teiles bis zu solchem Betrage zu erhöhen, dass die physikalischen Eigenschaften der Isolation oder ihr spezifischer Isolationswiderstand verändert werden. Die Erhöhung der Temperatur darf keinesfalls 30° F. (16,6° C.) übersteigen. Querschnitt und Leitungsfähigkeit von Verbindungsstellen müssen genügend sein, um örtliche Erhitzung auszuschliessen; die Verbindungsstellen müssen gegen Korrosion geschützt sein.

§ 5. **Geringste Stärke der Leitungen.** Der Querschnitt elektrischer Leitungen, die nach Erlass dieser Vorschriften verlegt werden, darf nicht geringer sein, als der Inhalt eines Kreises von $1/_{10}$ Zoll (2,54 mm) Durchmesser. Besteht die Leitung aus Einzeldrähten, so muss jeder derselben wenigstens die Stärke von No. 20 der Standard-Drahtlehre (0,88 mm) besitzen.

§ 13. **Höchster zulässiger Effekt in Hochspannungsleitungen.** Eine Hochspannungsleitung darf, wenn unterirdisch verlegt, höchstens mit 300000 Watt beansprucht werden, eine Luftleitung höchstens mit 50000 Watt, ausser mit schriftlicher Genehmigung des Board of Trade. Es sind Mittel zur Verhinderung der Überschreitung dieser Grenzen vorzusehen.

II. Schweizer Regulativ.

Art. 22. Bei den für Luftleitung zu verwendenden Drähten soll die Bruchfestigkeit und der Durchhang derart gewählt sein, dass bei − 20° C. noch mindestens 5-fache Sicherheit vorhanden ist.
Die Drahtstärke blanker Luftleitungen aus Kupfer soll mindestens 3 mm betragen.

Art. 30. Das Kupfer der Drähte und Kabel soll eine elektrische Leitungsfähigkeit von wenigstens 90% von derjenigen des chemisch reinen Kupfers besitzen, d. h. der spezifische Widerstand des Drahtes bei 0° C. soll kleiner sein als 1,8 Mikrohm-Centimeter.

Art. 31 (auf Innen-Installationen bezüglich): Die Drahtquerschnitte sind so zu bemessen, dass der Spannungsverlust von der Einführungsstelle bis zur entferntesten Lampe 3% der Eintrittsspannung nicht überschreitet, wenn alle angeschlossenen Lampen gleichzeitig brennen.

Eine zufällige Verdoppelung des Normalstromes soll die Temperatur der Drähte höchstens um 40° C. über die Aussentemperatur steigern.

Dieser Bedingung wird im allgemeinen Genüge geleistet, wenn die im normalen Betrieb auftretende grösste Stromdichte pro 1 mm² kleiner oder höchstens gleich ist

3 A für Drahtquerschnitte von 1 bis 5 mm²,
2 " "   "   " 5 " 50 mm²,
1,5 " "   "   " über 50 mm².

Unverseilte homogene Leitungsdrähte von weniger als $^2/_{10}$ mm Durchmesser dürfen nicht verwendet werden.

III. Wiener Verein.

§ 4. Alle zur Fortleitung des Stromes zwischen den Stromerzeugern, den Apparaten zur Aufspeicherung oder Umwandlung des Stromes untereinander, sowie zwischen diesen und den Stellen, wo die Nutzanwendung des Stromes stattfindet, dienenden Verbindungen, (Leitungen) sind so stark zu wählen, dass die Temperaturerhöhung der Oberfläche durch den durchfliessenden Strom die Aussentemperatur um 20° nicht überschreitet.

Bei Leitungen aus Kupfer mit einer Leitungsfähigkeit von mindestens 80%, des chemisch-reinen Kupfers und Querschnitten unter 100 qmm wären demnach 3 A. für 1 qmm bei isolierten und 4 A. für 1 qmm bei blanken Drähten als zulässige Höchst-Beanspruchung anzusehen.

b) Beschaffenheit der Leitungen.

Für die Wahl des Leitungsmaterials ist in erster Linie malsgebend, die Leitungsfähigkeit, der Preis und die Festigkeit des Materials.

In Bezug auf die Leitungsfähigkeit steht das Kupfer allen in Frage kommenden Metallen weitaus voran, und findet darum bis jetzt fast ausschliesslich Verwendung.

Eisen zeichnet sich durch seinen niedrigen Preis und seine grosse Festigkeit aus, besitzt aber eine viel geringere Leitungsfähigkeit als Kupfer. Es wird daher im Allgemeinen nur da verwendet, wo bedeutende Widerstände in den Leitungen vorhanden sein dürfen, so dass bei Verwendung von Kupfer, selbst von geringstem zulässigem Querschnitt die zulässige Widerstandshöhe nicht erreicht würde.

Dieser Fall wird häufig eintreten bei Bogenlichtleitungen, da dieselben zumeist aus den bereits weiter oben angegebenen Gründen einen hohen Widerstand haben müssen.

Bei Übertragungen mit hochgespannten Strömen wird ebenfalls in der Regel ein relativ hoher Widerstand der Leitungen zulässig sein. Bei Wechselstrom-Anlagen ist indessen die Verwendung von Eisenleitern zu vermeiden da hier in Folge der magnetischen Eigenschaften des Eisens der scheinbare Widerstand ganz ausserordentlich erhöht wird.

In solchen Fällen kann mit Vorteil Siliciumbronze Verwendung finden, welche bei hoher Festigkeit eine bessere Leitungsfähigkeit besitzt als Eisen, aber etwas teurer ist als Kupfer. Die Leitungsfähigkeit hängt von der Herstellung ab und kann diejenige des Kupfers erreichen. Die Festigkeit der Siliciumbronze ist im Allgemeinen um so geringer, je grösser die Leitungsfähigkeit. Bei gleicher Leitungsfähigkeit ist die Festigkeit der Siliciumbronze nur wenig grösser als die des Kupfers.

Das Leitungsmaterial wird in den meisten Fällen in der Form von Drähten von kreisförmigem Querschnitt verwendet. Stärkere Leitungen werden mit Rücksicht auf die Biegsamkeit durch Verseilung aus einer Anzahl schwächerer Drähte hergestellt. Kupferdrähte von 30—50 qmm Querschnitt an werden fast ausschliesslich verseilt angewandt. Die Arbeitsleitungen elektrischer Bahnen dagegen sind ausschliesslich unverseilt zu verlegen.

Zur Erreichung des höchsten Grades von Biegsamkeit, insbesondere für bewegliche Stromzuführungen, werden Leitungen jeden Querschnittes aus einer grossen Anzahl feinster Drähte zusammengesetzt.

Für stärkere Leitungen in Maschinen- und Accumulatorenräumen finden vielfach Schienen von rechteckigem Querschnitt Verwendung.

Die Leitungen können sowohl mit blanker Metall-Oberfläche, als auch mit einem Oberflächenschutz versehen, verlegt werden. Letzterer wird verschieden sein, je nach dem Zweck.

Zum Schutz gegen chemische Einflüsse besteht er meist in Verzinnung oder in einem passenden Anstrich. Dieser Fall liegt z. B. vor in Accumulatorenräumen, in Brauereien, gewissen chemischen Fabriken etc.

Zur Verhütung des Stromaustritts aus der Leitung überall da, wo die Gefahr einer zufälligen Berührung mit leitenden Gegenständen gross ist, vor allem also in Innenräumen etc. dient die Isolationshülle.

Sorgfältigste Isolation aller stromführenden Teile einer Anlage, sowohl gegen einander, als gegen die Erde, ist eine unerlässliche Bedingung für das gute und sichere Funktionieren, zur Vermeidung von Strom- und Spannungsverlusten, Betriebsstörungen und Feuersgefahr, die durch Erdschluss, Nebenschluss zwischen den Leitungen oder direkten Kurzschluss derselben bei mangelhafter Isolation auftreten würden. In Hochspannungs-Anlagen ist die sorgfältige Isolierung aller stromführenden Teile, die einer etwaigen direkten oder indirekten Berührung durch Personen ausgesetzt sind, insbesondere auch wegen der damit verbundenen Lebensgefahr unerlässlich.

Für den gesamten Isolationswiderstand einer Anlage, gemessen unter der Betriebsspannung, wird im Allgemeinen gefordert, dass er ein bestimmtes Vielfaches (etwa das 5—10 000fache) des gesamten äusseren wirklichen oder scheinbaren Widerstandes auf den die Stromerzeuger arbeiten, nicht unterschreite. Spezielle Formulirungen dieser Forderung siehe in den am Schluss dieses Kap. gegebenen Sicherheitsvorschriften.

Wie die Isolation der Leitungen beschaffen sein muss, damit dies erreicht wird, ist wesentlich bedingt durch die Feuchtigkeitsverhältnisse an den Verlegungsstellen.

Für ganz trockne Räume genügen bei niederen Spannungen die einfach mit imprägnirtem Fasermaterial isolierten Leitungen. In feuchten Räumen oder bei höheren Spannungen ist Gummiisolation erforderlich und zwar je nach der Feuchtigkeit und Spannung einfache oder mehrfache Gummiband- oder nahtlose Guttapercha- oder vulkanisierte Gummiisolirung, oder es sind sog. Bleikabel zu verwenden, bei denen die Isolierung mit einem nahtlosen „Patent"-Bleimantel oder statt dessen am besten mit mehreren gewöhnlichen Bleimänteln umpresst ist, die den Zutritt der Feuchtigkeit sicher verhüten.

Bei Bleikabeln für ein- oder mehrphasige Wechselstromanlagen sollen stets die Hin- und Rückleitungen von einem gemeinsamen Bleimantel umschlossen sein.

Hochspannungsanlagen erfordern ganz besonders sorgfältige und starke Isolation.

Zum Schutz gegen Beschädigungen verschiedener Art werden insbesondere die Bleikabel nötigenfalls mit einer Schicht asphaltirten Fasermaterials umwickelt und speciell bei Verlegung im Erdboden oder im Wasser oder an anderen Stellen, wo die Gefahr mechanischer Verletzung des Bleimantels eine grosse ist, noch mit einer Eisenband- oder Eisendrahtarmierung versehen.

Ganz ohne Isolierhülle wird man die Leitungen in der Regel nur im Freien verlegen oder in solchen Innenräumen, wo die Isolation durch chemische Einflüsse gefährdet wäre oder wo eine derartige Verlegung möglich ist, dass die blanken Leitungen in keiner Weise gefährdet sind, wo ferner ästhetische Rücksichten nicht entgegen stehen und genügender Raum zur Verfügung steht, für die in entsprechender Entfernung von einander und von Wänden, Decken etc., zu führenden Leitungen.

In den weitaus meisten Fällen wird im Übrigen mit Rücksicht auf die Sicherheit, Raumersparnis und die Ausstattung der Räume innerhalb von Gebäuden isolierte Leitung Verwendung finden, die man sowohl einander, als auch den Wänden, Decken etc. sehr nahe bringen und nötigenfalls ganz in die Wände verlegen kann.

Für die ausserhalb von Gebäuden zu verlegenden Leitungen wird die Frage zu entscheiden sein, ob oberirdische oder unterirdische Verlegung stattfinden soll.

Die unterirdische Verlegung bietet eine Reihe beachtenswerter Vorteile.

Mit wachsender Stärke der Leitungen wird die oberirdische Verlegung immer schwieriger und kostspieliger. Bei Leitungsquerschnitten über ca. 100 qmm ist es dringend zu empfehlen, statt einer stärkeren mehrere schwächere Leitungen parallel zu verlegen, was wiederum Vermehrung der Isolatoren, Vergrösserung der Gestänge und Erhöhung der Montagekosten zur Folge hat.

Oft lassen die örtlichen Verhältnisse ein oberirdisch ausgespanntes Leitungsnetz überhaupt nicht zu, wie dies besonders in belebten Strassen der Fall ist. Bei Hochspannungsleitungen kommt noch die Gefährdung der Menschenleben beim Reissen, bezw. Herabfallen einer Leitung hinzu.

In sehr gewitterreichen Gegenden, in den Tropen, verdient oft wegen der **Blitzgefahr** die unterirdische Verlegung den Vorzug.

Zuweilen ist auch unterirdische Verlegung dadurch bedingt, dass bereits vorhandene Schwachstromleitungen (oder Niederspannungsleitungen) gegen Berührung mit den Starkstromleitungen (oder Hochspannungsleitungen), die durch Reissen der ersteren oder der letzteren erfolgen könnte, sicher geschützt werden müssen.

Fast stets wird bei unterirdischer Verlegung die Leitung weit **geschützter** sein, als bei oberirdischer. Je nach Umständen ist sie dafür allerdings auch schwerer zugänglich.

Ausserdem wird bei unterirdischer Verlegung speziell für **schwächere** Leitungen der Preis im Allgemeinen ein wesentlich höherer als für blanke Freileitungen, wofern nicht der Aufstellung der für letztere erforderlichen Leitungsmasten ganz besondere Schwierigkeiten entgegenstehen, wie dies z. B. bei Überführung der Leitungen über Wasser und sumpfige Strecken der Fall sein würde.

Sicherheits-Vorschriften.[1]

a) Verband Deutscher Elektrotechniker.

I. Niederspannung.

§ 6. Blanke Leitungen müssen vor Beschädigung oder zufälliger Berührung geschützt sein. Sie sind nur in feuersicheren Räumen ohne brennbaren Inhalt, ferner ausserhalb von Gebäuden, sowie in Maschinen- und Akkumulatorenräumen, welche nur dem Bedienungspersonal zugänglich sind, gestattet. Ausnahmsweise sind auch in nicht feuersicheren Räumen, in welchen ätzende Dünste auftreten, blanke Leitungen zulässig, wenn dieselben durch einen geeigneten Überzug gegen Oxydation geschützt sind.

...... Blanke Leitungen, welche betriebsmässig an Erde liegen, fallen bis auf weiteres nicht unter die Bestimmungen dieses Paragraphen.

§ 7. a) **Leitungen**, welche eine doppelte, fest auf dem Draht aufliegende, mit geeigneter Masse imprägnierte und nicht brüchige Umhüllung von faserigem Isoliermaterial haben, dürfen, soweit ätzende Dämpfe nicht zu befürchten sind, auf Isolierglocken überall, auf Isolierrollen, Isolierringen oder diesen gleichwertigen Befestigungsstücken dagegen nur in

---

[1] Quellenangabe siehe Vorrede.

ganz trockenen Räumen verwendet werden. Sie sind in einem Abstand von mindestens 2,5 Centimeter von einander zu verlegen.

b) Leitungen, die unter der oben beschriebenen Umhüllung von keinem Isoliermaterial noch mit einer zuverlässigen, aus Gummiband hergestellten Umwickelung versehen sind, dürfen, soweit ätzende Dämpfe nicht zu befürchten sind, auf Isolierglocken überall, auf Rollen, Ringen und Klemmen und in Röhren nur in solchen Räumen verlegt werden, welche im normalen Zustande trocken sind.

c) Leitungen, bei welchen die Gummiisolierung in Form einer ununterbrochenen, nahtlosen und vollkommen wasserdichten Umhüllung hergestellt ist, dürfen, soweit ätzende Dämpfe nicht zu befürchten sind, auch in feuchten Räumen angewendet werden.

d) Blanke Bleikabel, bestehend aus einer Kupferseele, einer starken Isolierschicht und einem nahtlosen einfachen oder einem doppelten Bleimantel, dürfen niemals unmittelbar mit leitenden Befestigungsmitteln, mit Mauerwerk und Stoffen, welche das Blei angreifen, in Berührung kommen. (Reiner Gyps greift Blei nicht an.) Bleikabel, deren Kupferseele weniger als 6 Quadratmillimeter Querschnitt hat, sind nur dann zulässig, wenn ihre Isolation aus vulkanisiertem Gummi oder gleichwertigem Material besteht.

e) Asphaltierte Bleikabel dürfen in trockenen Räumen und trockenem Erdboden verwendet, und müssen derart verlegt werden, dass sie Mauerwerk oder Stoffe, welche das Blei angreifen, nicht berühren können.

An den Befestigungsstellen ist darauf zu achten, dass der Bleimantel nicht eingedrückt oder verletzt wird; Rohrhaken sind daher als Verlegungsmittel ausgeschlossen.

f) Asphaltierte und armierte Bleikabel eignen sich zur Verlegung unmittelbar in Erde und in feuchten Räumen. Rohrhaken sind zulässig.

g) Bleikabel dürfen nur mit Endverschlüssen, Abzweigmuffen oder gleichwertigen Vorkehrungen, welche das Eindringen von Feuchtigkeit wirksam verhindern und gleichzeitig einen guten elektrischen Anschluss vermitteln, verwendet werden.

h) Wenn Gummiisolierung verwendet wird, muss der Leiter verzinnt sein.

§ 8. a) Leitungsschnur zum Anschluss beweglicher Lampen und Apparate darf in trockenen Räumen verwendet werden, wenn jede der Leitungen in folgender Art hergestellt ist:

Die Kupferseele besteht aus Drähten unter 0,5 Millimeter Durchmesser; darüber befindet sich eine Umspannung aus Baumwolle, welche von einer dichten, das Eindringen von Feuchtigkeit verhindernden Schicht Gummi umhüllt ist; hierauf folgt wieder eine Umwickelung mit Baumwolle und als äusserste Hülle eine Umklöppelung aus widerstandsfähigem Stoff, der nicht brennbarer sein darf als Seide oder Glanzgarn.

Der geringste zulässige Querschnitt für biegsame Leitungsschnur ist 1 Quadratmillimeter für jede Leitung.

b) Derartige biegsame Leitungsschnur darf nur in vollständig trockenen Räumen und in einem Abstand von mindestens 5 Millimeter von der Wand oder Deckenfläche, jedoch niemals in unmittelbarer Berührung mit leicht entzündlichen Gegenständen fest verlegt werden.

c) Beim Anschluss biegsamer Leitungsschnüre an Fassungen, Anschlussdosen und andere Apparate müssen die Enden der Kupferlitzen verlöthet sein.

Die Anschlussstellen müssen von Zug entlastet sein.

d) Biegsame Mehrfachleitungen zum Anschluss von Lampen und Apparaten sind in feuchten Räumen und im Freien zulässig, wenn jeder Leiter nach § 7 c und h hergestellt ist und die Leiter durch eine Umhüllung von widerstandsfähigem Isoliermaterial geschützt sind.

e) Drähte (bis 6 Quadratmillimeter Querschnitt), deren Beschaffenheit mindestens den Vorschriften 7 b und h entspricht, dürfen verdrillt oder in gemeinschaftlicher Umhüllung in trockenen Räumen wie Einzelleitungen nach 7 b fest verlegt werden.

§ 17. a) Der Isolationswiderstand des ganzen Leitungsnetzes gegen Erde muss mindestens $\frac{1\,000\,000}{n}$ Ohm betragen. Ausserdem muss für jede Hauptabzweigung die Isolation mindestens $10\,000 + \frac{1\,000\,000}{n}$ Ohm betragen.

In diesen Formeln ist unter n die Zahl der an die betreffende Leitung angeschlossenen Glühlampen zu verstehen, einschliesslich eines Äquivalentes von 10 Glühlampen für jede Bogenlampe, jeden Elektromotor oder anderen stromverbrauchenden Apparat.

b) Bei Messungen von Neuanlagen muss nicht nur die Isolation zwischen den Leitungen und der Erde, sondern auch die Isolation je zweier Leitungen verschiedenen Potentiales gegen einander gemessen werden; hierbei müssen alle Glühlampen, Bogenlampen, Motoren oder andere stromverbrauchenden Apparate von ihren Leitungen abgetrennt, dagegen alle vorhandenen Beleuchtungskörper angeschlossen, alle Sicherungen eingesetzt und alle Schalter geschlossen sein. Dabei müssen die Isolationswiderstände den obigen Formeln genügen.

c) Bei der Messung der Isolation sind folgende Bedingungen zu beachten: Bei Isolationsmessung durch Gleichstrom gegen Erde soll, wenn möglich, der negative Pol der Stromquelle an die zu messende Leitung gelegt werden, und die Messung soll erst erfolgen, nachdem die Leitung während einer Minute der Spannung ausgesetzt war. Alle Isolationsmessungen müssen mit der Betriebsspannung gemacht werden. Bei Mehrleiteranlagen ist unter Betriebsspannung die einfache Lampenspannung zu verstehen.

d) Anlagen, welche in feuchten Räumen, z. B. in Brauereien und Färbereien installiert sind, brauchen der Vorschrift dieses Paragraphen nicht zu genügen, müssen aber folgender Bedingung entsprechen:

Die Leitung muss ausschliesslich mit feuer- und feuchtigkeitsbeständigem Verlegungsmaterial und so ausgeführt sein, dass eine Feuersgefahr infolge Stromableitung dauernd ganz ausgeschlossen ist.

II. Hochspannung.

§ 16. a) **Freileitungen** müssen aus blanken Drähten bestehen.

§ 18. a) **Blanke Leitungen** sind in Gebäuden nur in feuersicheren Räumen ohne brennbaren Inhalt zulässig.

§ 21. **Biegsame Mehrfachleitungen.** Biegsame Mehrfachleitungen sind ausserhalb bewohnter Gebäude zulässig, wenn die Spannung zwischen den verschiedenen Adern 250 V nicht übersteigen kann. Sie dürfen nicht so befestigt werden, dass ihre einzelnen Adern auf einander gepresst werden; metallene Bindedrähte sind zur Befestigung nicht zulässig.

§ 22. **Kabel.** a) Blanke Bleikabel, bestehend aus einer oder mehreren Kupferseelen, starken Isolierschichten und einem nahtlosen einfachen, oder einem mehrfachen Bleimantel, müssen gegen mechanische Beschädigung geschützt sein und dürfen nicht unmittelbar mit Stoffen, welche das Blei angreifen, in Berührung kommen.

b) **Asphaltierte Bleikabel** dürfen nur da verlegt werden, wo sie gegen mechanische Beschädigung geschützt sind.

An den Befestigungsstellen ist darauf zu achten, dass der Bleimantel nicht eingedrückt oder verletzt wird; Rohrhaken sind daher als Verlegungsmittel ausgeschlossen.

c) **Asphaltierte und armierte Bleikabel** bedürfen eines besonderen mechanischen Schutzes nicht. Rohrhaken sind zulässig.

d) **Bleikabel jeder Art** dürfen nur mit Endverschlüssen, Abzweigmuffen oder gleichwertigen Vorkehrungen, welche das Eindringen von Feuchtigkeit wirksam verhindern und gleichzeitig einen guten elektrischen Anschluss vermitteln, verwendet werden.

e) Wenn vulkanisierte Gummiisolierung verwendet wird, muss der Leiter verzinnt sein.

f) Bei eisenarmierten Kabeln für Ein- oder Mehrphasenstrom müssen sämmtliche zu einem Stromkreise gehörigen Leitungen in demselben Kabel enthalten sein.

b) Anderweitige Vorschriften.

I. Board of Trade.

§ 6. **Isolationsmaterial.** Sämtliche Isolationsmaterialien für Leitungen und Apparate müssen von bester Qualität, durchaus dauerhaft und zweckentsprechend sein. Besondere Sorgfalt ist auf den Schutz der Isolation gegen äussere Verletzungen zu verwenden.

Besteht eine Schutzhülle ganz oder teilweise aus Metall, so ist sie gut leitend mit Erde zu verbinden.

§ 7. **Isolationsprüfung.** Jede verlegte Leitung ist vor Ingebrauchnahme einer Isolationsprüfung zu unterziehen, und zwar bei einer Spannung von wenigstens 200 V. Über das Ergebnis der Prüfungen haben die Unternehmer Buch zu führen.

§ 8. **Aufrechterhaltung der Isolation.** Die Isolation jedes vollständigen Stromkreises, einschliesslich sämmtlicher Maschinen, Apparate und sonstiger mit den Leitungen in Verbindung stehenden

Vorrichtungen, soll in solchem Zustande erhalten werden, dass der Stromverlust unter keinen Umständen $^{1}/_{1000}$ des Höchstbetrages des einzuleitenden Stromes übersteigt. Es sind geeignete Vorkehrungen zu treffen, um eintretende Isolationsfehler sofort zu kennzeichnen und örtlich nachzuweisen. Jeder Fehler ist ohne Verzug auszubessern.

Eine Isolationsprüfung jedes Stromkreises ist wenigstens einmal wöchentlich vorzunehmen. Über die Ergebnisse ist Buch zu führen.

Für solche Anlagen, für welche der «Board of Trade» die Erdschliessung irgend eines Teiles des Stromkreises genehmigt hat, findet diese Bestimmung keine Anwendung, solange die Erdverbindung besteht.

§ 9. **Umhüllung von Hochspannungsleitungen.** Jede nach Erlass dieser Vorschriften verlegte Hochspannungsleitung muss ihrer ganzen Ausdehnung nach mit Isolationsmaterial umgeben werden, und zwar in einer Stärke von wenigstens $^{1}/_{10}$ Zoll (2,54 mm), und wenn die höchste Spannung 2000 V übersteigt, soll die Stärke der Isolationsschicht wenigstens soviel Zoll bezw. Teile von Zoll betragen, wie die Zahl angibt, welche man erhält durch Division der Voltzahl durch 20000.

§ 10. **Isolationsprüfung von Hochspannungs-Stromkreisen.** Eine Hochspannungsleitung darf nicht in Gebrauch genommen werden, bevor die Isolation jedes einzelnen Teiles während einer Stunde einer Spannung ausgesetzt worden ist, welche die Gebrauchsspannung übersteigt, und zwar um 100 % bei Leitungen und um 50 % bei Maschinen und sonstigen Vorrichtungen.

Die Unternehmer haben über die Ergebnisse der Prüfungen Buch zu führen.

II. Schweizer Regulativ.

Art. 32. **Innere Installation.** Die Verwendung blanker Kuperdrähte ist nur in Ausnahmefällen zulässig.

Bei isolierten Drähten muss entweder die Isolierschicht oder dann die mechanische Schutzhülle wasserdicht sein.

Die aus einer oder mehreren Lagen von nicht leitendem Material bestehende Isolierschicht soll genügend stark sein, um die bei der Montage und dem Reinigen vorkommenden Beanspruchungen auszuhalten.

Die Drähte sind ausser der Isolierschicht stets noch mit einer besonderen Schutzhülle gegen äussere mechanische Beschädigungen zu versehen.

Art. 45. Der Isolationswiderstand der Leitungen unter sich und gegen Erde soll grösser sein als der aus der Formel

$$R = \left(10000 + \frac{2\,000\,000}{N}\right) \Omega$$

sich ergebende Wert, wobei N die Zahl der Lampen bedeutet, welche von der zu untersuchenden Leitung gespeist werden; bei der Ermittelung dieser Zahl wird jede Bogenlampe und jeder Elektromotor gleich 10 Glühlampen gerechnet.

Art. 46. Bei den Isolationsmessungen sind folgende Bestimmungen innezuhalten:
  a) Wenn die Messung mit Gleichstrom vorgenommen wird, so ist der Leiter mit dem negativen Pol zu verbinden, doch soll erst eine Minute nach erfolgter Verbindung abgelesen werden.
  b) Während der Isolationsmessung müssen die Glühlampen, Bogenlampen, Elektromotoren und anderen Strom konsumierenden Apparate von ihren Leitungen getrennt, dagegen alle Beleuchtungskörper damit verbunden, sämmtliche Sicherungen eingesetzt und alle Ausschalter geschlossen werden.

III. Wiener Verein.

§ 7. Der Isolationswiderstand eines Leitungsnetzes gegen die Erde oder zwischen Teilen derselben Leitung muss, insoweit Spannungsunterschiede vorkommen, mindestens $5000 \frac{E}{J}$ Ohm betragen, worin E die zwischen den in Frage kommenden Punkten mögliche maximale Spannungsdifferenz in Volt und J die Stromstärke in Ampère bezeichnet.

In solchen Fällen, wo in Folge grosser Feuchtigkeit der die Leitung umgebenden Atmosphäre der angegebene Isolationswiderstand nicht erreicht werden kann (Brauereien, Färbereien, elektrischen Bahnen) genügt auch eine geringere Isolation, wenn
  a) die Leitung ausschliesslich auf Isolatoren und so geführt ist, dass eine Feuersgefahr in Folge Stromableitung oder Strecken der Leitung dauernd ganz ausgeschlossen ist
  b) bei Spannungen von mehr als 150 Volt bei Wechselstrom oder 350 Volt bei Gleichstrom eine zufällige Berührung nicht genügend isolierter Teile der Leitung durch unbeteiligte Personen ausgeschlossen ist.

§ 10. Die Verwendung nicht isolierter (blanker) Leitungen ist nur im Freien und in nicht geringerer Höhe als 3,5 m vom Boden gestattet; . . . .

In gedeckten, geräumigen Lokalen, wie Hallen, grösseren Werkstätten u. s. w. dürfen indessen blanke Leitungen auch verwendet werden, wenn sie in nicht geringerer Höhe als 4 m vom Boden auf Porzellanisolatoren geführt und gegen Berührung mit brennbaren oder metallischen Konstruktionsteilen des Gebäudes vollständig geschützt sind.

c) Zubehörteile.

Ausser dem eigentlichen Leitungsmaterial sind für eine Leitungsanlage noch eine Reihe Zubehörteile erforderlich, welche entweder wie die Abschmelzsicherungen, Regulierwiderstände, Kabelschuhe etc. in die Leitung als stromführende Teile mit eingefügt werden und zur Verbindung oder Trennung der Leitungen oder zur Regulierung ihres Widerstandes dienen — oder die wie die Isolatoren, Blitzschutzvorrichtungen etc., zur Befestigung, Isolation, oder zum Schutz der Leitungen dienen.

a) stromführende Teile. Die Abschmelzsicherungen sind für eine Leitungsanlage von höchster Wichtigkeit. Sie schützen dieselbe vor zu starken Strömen, die, durch Kurzschluss oder irgend welche anderen Ursachen veranlasst, die Leitung und deren Umgebung gefährden würden.

Die Sicherungen sind am Ausgangspunkt jeder Leitung und ausserdem überall unmittelbar da anzubringen, wo der Querschnitt der Leitung sich vermindert.

Am besten wird sowohl die Hin- als die Rückleitung gesichert, da einpolige Sicherung niemals volle Gewähr zu leisten vermag, dass die vom ungesicherten Pol ausgehende Leitung nicht durch Erdschluss, Kurzschluss etc. überlastet wird.

Mehrere parallel geschaltete Leitungen, die am Anfang und Ende zu einer einzigen vereinigt sind, sollten stets jede einzeln, nicht durch eine gemeinschaftliche Sicherung gesichert werden. Es ist ausserdem in solchem Fall zu empfehlen, nicht nur am Anfang, sondern auch am Ende der betr. Strecke zu sichern.

Die Wahl der Sicherungen hat so zu erfolgen, dass sie bei einer gewissen procentualen Überschreitung der maximal zulässigen Stromstärke — bis zu ca. 100%, bei grösseren Stromstärken event. weniger — nach Verlauf eines gewissen kleinen Zeitraumes abschmelzen.

Die zugrunde zu legende Stromstärke, nach der die Sicherung zu wählen ist, kann nun entweder die für den betr. Leitungsquerschnitt überhaupt zulässige sein, oder diejenige, mit welcher die Leitung bei normalem Betriebe beansprucht werden soll.

Da letztere häufig wesentlich unter der maximal zulässigen Stromstärke liegen wird, und ein Überschreiten derselben schon auf einen anormalen Zustand hinweist, so wird man in solchen Fällen die kleinere und daher auch billigere, der maximalen wirklichen Gebrauchsstromstärke der Leitung entsprechende Sicherung wählen.

Für Bogenlampen und Motoren und andere Stromnehmer, die vorübergehend, z. B. beim Einschalten, eine wesentlich höhere Stromstärke als während des normalen Betriebes aufnehmen, ist natürlich die Sicherung für eine entsprechend höhere Stromstärke zu bemessen.

Den Mittelleiter einer Dreileiteranlage sollte man, wenn er erheblich schwächer ist als die Aussenleiter, nach der höchsten für den verwendeten Querschnitt zulässigen Stromstärke sichern, keinesfalls schwächer als die Aussenleiter. Bei hinreichend starkem Querschnitt, oder wenn der Mittelleiter an Erde gelegt wird, kann man mit Vorteil die Sicherung ganz weglassen.

In Parallelschaltungsanlagen empfiehlt es sich, die Abzweigungen von grösseren oder kleineren Verteilungscentren ausgehen zu lassen, und die Sicherungen der Abzweigleitungen auf kleinen Verteilungsschalttafeln oder in verschliessbaren Verteilungskästen unterzubringen, in denen eventuell auch Ausschalter für einzelne Zweigstromkreise oder Gruppenschalter für mehrere solcher Stromkreise Platz finden können. Die hierdurch erreichte Übersichtlichkeit und Betriebssicherheit ist bei weitem höher anzuschlagen, als die meist geringfügige Ersparnis an Leitungsmaterial, die man erzielen würde, wenn man regellos je nach Bedarf von einer Hauptleitung Zweigströme abnehmen würde. Über dieses „Centralisationssystem" wurde bereits weiter oben geredet. Hier sei nur noch darauf hingewiesen, dass bei Centralisierung der Sicherungen im Fall des Abschmelzens die Sicherung leicht aufgefunden und das Einsetzen eines neuen Abschmelzstreifens schnell bewirkt werden kann, was oft von hoher Wichtigkeit ist.

Bei Glühlampen-Gruppen von bis zu ca. 15 Stück, wofern dieselben nicht mehr als etwa 7—8 Amp. gebrauchen, genügt es im Allgemeinen, wenn die gemeinschaftliche Leitung zu der Gruppe an ihrem Ausgangspunkt gesichert wird. Die Abzweigungen zu den einzelnen Lampen können je nach Bedarf erfolgen und brauchen nicht einzeln besonders gesichert zu werden. —

An sonstigen stromführenden Zubehörteilen der Leitungen sind von besonderer Wichtigkeit die zur Sicherung der Kabel gegen das Eindringen von Feuchtigkeit dienenden und gleichzeitig einen bequemen

Anschluss des Kabels an andere Leitungen oder an Apparate ermöglichenden Endverschlüsse.

Besonders für unterirdisch verlegte Bleikabel ist ein Schutz der Kabelenden gegen eindringende Feuchtigkeit, in die fast stets etwas hygroskopische Isolierschicht unerlässlich.

Ganz besondere Sorgfalt ist bei unterirdischen Kabeln den Verbindungs- und Abzweigstellen zuzuwenden, und sind hier geeignete Muffen zu verwenden, die eine gute leitende Verbindung der Leitungen, vollkommene Isolation der Verbindungsstelle und sicheren und dauernden Schutz gegen Eindringen von Feuchtigkeit in die Isolierschicht ermöglichen.

Gewöhnlichen Leitungen, die aus mehreren Drähten hergestellt sind, gibt man einen guten Abschluss, der einen leichten Anschluss an Apparate etc. ermöglicht und ein Aufseilen der Leitung verhütet, entweder durch Verlöten der Enden, oder, was besonders bei stärkeren Leitungen vorzuziehen, durch Einlöten in einen passend geformten Kabelschuh.

Um den Widerstand einer Leitung nach Bedarf, sei es zur Strom- oder Spannungsregulierung, variieren zu können, werden in die Leitung gewöhnlich Widerstandsspulen eingefügt, die stufenweise ein- und ausschaltbar sind. Nötigenfalls sind Vorrichtungen zu verwenden, die das Aus- und Einschalten der Stufen selbstthätig, dem jedesmaligen Bedarf entsprechend, besorgen. Doch vermögen solche Apparate bei plötzlichen Schwankungen meist nicht mit der nötigen Schnelligkeit zu folgen. Auch aus Rücksichten auf die Sicherheit und unter Umständen auf die Anlagekosten wird man nur dann zu automatischen Apparaten seine Zuflucht nehmen, wenn dadurch der Betrieb wesentlich vereinfacht und verbilligt wird.

Die Zahl der Widerstandsstufen und die Bemessung der einzelnen Teilwiderstände wird bei den am häufigsten vorkommenden Regulatoren für konstante Fernspannung abhängig sein von den Grenzen des auszugleichenden Spannungsverlustes, dem Widerstand der Fernleitung, den Grenzen der in Frage kommenden Stromvariationen und den pro Stufe zulässigen minimalen Spannungs-Schwankungen. Für letztere kann bei Glühlichtanlagen 1—1,5 Volt pro Stufe zugelassen werden. Die Stromvariationen wird man, wenn thunlich, mit Vorteil nicht weiter als bis etwa herab zu 3—5 % des Maximalstromes annehmen, da sonst die Regulatoren unverhältnissmäfsig grosse Dimensionen annehmen.

b) Ausser den besprochenen stromführenden Teilen erfordert eine Leitungsanlage nun noch eine Reihe von Zubehörteilen, die teils zur *Isolation*, teils zur *Befestigung* und zur *Sicherung* der Leitungen dienen.

1. **Für Freileitungen.** Für die Isolation der Freileitungen finden allgemein die Porzellan-Glocken-Isolatoren Verwendung und ist für deren Wahl mafsgebend einesteils die Stärke der Leitung, andernteils die Höhe der Betriebsspannung. Stärkere Leitungen erfordern kräftigere Isolatoren; Hochspannungsleitungen ebenfalls; ausserdem werden für höhere Spannungen fast ausschliesslich Mehrfachglocken-Isolatoren verwendet.

Ölisilatoren für Hochspannungsleitungen haben eine Reihe von Nachteilen, die sie wenig empfehlenswert erscheinen lassen.

Die Isolierglocken werden je nach Bedarf von kräftigen geraden oder gebogenen eisernen Stützen getragen, welche wiederum an hölzernen oder eisernen Trägern oder an Wänden befestigt werden, und ist entsprechend die Stütze mit Holz- oder Steinschraube oder mit Bund und Mutter zu wählen.

Zur Aufnahme der Isolatoren dienen entsprechend einfache imprägnierte Holzmasten mit oder ohne Querträger oder eiserne Gestänge oder an Kreuzungsstellen grösserer Leitungsnetze Isolatorentürme.

Auf die Wahl und Dimensionierung der Isolatorenträger, Masten etc. können wir hier nicht näher eingehen; es sei hier nur kurz auf die Notwendigkeit hingewiesen, die auftretenden Drahtspannungen unter Berücksichtigung von Reif- und Schneebelastung, Temperaturänderungen, Winddruck etc., sowie die in Curven auftretenden seitlichen Zugkräfte genügend in Rechnung zu ziehen und alle Constructionen mit mehrfacher Sicherheit zu berechnen; eine den Bodenverhältnissen und der Belastung entsprechende Fundamentierung zu bewirken, sowie — besonders bei Biegungen und Kreuzungsstellen — für sorgfältige Verankerung und Verstrebung Sorge zu tragen.

Als Abstand für die einzelnen Gestänge oder Leitungsträger nimmt man auf gerader freier Bahn für schwache Leitungen bis zu etwa 70 m, bei Verwendung von Bronze- und Eisenleitungen noch mehr; für starke Leitungen von 100 qmm sollte man nicht über circa 25 m hinausgehen. Für Biegungen oder wo die örtlichen Verhältnisse oder Abzweigungen es bedingen, werden naturgemäfs häufig noch geringere Abstände in Frage kommen.

Um Zerstörungen des Leitungsnetzes oder der Maschinen-Anlage durch Blitzschläge vorzubeugen ist es erforderlich, die Freileitungen mit Blitzschutzvorrichtungen zu versehen. Für kleinere Strecken genügt es, wenn jede einzelne Leitung einen Blitzableiter erhält, oder wenn in grösseren Parallelschaltungsanlagen die Verteilungsschienen des Schaltbretts mit solchen Apparaten versehen werden. Letzteres hat indessen nur dann Wert, wenn die zu schützenden Leitungen dauernd an die Schienen angeschlossen bleiben. — Bei grösseren Fernleitungen wird jede einzelne Leitung am Anfang und am Ende durch einen Blitzableiter geschützt. Bei sehr grossen Entfernungen empfiehlt es sich, in Zwischenräumen von mehreren Kilometern je einen Blitzableiter pro Leitung anzubringen. Besonders bei Hochspannungsanlagen ist darauf zu achten, dass der beim Durchschlagen eines Blitzes sich bildende Lichtbogen nicht unter dem Einfluss der Netzspannung weiterbestehen und zu einem dauernden Erd- oder Kurzschluss Veranlassung geben kann. Man hat durch verschiedenartige Konstruktionen diesem Mangel mit Erfolg abzuhelfen gesucht.

Ausser diesen Blitzableitern werden ausserdem zuweilen die Leitungsmasten mit zur Erde abgeleiteten Fangstangen versehen, die durch Drähte mit einander verbunden werden können. Statt dessen finden auch kleine Saugspitzen vielfach Anwendung. Auch schreibt man Stacheldrähten, die längs des ganzen Leitungsweges oberhalb der Leitungen ausgespannt und von Zeit zu Zeit zur Erde abgeleitet werden, eine gute Schutzwirkung zu.

Sämmtliche Ableitungen zur Erde, sowie die Erdplatten sind natürlich hinreichend stark zu dimensionieren. Die Ableitungen sollten bei Verwendung von Kupfer nicht unter circa 35 qmm betragen.

Die in feuchte Erde zu versenkenden Erdplatten sollten nicht unter circa 1 qm einseitiger Oberfläche besitzen und, aus Eisenblech bestehend, gut verzinkt sein. Am besten wird für jeden Pol eine besondere Erdplatte verwandt, um die Möglichkeit von Kurzschlüssen zu vermindern.

Um an Wegübergängen oder an Stellen, wo eine Kreuzung mit anderen Leitungen stattfindet, gegen die Gefahren des Herabfallens der Leitungen zu schützen, werden oft Fangnetze oder andere Schutzvorrichtungen angebracht. Besonders bei Hochspannungsanlagen sind derartige Vorrichtungen unentbehrlich. Sie müssen ebenfalls in gewissen Zwischenräumen mit der Erde leitend verbunden werden (besondere Erdplatten sind hierfür nicht nötig).

2. **Für Innenräume.** Für Leitungen in Innenräumen, soweit dieselben isoliert verlegt werden, können verschiedene Installationssysteme in Frage kommen.

Die bequeme und besonders früher vielfach beliebte Befestigung der isolierten Leitungen mittels Krampen ist im Allgemeinen verwerflich und nur in Ausnahmefällen gestattet, und unter Anwendung besonderer Vorsichtsmafsregeln, welche eine Verletzung der Isolation, sowie Erd- oder Kurzschluss wirksam verhüten. Klemmen aus Porzellan, Holz, oder Metall mit isolierender Einlage bieten mancherlei Vorteile und gestatten ein verhältnismäfsig einfaches Montieren. Mehrfach klemmen aber erschweren ein gleichmäfsiges Anziehen der einzelnen Leitungen, da dieses gleichzeitig erfolgen muss.

Das Festbinden der Leitungen an Isolierrollen, die durch Schrauben an der Wand befestigt werden, gewährt eine gute Isolation und wird in ausgedehntem Mafse zur Anwendung gebracht. Das Festbinden der Leitungen geschieht mittels dünnen Kupferdrahtes und erfordert, wenn es sauber ausgeführt werden und einen guten Eindruck machen soll, einen gewandten Monteur. Werden mehrere Leitungen nebeneinander gelegt, so wird die Montage wesentlich vereinfacht, wenn Flacheisen (event. mit eisernen Dübeln) oder Holzleisten mit mehreren Rollen verwendet werden. Um die Rollen in besseren Räumen möglichst den Tapeten etc. anpassen zu können, werden dieselben in den verschiedensten Farben in den Handel gebracht.

Die Klemmen und Rollen werden in Abständen von 500—1000 mm angebracht; die Grösse richtet sich nach der Stärke der zu verlegenden Leitungen. Schön sehen weder Klemmen noch Rollen aus, und in besseren Räumen wird man sie zu vermeiden suchen. Holzkanäle, die früher mit Vorliebe in solchen Fällen verwendet wurden, sind zu vermeiden. Der Schutz, den sie gegen Feuchtigkeit und gegen die Gefahr der Isolationsstörungen bieten, sowie die Feuersicherheit sind nur gering.

Weit vorteilhafter sind in dieser Beziehung die Rohrsysteme, insbesondere hat das Papierrohrsystem weite Verbreitung gefunden. In neuerer Zeit neigt man indessen mehr zur Verwendung von Hartgummirohr hin. Die Rohre, in welche die Leitungen eingezogen werden, können ganz in die Wand eingemauert werden, was besonders bei Neubauten leicht ausführbar ist.

Nach Verlegung der Rohre ist die Montage sehr einfach. Die Leitungen bleiben stets zugänglich durch die an geeigneten Stellen anzubringenden verschliessbaren Dosen.

Der Hauptwert besteht darin, dass die Leitungen ganz unsichtbar, gegen Verletzung und gegen Feuchtigkeit oder sonstige nachteilige Einflüsse wohl geschützt, und vor allem durchaus feuersicher verlegt werden. Zuweilen werden auch Gasrohre mit innerer Isolierbekleidung verwendet, welche einen noch höheren Grad von Sicherheit gegen Verletzungen und Einflüsse jeder Art, sowie gegen Feuergefahr bieten.

Die Anlagekosten stellen sich bei Verwendung von Isolierrohren im Allgemeinen nur unwesentlich höher als bei Verlegung der Leitungen auf Rollen oder Klemmen.

Sicherheits-Vorschriften.[1]

a) Verband Deutscher Elektrotechniker.

I. Niederspannung.

§ 6. Blanke Leitungen müssen vor Beschädigung oder zufälliger Berührung geschützt sein. Sie sind nur in feuersicheren Räumen ohne brennbaren Inhalt, ferner ausserhalb von Gebäuden, sowie in Maschinen- und Akkumulatorenräumen, welche nur dem Bedienungspersonal zugänglich sind, gestattet. Ausnahmsweise sind auch in nicht feuersicheren Räumen, in welchen ätzende Dünste auftreten, blanke Leitungen zulässig, wenn dieselben durch einen geeigneten Überzug gegen Oxydation geschützt sind.

Blanke Leitungen sind nur auf Isolierglocken zu verlegen und müssen, soweit sie nicht unausschaltbare Parallelzweige sind, von einander bei Spannweiten von über 6 Meter mindestens 30 Centimeter, bei Spannweiten von 4 bis 6 Metern mindestens 20 Centimeter, und bei kleineren Spann-

---

[1] Quellenangabe siehe Vorrede.

weiten mindestens 15 Centimeter, von der Wand in allen Fällen mindestens 10 Centimeter entfernt sein. In Akkumulatorenräumen und bei Verbindungsleitungen zwischen Akkumulatoren und Schaltbrett sind Isolierrollen und kleinere Abstände zulässig.

Im Freien müssen blanke Leitungen wenigstens 4 Meter über dem Erdboden verlegt werden. Freileitungen, welche nicht im Schutzbereich von Blitzschutzvorrichtungen liegen, sind mit solchen in genügender Anzahl zu versehen.

Bezüglich der Sicherung vorhandener Telephon- und Telegraphenleitungen gegen Freileitungen wird auf das Telegraphengesetz vom 6. April 1892 verwiesen.

Blanke Leitungen, welche betriebsmässig an Erde liegen, fallen bis auf weiteres nicht unter die Bestimmungen dieses Paragraphen.

§ 9. Verlegung. a) Alle Leitungen und Apparate müssen auch nach der Verlegung in ihrer ganzen Ausdehnung in solcher Weise zugänglich sein, dass sie jeder Zeit geprüft und ausgewechselt werden können.

b) Drahtverbindungen. Drähte dürfen nur durch Verlöthen oder eine gleich gute Verbindungsart verbunden werden. Drähte durch einfaches Umeinanderschlingen der Drahtenden zu verbinden ist unzulässig.

Zur Herstellung von Löthstellen dürfen Löthmittel, welche das Metall angreifen, nicht verwendet werden. Die fertige Verbindungsstelle ist entsprechend der Art der betreffenden Leitungen sorgfältig zu isoliren.

Abzweigungen von frei gespannten Leitungen sind von Zug zu entlasten.

Zum Anschlusse an Schalttafeln oder Apparate sind alle Leitungen über 25 Quadratmillimeter Querschnitt mit Kabelschuhen oder einer gleichwertigen Verbindungsart zu versehen. Drahtseile von geringerem Querschnitt müssen, wenn sie nicht gleichfalls Kabelschuhe erhalten, an den Enden verlöthet werden.

c) Kreuzungen von stromführenden Leitungen unter sich und mit sonstigen Metalltheilen sind so auszuführen, dass Berührung ausgeschlossen ist. Kann kein genügender Abstand eingehalten werden, so sollen isolirende Röhren übergeschoben oder isolirende Platten dazwischengelegt werden, um die Berührung zu verhindern. Röhren und Platten sind sorgfältig zu befestigen und gegen Lagenveränderung zu schützen.

d) Wand- und Deckendurchgänge. Für diese ist womöglich ein hinreichend weiter Kanal herzustellen, um die Leitungen der gewählten Verlegungsart entsprechend frei hindurchführen zu können. Ist dieses nicht angängig, so sind haltbare Rohre aus isolirendem Material — Holz ausgeschlossen — einzufügen, welche ein bequemes Durchziehen der Leitungen gestatten. Die Rohre sollen über die Wand- und Deckenflächen vorstehen. Ist bei Fussbodendurchgängen die Herstellung von Kanälen nicht zulässig, dann sind ebenfalls Rohre zu verwenden, welche jedoch mindestens 10 Centimeter über dem Fussboden vorstehen und vor Verletzungen geschützt sein müssen.

e) Schutzverkleidungen sid da anzubringen, wo Gefahr vorliegt, dass Leitungen beschädigt werden können, und sollen so hergestellt werden, dass die Luft zutreten kann. Leitungen können auch durch Rohre geschützt werden.

§ 10. Isolierung und Befestigung. Für die Befestigungsmittel und die Verlegung aller Arten Drähte gelten folgende Bestimmungen:

a) Isolierglocken dürfen im Freien nur in senkrechter Stellung, in gedeckten Räumen nur in solcher Lage befestigt werden, dass sich keine Feuchtigkeit in der Glocke ansammeln kann.

b) Isolierrollen und -ringe müssen so geformt und angebracht sein, dass der Draht in feuchten Räumen wenigstens 10 Millimeter und in trockenen Räumen wenigstens 5 Millimeter lichten Abstand von der Wand hat.

Bei Führung längs der Wand soll auf je 80 Centimeter mindestens eine Befestigungsstelle kommen. Bei Führung an den Decken kann die Entfernung im Anschluss an die Deckenkonstruktion ausnahmsweise grösser sein.

c) Klemmen müssen aus isolierendem Material oder Metall mit isolierenden Einlagen und Unterlagen bestehen.

Auch bei Klemmen müssen die Drähte von der Wand einen Abstand von mindestens 5 Millimeter haben. Die Kanten der Klemmen müssen so geformt sein, dass sie keine Beschädigung des Isoliermaterials verursachen können.

d) Mehrleiter dürfen nicht so befestigt werden, dass ihre Einzelleiter auf einander gepresst sind; metallene Bindedrähte sind hierbei nicht zulässig.

e) Rohre können zur Verlegung von isolierten Leitungen mit einer Isolation nach § 7 b oder c unter Putz, in Wänden, Decken und Fussböden verwendet werden, sofern sie den Zutritt der Feuchtigkeit dauernd verhindern. Es ist gestattet, Hin- und Rückleitungen in dasselbe Rohr zu verlegen; mehr als drei Leiter in demselben Rohr sind nicht zulässig. Bei Verwendung metallener Röhren für Wechselstromleitungen müssen Hin- und Rückleitungen in demselben Rohre geführt werden. Drahtverbindungen dürfen nicht innerhalb der Rohre, sondern nur in sogenannten Verbindungsdosen ausgeführt werden, welche jederzeit leicht geöffnet werden können. Die lichte Weite der Rohre, die Zahl und der Radius der Krümmungen, sowie die Zahl der Dosen müssen so gewählt werden, dass man die Drähte jederzeit leicht einziehen und entfernen kann.

Die Rohre sind so herzurichten, dass die Isolation der Leitungen durch vorstehende Teile und scharfe Kanten nicht verletzt werden kann; die Stossstellen müssen sicher abgedichtet sein. Die Rohre sind so zu verlegen, dass sich an keiner Stelle Wasser ansammeln kann. Nach der Verlegung ist die höher gelegene Mündung des Rohrkanals luftdicht zu verschliessen.

f) Holzleisten sind nicht gestattet.

g) Einführungsstücke. Bei Wanddurchgängen ins Freie sind Einführungsstücke von isolierendem und feuersicherem Materiale mit abwärts gekrümmtem Ende zu verwenden.

b) Bei Durchführung der Leitung durch hölzerne Wände und hölzerne Schalttafeln müssen die Öffnungen durch isolierende und feuersichere Tüllen ausgefüttert sein.

§ 12. Sicherungen. a) Sämmtliche Leitungen von der Schalttafel ab sind durch Abschmelzsicherungen zu schützen.

b) Die Sicherung ist, mit Ausnahme des unter g angeführten Falles, lediglich nach dem Querschnitt des dünnsten von ihr gesicherten Drahtes zu bemessen, und zwar bestimmt sich die höchste zulässige Abschmelzstromstärke nach folgender Tabelle:

Drahtquerschnitt in Quadratmillimeter	Betriebsstromstärke in Ampère	Abschmelzstromstärke in Ampère
0,75	3	6
1	4	8
1,5	6	12
2,5	10	20
4	15	30
6	20	40
10	30	60
16	40	80
25	60	120
35	80	160
50	100	200
70	130	260
95	160	320
120	200	400
150	230	460
210	300	600
300	400	800
500	600	1200

Es ist zulässig, die Sicherung für eine Leitung schwächer zu wählen, als sie nach dieser Tabelle sein sollte.

c) Sicherungen sind an allen Stellen, wo sich der Querschnitt der Leitung ändert, auf sämtlichen Polen der Leitung anzubringen, und zwar in einer Entfernung von höchstens 25 Centimeter von der Abzweigstelle. Das Anschlussleitungsstück kann von geringerem Querschnitt sein als die Hauptleitung, welche durch dasselbe mit der Sicherung verbunden wird, ist aber in diesem Falle von entzündlichen Gegenständen feuersicher zu trennen und darf dann nicht aus Mehrfachleitern hergestellt sein. Bei Anlagen nach dem Hopkinson'schen Dreileitersystem sollen im Mittelleiter Sicherungen von der $1\frac{1}{2}$-fachen Stärke der Aussenleitersicherungen angebracht werden; liegt der Mittelleiter jedoch dauernd an Erde, so sind überhaupt keine Mittelleitersicherungen anzuwenden.

e) Sicherungen sind möglichst zu centralisieren und in handlicher Höhe anzubringen.

g) Mehrere Verteilungsleitungen können eine gemeinsame Sicherung erhalten, wenn der Gesamtstromverbrauch 8 Ampère nicht überschreitet.

Die gemeinsame Sicherung darf für eine Betriebsstromstärke bis 8 Ampère bemessen sein.

h) Bewegliche Leitungsschnüre zum Anschluss von transportablen Beleuchtungskörpern und von Apparaten sind stets mittels Wandkontakt und Sicherheitsschaltung abzuzweigen, welch' letztere der Stromstärke genau anzupassen ist.

i) Ist die Anbringung der Sicherung in einer Entfernung von höchstens 25 Centimeter von den Abzweigestellen nicht angängig, so muss die von der Abzweigestelle nach der Sicherung führende Leitung den gleichen Querschnitt wie die durchgehende Hauptleitung erhalten.[1]

k) Innerhalb von Räumen, wo betriebsmässig leicht entzündliche oder explosive Stoffe vorkommen, dürfen Sicherungen nicht angebracht werden.

§ 14. Widerstände und Heizapparate, bei welchen eine Erwärmung um mehr als 50° C. eintreten kann, sind derart anzuordnen, dass eine Berührung zwischen den wärmeentwickelnden Teilen und entzündlichen Materialien, sowie eine feuergefährliche Erwärmung solcher Materialien nicht vorkommen kann.

Widerstände sind auf feuersicherem, gut isolierendem Material zu montieren und mit einer Schutzhülle aus feuersicherem Material zu umkleiden. Widerstände dürfen nur auf feuersicherer Unterlage, und zwar freistehend oder an feuersicheren Wänden angebracht werden. In Räumen, wo betriebsmässig Staub, Fasern oder explosible Gase vorhanden sind, dürfen Widerstände nicht aufgestellt werden.

II. Hochspannung.

§ 2. Warnungszeichen. Träger und Schutzverkleidungen von Hochspannungsleitungen müssen durch einen deutlich sichtbaren, roten Zickzackpfeil (Blitzpfeil) gekennzeichnet sein. Wo Kabel oder metallumhüllte Leitungen in oder an Decken, Wänden und Fussböden verlegt sind, muss der Verlauf der Leitungen durch das gleiche Zeichen kenntlich gemacht werden. Ausserdem ist an geeigneten Stellen durch Anschlag auf die Bedeutung dieses Zeichens aufmerksam zu machen.

§ 3. Übertritt hoher Spannungen. Die Entstehung hoher Spannung in Niederspannungsstromkreisen muss verhindert oder ungefährlich gemacht werden.

§ 4. Erdschluss benachbarter Metallteile. Die äussere metallische Umhüllung von Leitungen (mit Ausnahme von direkt in die Erde verlegten Kabeln), Schutzdrähte, Schutznetze und die metallische Um-

---

[1] Die „Vorsichtsbedingungen" des Verbandes Deutscher Privat-Feuerversicherungsgesellschaften gestatten in § 4a ebenfalls, dass das Leitungsstück bis zur Sicherung, falls deren Entfernung von der Abzweigestelle maximal 25 cm beträgt, geringeren Querschnitt hat, als die Hauptleitung, von der es abzweigt. Es wird aber die Bedingung gestellt, dass das betreffende Leitungsstück in diesem Fall „von feuersicheren Hüllen derart umgeben ist, dass es von brennbaren Gegenständen feuersicher getrennt ist". — Als selbstverständlich ist hier stillschweigend vorausgesetzt, dass das Leitungsstück zwischen Hauptleitung und Sicherung keinen geringeren Querschnitt hat als die Abzweigleitung hinter der Sicherung.

hüllung der Schutzkasten und Schutzverkleidungen von stromführenden Teilen müssen durchgängig geerdet sein.

§ 12. **Sicherungen.** a) Sämmtliche Leitungen, welche von der Schalttafel nach aussen führen, sind durch Abschmelzsicherungen oder andere selbstthätige Stromunterbrecher zu schützen; ausgenommen ist die neutrale Hauptleitung (Nullleitung) bei Mehrleitersystemen, welche keine Sicherung enthalten darf.

c) Sicherungen müssen derart konstruirt und angebracht sein, dass sie auch unter Spannung gefahrlos gehandhabt werden können.

§ 13 **Blitzschutzvorrichtungen.** Alle Maschinen und Apparate, welche mit Freileitungen in Verbindung stehen, müssen an passenden Stellen durch Blitzschutzvorrichtungen gesichert sein, die auch bei wiederholten Blitzschlägen wirksam bleiben.

§ 15. a) Die Abstände stromführender Leitungen von einander und von fremden Gegenständen sind derart zu bemessen, dass sowohl Berührung als auch Stromübergang ausgeschlossen ist.

§ 16. b) **Höhe der Freileitungen.** Freileitungen müssen mindestens 6 m, bei Wegübergängen mindestens 7 m von der Erdoberfläche entfernt sein.

c) **Freileitungen** in der Nähe von Gebäuden sind so anzubringen, dass sie von den Gebäuden aus ohne besondere Hülfsmittel nicht zugänglich sind.

§ 17. **Schutzmassregeln bei Freileitungen.** a) Für Freileitungen längs öffentlicher Wege ausserhalb von Ortschaften müssen Vorrichtungen angebracht werden, welche bei Bruch der Leitungen oder der Isolatoren ein Herabfallen der Leitungen hindern oder sie spannungslos machen.

b) **Schutzdrähte** sind zu verwenden in Ortschaften, ferner über einzeln liegenden bebauten Grundstücken und bei Kreuzungen öffentlicher Wege.

c) Freileitungen in Ortschaften müssen streckenweise während des Betriebes ausschaltbar sein.

d) **Gegenseitiger Schutz benachbarter Leitungen.** Bei parallelem Verlauf von Hochspannungsfreileitungen mit andern Leitungen sind dieselben so zu führen oder es sind solche Vorkehrungen zu treffen, dass eine Berührung der beiden Arten von Leitungen mit einander erschwert und ungefährlich gemacht wird.

Bei Kreuzungen mit anderen Leitungen sind Schutznetze oder Schutzdrähte zu verwenden, sofern nicht durch Konstruktion des Gestänges auch im Falle eines Drahtbruches die gegenseitige Berührung ausgeschlossen ist.

Wenn Telephonleitungen an einem Hochspannungsgestänge geführt sind, so müssen die Telephonstationen so eingerichtet sein, dass eine Gefahr für die Sprechenden ausgeschlossen ist.

Wenn Niederspannungsleitungen an einem Hochspannungsgestänge geführt werden, so sind Vorrichtungen anzubringen, die bei Bruch der Leitungen oder Isolatoren eine Berührung der beiden Arten von Leitungen mit einander oder das Auftreten hoher Spannung in den Niederspannungsleitungen verhindern.

Bezüglich der Sicherung vorhandener Telephon- und Telegraphenleitungen gegen Hochspannungsleitungen wird auf § 12[1]) des Telegraphengesetzes vom 6. April 1892 verwiesen.

c) **Mechanische Festigkeit der Freileitungen und des Gestänges.** Freileitungen müssen mit Rücksicht auf mechanische Festigkeit einen Mindestquerschnitt von 10 qmm haben.

Spannweite und Durchgang müssen derart bemessen werden, dass Gestänge aus Holz mit 10-facher und aus Eisen mit 5-facher Sicherheit und Leitungen bei −25°C mit 5-facher Sicherheit ausgeführt sind. Dabei ist der Winddruck mit 125 kg für 1 qm senkrecht getroffener Fläche in Rechnung zu bringen.

§ 18. **Leitungen in und an Gebäuden.** a) Blanke Leitungen sind in Gebäuden nur in feuersicheren Räumen ohne brennbaren Inhalt zulässig.

b) Blanke Leitungen müssen an aufrechtstehenden Isolierglocken befestigt werden, desgleichen isolierte Leitungen, sofern sie nicht in Schutzrohre mit geerdeter Metallumhüllung eingezogen sind (vergl. § 19).

c) Alle Hochspannungsleitungen in und an Gebäuden müssen durch geeignete Schutzverkleidung gegen Berührung und Beschädigung gesichert sein. Diese Schutzverkleidung muss, soweit sie der Berührung durch Personen zugänglich ist, aus geerdetem Metall bestehen oder mit einer geerdeten Metallumhüllung versehen sein.

An besonders unzugänglichen Stellen, wie z. B. Giebelwänden, kann die Schutzverkleidung durch ein Schutznetz von 15 cm Maschenweite ersetzt werden.

Der Abstand zwischen der Leitung, einerlei ob sie blank oder isoliert ist, und Gebäudeteilen oder der Schutzverkleidung darf an keiner Stelle weniger als 10 cm betragen. Ausgenommen hiervon sind Wand- und Deckendurchgänge, für welche die Vorschrift d gilt.

Bei eisenarmierten Bleikabeln und metallumhüllten Leitungen kann die Schutzverkleidung wegfallen; dieselben können unter Berücksichtigung der §§ 2, 4, 19 und 22 in oder an Wänden, Decken und Fussböden zugänglich verlegt werden.

d) **Wand- und Deckendurchgänge.** Bei Wand- und Deckendurchgängen muss entweder, unter Einhaltung einer Mindestentfernung von 5 cm zwischen Wand und Leitung, ein Kanal hergestellt werden, welcher die Durchführung der Leitung auf Isolierglocken gestattet, oder es sind Porzellan- oder gleichwertige Isolierrohre zu verwenden, deren Enden mindestens 5 cm aus der Wand hervorragen, nach Aussen und nach feuchten Räumen hin aber als Isolierglocken ausgebildet sein müssen. Für jede

---

[1]) Dieser Paragraph lautet: Elektrische Anlagen sind, wenn eine Störung des Betriebes der einen Leitung durch die andere eingetreten oder zu befürchten ist, auf Kosten desjenigen Teiles, welcher durch eine spätere Anlage oder durch eine später eintretende Änderung seiner bestehenden Anlage diese Störung oder die Gefahr derselben veranlasst, nach Möglichkeit so auszuführen, dass sie sich nicht störend beeinflussen.

Leitung ist, abgesehen von Mehrleiterkabeln, ein besonderes Rohr vorzusehen.

Diese Bestimmung findet auf eisenarmierte Bleikabel keine Anwendung.

§ 19. Schutzrohre. a) Schutzrohre müssen aus widerstandsfähigem Metall bestehen und eine Wandstärke von mindestens 1 mm besitzen.

b) Die Rohre sind so herzurichten, dass die Isolation der Leitungen durch vorstehende Teile und scharfe Kanten nicht verletzt werden kann; Stossenden müssen zum Zweck der Erdung elektrisch leitend verbunden sein. Die Rohre sind so zu verlegen, dass sich an keiner Stelle Wasser ansammeln kann.

Die lichte Weite der Rohre, die Zahl und der Radius der Krümmungen müssen so gewählt werden, dass man die Drähte ohne besondere Schwierigkeit einziehen und entfernen kann.

c) Drahtverbindungen dürfen nicht innerhalb der Rohre liegen.

d) Bei Gleichstrom dürfen Hin- und Rückleitung in dasselbe Rohr verlegt werden; mehr als 3 Leiter in demselben Rohre sind nicht zulässig.

Bei Schutzrohren mit eiserner Hülle für Ein- oder Mehrphasenstrom müssen sämmtliche zu einem Stromkreise gehörigen Leitungen in demselben Rohre verlegt sein.

b) Anderweitige Vorschriften.

I. Board of Trade.

§ 11. Augenblicksausschalter für Hochspannungsleitungen etc. Alle Leitungen, Apparate etc. in Hochspannungsleitungen müssen durch passende, selbstthätige Augenblicksausschalter geschützt werden.

Für den Aussenleiter einer koncentrischen Leitung, der mit Genehmigung des Board of Trade an Erde gelegt ist, sind die Unternehmer zur Anordnung eines solchen Ausschalters nicht verpflichtet.

§ 12. Transformatoren. In allen Fällen, wo ein Hochspannungsstrom zur Speisung von Konsumentenleitungen transformiert wird, sind selbstthätige Augenblicksausschalter vorzusehen, welche die Konsumentenleitungen gegen zufällige Berührungen mit den Hochspannungsleitungen, entweder in- oder ausserhalb der Transformatoren, oder gegen Stromübergänge aus denselben schützen.

Luftleitungen. § 16. Grösster Abstand zwischen den Trägern. Jede Luftleitung ist auf Trägern zu befestigen, die nicht weiter als 200 Fuss (61 m) auf gerader Strecke und als 150 Fuss (45 m) in Kurven von einander entfernt sind.

§ 17. Konstruktion und Aufstellung der Träger. Jeder Luftleitungsträger muss von dauerhaftem Material und gegen Winddruck, seitlichen Zug des Drahtes oder die Wirkungen ungleichmässiger Spannung desselben genügend versteift sein. Der

Sicherheitsfaktor soll für Luftlinien und Spanndrähte mit wenigstens 6, für alle anderen Teile der Linie mit wenigstens 12, der Winddruck mit dem Höchstwert von 50 lbs per Quadratfuss (240 kg per m²) angenommen werden. Für Schneebelastung ist kein besonderer Zuschlag erforderlich.

§ 18. **Befestigung der Luftleitungen.** Luftleitungen sind an den Isolatoren zu befestigen und so zu sichern, dass sie nicht von den Trägern herabfallen können. Für isolierte Leitungen dürfen keine unisolierten Schlingen verwendet werden.

§ 19. **Höhe über der Erde und Entfernung von Gebäuden.** Kein Teil einer Luftleitung darf weniger als 18 Fuss (5,5 m), bei Strassenkreuzungen weniger als 30 Fuss (9,1 m) von der Erdoberfläche entfernt sein. — (In der Grafschaft London 20 bezw. 30 Fuss.) — Die wagerechte Entfernung von Gebäudeteilen und anderen Gegenständen, ausser den Leitungsträgern, muss wenigstens 5 Fuss (1,5 m), die senkrechte Entfernung wenigstens 7 Fuss (2,1 m) betragen, ausgenommen wenn die Leitungen in ein Gebäude eingeführt werden.

§ 20. **Einführungsleitungen, von Luftleitungen ausgehend.** Von Luftleitungen ausgehende Einführungsleitungen sind so direkt als möglich an Isolatoren zu führen, welche auf dem Grundstück des Konsumenten (am Gebäude etc.), nur mittels einer Leiter erreichbar, befestigt sind. Von dieser Stelle an müssen sie umhüllt und geschützt sein, wie weiter unten für die Konsumentenleitungen festgesetzt ist. Jeder Teil einer Einführungsleitung, der ausserhalb eines Gebäudes, aber weniger als 7 Fuss (2,1 m) von demselben entfernt ist, ist gänzlich in eine starke Gummiröhre einzuschliessen.

§ 21. **Kreuzungswinkel bei Strassen.** Bei Kreuzungen einer Luftleitung mit einer Strasse soll der Kreuzungswinkel nicht unter 60° betragen. Die Spannweite soll so klein als möglich sein.

§ 22. **Kreuzen von Drähten.** Wenn eine Luftleitung in der Nähe von Metallgegenständen vorüberführt, so haben die Unternehmer Vorsorge zu treffen, dass Berührungen auch beim Eintreten von Brüchen nicht stattfinden können.

§ 23. **Spanndrähte.** Jede Hochspannungsleitung soll mittels isolierender Schlingen an Spanndrähten aufgehängt werden, sodass sie einer nennenswerten durch ihr Eigengewicht verursachten Zugbeanspruchung nicht ausgesetzt ist. Alle Spanndrähte, ob von Eisen oder Stahl, sind zu verzinken.

§ 24. **Ausschaltvorrichtungen für Feuersbrünste.** Bei Luftleitungen, die eine Länge von mehr als ½ engl. Meile (800 m) besitzen, sind Einrichtungen vorzusehen, durch welche die neben oder über Gebäuden verlaufenden Teile der Leitung bei Feuersgefahr oder dgl. ohne Zeitverlust ausser Verbindung mit der Stromquelle gebracht werden können.

§ 25. **Instandhaltung.** Jede Luftleitung einschliesslich der Träger, Konstruktionsteile und elektrischen Einrichtungen, die mit ihr in Verbindung stehen, ist sorgfältig zu überwachen und in Stand zu halten.

Sonstige Leitungen betreffend. § 27. **Konstruktion der Gehäuse für elektrische Leitungen.** Alle Kanäle, Röhren, Gehäuse und Verteilungskästen müssen aus dauerhaftem Material hergestellt und, falls sie unter Fahrstrassen verlegt werden, von genügender Stärke sein, um durch die höchsten Belastungen keine Beschädigungen zu erleiden. Die Unternehmer haben Vorsorge gegen Ansammlung von Gasen in den Kanälen etc. zu treffen.

§ 28. **Kreuzung von Rohrleitungen u. dgl.** Wenn elektrische Leitungen irgend welche metallischen Gegenstände kreuzen oder in deren Nähe vorüberführen, so sind Massregeln zu treffen, um diese Gegenstände gegen elektrische Entladungen aus den Leitungen oder den diese einschliessenden, metallenen Rohrleitungen zu sichern.

§ 29. **Elektrische Leitungsfähigkeit metallener Kanäle, Rohrleitungen, Gehäuse etc.** Alle metallenen Kanäle, Rohrleitungen oder Gehäuse für elektrische Leitungen sollen an Erde gelegt, und ihre einzelnen Längen, Teile etc., auch durch die Verteilungskästen hindurch, so verbunden werden, dass sie in ihrer ganzen Ausdehnung gute elektrische Verbindung haben.

§ 30. **Vorsichtsmassregeln gegen die Möglichkeit elektrischer Ladungen einzelner kurzer Strecken der Kanäle.** Wenn zum Schutz der Leitungen an Strassenkreuzungen oder ähnlichen Stellen einzelne Längen von metallenen Kanälen, Röhren oder Gehäusen verwendet werden, so ist durch besondere Massregeln zu verhindern, dass diese Schutzkästen elektrische Ladungen annehmen können.

§ 31. **Vorsichtsmassregeln bei Anwendung blanker Leitungen.** Blanke oder nur teilweise isolierte Leitungen in Kanälen sind gegen Verschiebungen aus ihrer Lage zu sichern. Irgend welche unisolierten Gegenstände aus leitendem Stoff dürfen nicht unbefestigt in den Kanälen belassen werden. Kein solcher Leiter darf für einen Strom von mehr als 300 V Spannung benutzt werden.

Gegen die Ansammlung von Wasser in irgend einem Teil der Kanäle oder den Zutritt von Feuchtigkeit zu den Leitungen und Isolatoren sind entsprechende Vorsichtsmassregeln zu treffen.

Bei Leitungsanlagen dieser Art, welche nach Erlass dieser Vorschriften errichtet werden, müssen die Isolatoren leicht zugänglich sein.

Consumstellen betreffend. § 39. **Leitungen und Apparate auf der Konsumstelle.** Alle elektrischen Leitungen und Apparate auf einer Konsumstelle sollen gut isoliert und durchaus geschützt sein gegen Verletzungen der Isolation oder den Zutritt von Feuchtigkeit. Kein mit der Leitung in Verbindung befindlicher Metallteil, sofern er nicht gut leitend an Erde gelegt ist, darf der Berührung ausgesetzt sein. Alle Leitungen sind so zu befestigen und zu schützen, dass Stromübergänge auf benachbarte Metallgegenstände nicht stattfinden können.

§ 40. **Transformatoren und Hochspannungapparate.** In Hochspannungsanlagen, bei denen Transformatoren auf den Grundstücken von Konsumenten sich befinden, sind die sämmtlichen Hochspannungsteile (die Einführungsleitungen und sonstigen Apparate) einschliesslich des Transformators gänzlich in solides Mauerwerk oder in feste Metallumhüllungen einzuschliessen, die in gut leitende Verbindung mit Erde gesetzt sind.

§ 41. **Bei Isolationsfehlern in den Konsumentenleitungen darf der Anschluss nicht bewirkt werden.** Die Unternehmer dürfen die Leitungen eines Konsumenten nicht an die übrigen anschliessen, wenn sie sich nicht davon überzeugt haben, dass durch die anzuschliessenden Leitungen kein Stromverlust verursacht wird, der grösser ist, als ein Zehntausendstel des an den Konsumenten zu liefernden Stromes.

II. Schweizer Regulativ.

Blitzschutz. Art. 18. Oberirdische Hauptleitungen sind an ihren Enden mit Blitzschutzvorrichtungen zu versehen.

Art. 19. Die Blitzplatten welche mit Leitungen verschiedener Polarität und Spannung verbunden sind, sollen mit besonderen Erdplatten versehen werden. Wo dies mit Schwierigkeiten verbunden ist, muss gegen das Entstehen von Kurzschlüssen Vorsorge getroffen werden.

Bei Niederspannungslinien von geringer Länge ist die Verwendung einer gemeinsamen Erdplatte zulässig.

Art. 20. Für die Erdverbindungen ist ein Kupferdraht oder Kupferband von mindestens 28 mm² Querschnitt erforderlich; dieselben müssen an Gemäuerlichkeiten isoliert und gegen zufällige Berührungen geschützt sein.

Art. 21. Gasleitungen dürfen weder als Erdleitungen noch als Erdplatten benutzt werden.

Leitungen. Art. 23. Armierte Kabel können ohne weiteres in die Erde verlegt werden; nicht armierte Kabel sind durch Kanäle aus Thon, Cement oder imprägnirtem Holz zu schützen.

Rückleitungskabel bei elektrischen Bahnen und Mittelleiter bei Mehrleiter-Gleichstromanlagen können blank und ohne weiteren Schutz verlegt werden.

Art. 24. Für die Leitungsstangen ist stets gut imprägnirtes Holz zu verwenden, insofern wenigstens die örtlichen Verhältnisse es erlauben, solches ohne zu grosse Mehrkosten zu beschaffen.

Der minimale Durchmesser tannener Stangen von:

	8	10	12	16	20 m Länge
soll am Fussende . .	18—25	20—28	24	28	32 cm
soll am Kopfende . .	12—14	12—14	15	15	15 «

betragen.

Wenn auf der Spitze der Stange kein Isolator angebracht wird, so ist das Stangenende durch eine Metallkappe zu schützen.

Die Stangen sind auf eine der Natur des Bodens entsprechende genügende Tiefe einzugraben, gut zu verrammen und wo nötig zu verankern oder zu verstreben.

Ankerdrähte, welche an Gebäuden befestigt sind, müssen von den Gestängen elektrisch isoliert oder nach Art. 20 mit der Erde verbunden sein.

Art. 25. Porzelanisolatoren mit einfacher Glocke, Isolirrollen, sowie überhaupt Isolatoren von weniger als 8 cm Höhe sollen beim Bau von oberirdischen Starkstromleitungen nicht verwendet werden.

Art. 27. Beim Bau von Hochspannungsleitungen sind noch folgende specielle Vorschriften zu beachten:

    a) Die Isolatoren und Gestänge von Hochspannungsleitungen sind mit roter Farbe zu kennzeichnen.

    b) An begangenen Orten sind ausserdem an den Stangen noch Aufschriften anzubringen, welche das Publikum auf die Gefahr aufmerksam machen; solche Aufschriften müssen stets auch an Mauerkonsolen und Dachständern angebracht werden, wenn dieselben Hochspannungsleitungen tragen.

    c) Bei Strassen- und Wegeübergängen ist jeweilen unter der Leitung ein Schutznetz anzubringen, dessen Spanndrähte an Isolatoren zu befestigen oder nach Art. 20 mit einer Erdleitung zu versehen sind.

    d) Die tiefsten Punkte der untersten Leitungsdrähte sollen sich mindestens 6 m und bei Strassenkreuzungen mindestens 8 m über Boden befinden.

    e) Der Abstand zwischen Hochspannungsdrähten und Obstbäumen oder zugänglichen Gebäudeteilen soll so gross sein, dass die Drähte ohne Anwendung besonderer Hulfsmittel nicht berührt werden können.

    f) Eiserne Drahtständer und Pfeiler sind mit Blitzableitern zu versehen und mit diesen an Erde zu legen gemäss Art. 18, 20 u. 21.

    g) Die Erdleitungen der Stangenblitzableiter und die Ankerdrähte dürfen die eisernen Isolatorenstützen nicht berühren. Die Verankerungen sind unterhalb der Drähte durch Einschalten von Isolatoren elektrisch zu unterbrechen oder nach Art. 20 an Erde zu legen.

    h) Für die Kreuzungen von Eisenbahnen gelten im Allgemeinen die Bestimmungen unter c.

Gestänge und Träger, deren Abstand vom Bahnplanum geringer ist als ihre Höhe, sind entweder nach der äussern Seite der Art metallisch zu verankern, dass sie bei Bruch nicht auf das Bahnplanum fallen können, oder sie sind ganz aus Eisen herzustellen und in diesem Fall ausreichend stabil zu fundieren. Für Hochspannungsleitung sind die Fangnetze über der Bahn allseitig zu schliessen.

i) Hochspannungsverteilleitungen, welche isolierte Verteilungscentren speisen, sind an der Abzweigungsstelle von der Hauptleitung mit Linienausschaltern zu versehen.

k) Die wichtigsten Verteilungscentren sind telephonisch mit der Primärstation zu verbinden, wobei die Telephonleitung auf den Gestängen der Hochspannungsleitung montiert werden kann.

Die Telephonapparate und der Fussboden vor denselben sind mit Gummi und Porzellan von der Erde zu isolieren oder es ist in die Telephonleitung vor dem Apparate ein für die Hochspannung isolierter Transformator einzuschalten.

Die Telephonstationen sollen der Ortspolizei und der Feuerwehr stets zugänglich sein; ferner ist für jedes Verteilungsgebiet ein Mann zu bezeichnen, welcher in Notfällen die Hochspannungs-Linienausschalter zu bedienen hat.

l) Hochspannungs-Erdkabel müssen armiert sein oder es sind dieselben, falls nicht armierte Kabel zur Verwendung kommen, in besondere Schutzkanäle aus Thon, Cement, Eisen, imprägnirtem Holz und dergl. unterzubringen; dabei dürfen in dieselben Kanäle keine Niederspannungskabel verlegt werden

Art. 28. Das Montieren von Hochspannungs- und Niederspannungs-Luftleitungen auf denselben Gestängen ist nur dann ausnahmsweise zulässig, wenn der niedergespannte Strom vor seiner Verwendung nochmals transformiert wird, oder wenn die beiden Stromkreise durch ein Schutznetz von einander getrennt werden.

Innen-Installationen betreffend. Art. 33. Das Verlegen von Drähten in genutete Leisten ist nur in trockenen Räumen zulässig. Diese Leisten müssen aus gut getrocknetem Holz hergestellt und mittels Deckeln verschlossen werden. Der Steg, welcher die beiden Nuten trennt, soll mindestens 1 cm breit sein.

Werden die Leitungen offen montiert, so müssen sie durch eine Bandumwickelung oder ein Geflecht geschützt und auf Unterlagen aus unverbrennlichem, nicht hygroskopischem Isoliermaterial in mindestens 5 mm Abstand von den Wänden und Decken befestigt werden.

Art. 37. Die Drahtschutzleisten müssen an den Stössen gut zusammengepasst sein. Die Leitungsdrähte in denselben sollen nur durch den Deckel gehalten werden. In jede Nute darf nur ein Leitungsdraht gelegt werden.

Bei Kreuzungen von Gas- und Wasserleitungsröhren ist die Isolierung der Drähte elektrisch und mechanisch zu verstärken.

Für die Durchführung durch Mauern und Decken sind widerstandsfähige Schutzrohre zu verwenden. Bestehen dieselben aus Metall, so sind sie inwendig noch zu isolieren, wobei die Isolierung etwas über die Rohrenden vorstehen soll.

Werden mehrere Drähte durch ein Rohr geführt, so ist Vorsorge zu treffen, dass der Abstand zwischen den Drähten, welcher nicht weniger als 1 cm betragen darf, sich nachträglich nicht ändern kann.

Art. 38. Die Verwendung sogen. Doppeldrähte, welche unter demselben Geflecht oder Deckband 2 von einander getrennte Leitungsdrähte enthalten, ist zulässig, wenn diese letzteren gegenseitig ausreichend isoliert sind.

Art. 39. Flexible Drahtleitungen sollen so viel als möglich vermieden werden; sie sind derart mit den Apparaten zu verbinden, dass die Drahtisolierung durch Zug nicht zerrissen werden kann. Die Anschlüsse derselben an homogene Drähte sind sorgfältig zu verlöthen; bei jeder Anschlussstelle ist eine einpolige Bleisicherung einzuschalten.

Von flexiblen Drähten dürfen keine anderen Leitungen abgezweigt werden.

Art. 40. Alle Drahtverbindungen sind zu löthen. Beim Verlöthen darf weder Löthsalz noch Säure verwendet werden.

Die Löthstelle soll weder in mechanischer noch in elektrischer Beziehung einen schwachen Punkt der Leitung bilden; dieselbe ist sorgfältig zu isolieren und zwar mit Materialien, welche der Isoliermasse der Drähte elektrisch mindestens gleichwertig sind.

Art. 41. Es ist wünschbar, dass die verschiedenen Stromkreise von Verteilungstableaux ausgehen und dass die Unterteilung eine möglichst weitgehende ist. Diese Tableaux sind von den Mauern zu isolieren und die Draht- und Kabelanschlüsse, soweit thunlich, auf der Vorderseite anzuordnen; dabei sind die nötigen Vorsichtsmassregeln zu treffen, dass Kurzschlüsse beim Bedienen der Tableaux vermieden werden können.

Art. 42. Jeder Stromkreis ist an einer Abzweigstelle doppelt zu sichern, desgleichen jede Abzweigung, in welcher eine Stromintensität von 5 A auftreten kann. Diese Sicherungen sollen leicht zugänglich sein, doch dürfen sich in deren Nähe keine leicht entzündlichen Stoffe befinden.

III. Wiener Verein.

§ 10. Die Verwendung nicht isolierter (blanker) Leitungen ist nur im Freien und nicht in geringerer Höhe als 3,5 m vom Boden gestattet; ausgenommen sind Rheostate, wobei aber diese im Sinne von No. 6 geschützt sein müssen.

In gedeckten, geräumigen Lokalen, wie Hallen, grösseren Werkstätten u. s. w. dürfen indessen blanke Leitungen auch verwendet werden, wenn sie in nicht geringerer Höhe als 4 m vom Boden auf Porzellan-Isolatoren geführt und gegen Berührung mit brennbaren oder metallischen Konstruktionsteilen des Gebäudes vollständig geschützt sind.

§ 12. Blanke Leitungen sind, falls zwischen ihnen eine Spannungsdifferenz herrscht, in einem wagerechten Abstande von mindestens 15 und in einem lotrechten Abstande von mindestens 30 cm zu führen. (Derartige Leitungen sind im übrigen nach den Normen, welche für die Staats-Telegraphenleitungen gelten, zu verlegen.)

§ 13. Isolierter, d. h. seiner ganzen Länge nach durch nichtleitende Stoffe geschützter Draht soll von parallel laufenden Drähten in einem Abstande von mindestens 40 mm geführt werden, von Metall zu Metall gemessen.

Übersteigt indessen die Spannungsdifferenz zwischen irgend zwei Punkten der Leitung 150 V, so ist dieser Abstand für jede weiteren 50 V oder Bruchteile davon um 10 mm zu erhöhen.

§ 14. Ausgenommen von dieser Bestimmung sind besonders gut isolierte Drähte, wenn der Isolationswiderstand eines Drahtes, welcher 24 Stunden im Wasser gelegen hat, gegen das Wasser mindestens $2000 . E$ Ohm/km beträgt, worin E die in dem betreffenden Stromkreise vorkommende grösste Spannungsdifferenz in V bedeutet.

§ 15. Alle Leitungen, welche in feuchten Räumen oder an feuchten Stellen geführt werden, müssen auf Isolatoren gespannt werden, ausgenommen, die Isolation der Leitung selbst entspricht den Bedingungen unter No. 14.

§ 18. Teile der Leitung, die zeitweiligen Platzveränderungen unterworfen sind (Zuführungskabel für transportable Lampen u. s. w.), sollen eine besonders gute Isolation aufweisen und ausserdem eine möglichst widerstandsfähige äussere Hülle haben. Solche Zweigleitungen müssen stets durch Abschmelzapparate geschützt sein.

§ 23. Kolophonium oder Säuren dürfen zum Löten von Verbindungsstellen nicht verwendet werden, sondern nur ein Lötsalz, welches keine freien Säuren enthält, unter Anwendung eines gut verzinnten Kolbens. Bei feindrähtigen Kabeln darf eine Lötlampe nicht verwendet werden.

§ 24. Bei Klemmverbindungen für Ströme von mehr als 100 A Stromstärke ist eine Sicherung gegen das Loswerden anzubringen; alle Enden der Leitungen müssen vor dem Verlöten oder Einklemmen sorgfältig metallisch-rein gemacht und vor dem Verlöten womöglich verzinnt werden.

Bei der Verbindung isolierter Leiter untereinander ist von der Isolierung nur so viel zu entfernen, als unbedingt erforderlich ist.

Alle Verbindungsstellen sind dann besonders sorgfältig wieder zu isolieren.

Es ist darauf zu achten, dass der Übergangswiderstand an der Verbindungsstelle kleiner ist, als an den übrigen Teilen der Leitung.

§ 25. **Scharfe Biegungen** der Drähte oder Kabel sind zu vermeiden; auch ist darauf Rücksicht zu nehmen, dass die Leitung nicht irgendwie mechanisch verletzt werden kann.

§ 26. Bei Spannungen von mehr als 500 V für Gleichstrom und mehr als 200 V für Wechselstrom sind die Leitungen so zu führen, dass sie Unberufenen **nicht leicht zugänglich** sind. Die Führung der Leitungen in Mauerschlitzen oder unter dem Fussboden ist bei diesen Spannungen unzulässig.

Über **flache Dächer** müssen derartige Leitungen 2,5 m, über Giebeldächer 0,5 m hoch geführt werden.

§ 28. An **Kreuzungsstellen** müssen die Leitungen besonders gut befestigt werden, und bei allen Leitern, welche nicht der Bestimmung unter No. 14 entsprechen, müssen die sich kreuzenden Leiter ausserdem durch ein gut isolierendes Material von einander getrennt werden.

Dabei muss die isolierende **Platte** eine Seitenlänge haben, welche mindestens doppelt so gross ist, wie der unter No. 13 vorgeschriebene Abstand der Leitungen.

Statt dessen genügt es auch, wenn der eine der sich kreuzenden Leiter in einem vorzüglich isolierenden, unter Umständen gegen Bruch geschützten **Rohre** von der gleichen Länge geführt ist. Es ist ebenfalls zulässig, die Kreuzung in Form eines **Bügels** auszuführen, wenn dabei der unter No. 13 vorgeschriebene Abstand eingehalten und dafür Sorge getragen wird, dass eine Annäherung oder Berührung der Leiter unmöglich wird.

§ 30. Sind die Leitungen mit **Klammern** befestigt, so dürfen letztere nicht mehr wie 1 m von einander entfernt angebracht sein; bei Biegungen ist deren Abstand noch kürzer zu halten. Wo die Leitungen zu geschraubten Verbindungen (z. B. an Ausschaltern) führen, darf die nächste Klammer höchstens 100 mm entfernt sein.

§ 32. Bei allen Leitungen, in welchen Ströme von mehr als 5 A vorkommen können, sind **selbstthätige Stromunterbrecher** (z. B. Abschmelzdrähte) anzubringen, welche bewirken, dass die Stromstärke in keinem Teile der Leitung das Doppelte der unter No. 4 als zulässig erklärten normalen Beanspruchung überschreiten kann.

Bewirken diese Vorrichtungen eine Leitungsunterbrechung, so muss diese auf eine so grosse Länge erfolgen, dass ein Lichtbogen sich nicht bilden kann.

§ 33. Stromunterbrecher und Ausschalter müssen an ganz **trockenen** Plätzen oder in **wasserdichten** Kästen angebracht sein, womöglich in vertikaler Stellung und leicht zugänglich.

§ 34. Sämmtliche Kontaktstellen sind stets **metallisch-rein** zu halten.

§ 35. Bei Leitungen, in denen der stärkste unter normalen Umständen vorkommende Strom 30 A überschreitet, müssen an **beiden Polen** selbstthätige Stromunterbrecher angebracht sein; bei geringeren Stromstärken genügt es, wenn die Stromunterbrecher an einem

Pole der Leitung angebracht sind, doch müssen in diesem Falle sämmtliche Stromunterbrecher eines geschlossenen Leitungsnetzes an demselben Pole angebracht sein.

§ 36. Bei Mehrleitersystemen sind bei Stromstärken von mehr als 30 A selbstthätige Stromunterbrecher an allen Leitern anzubringen. Bei geringeren Stromstärken kann dies bei einem Leiter unterbleiben, doch müssen auch in diesem Falle sämmtliche Stromunterbrecher eines geschlossenen Leitungsnetzes an denselben Polen angebracht werden.

§ 37. Bei Anbringung selbstthätiger Stromunterbrecher an Stellen, wo eine Querschnittsänderung der Leitung eintritt, sind die Stromunterbrecher möglichst nahe an der Stelle der Querschnittsänderung anzubringen.

§ 38. Jeder selbstthätige Stromunterbrecher muss eine Marke tragen, aus welcher die normale Stromstärke ersichtlich ist, für welche er gebaut wurde.

§ 39. Alle selbstthätigen Stromunterbrecher sind so anzubringen, dass eine Berührung der Unterbrechungsstelle oder des etwa abgeschmolzenen Materiales mit brennbaren Stoffen ausgeschlossen ist. In Räumen, wo brennbare oder explosive Gase vorkommen, muss die Unterbrechungsstelle sich unter gasdichtem Verschlusse befinden. Bei Verwendung von Quecksilber-Unterbrechern ist für reine Quecksilber-Oberfläche und dafür zu sorgen, dass ein Entweichen von Quecksilberdämpfen ausgeschlossen ist.

§ 40. Jede grössere Stromabgabestelle (insbesondere auch jedes Haus bei Centralstationen-Betrieb) muss mit von Hand verstellbaren Stromunterbrechern an sämmtlichen Zuführungsleitungen versehen sein. Diese Stromunterbrecher müssen auf isolierter Unterlage für Polizei und Feuerwehr leicht zugänglich angebracht und mit deutlichen Inschriften: »Strom« und »Kein Strom« versehen sein.

Bei Einzelanlagen muss es ausserdem möglich sein, die Verbindung zwischen der Stromquelle oder den Apparaten zur Aufspeicherung oder Umwandlung des Stromes und sämmtlichen Leitungen rasch und sicher zu unterbrechen.

§ 41. Bei Kurzschluss-Ausschaltungen muss ein Doppelkontakt zuerst den äusseren Stromkreis schliessen und dann erst die Leitung zur Stromabgabestelle unterbrechen.

§ 42. An Stellen, wo eine Berührung mit Telegraphen- oder Telephondrähten möglich ist, müssen in letzteren vor und hinter den gefährdeten Stellen selbstthätige Stromunterbrecher angebracht werden.

§ 43. Die Leitungen sind so zu führen, dass eine Störung des Betriebes vorhandener Telephon- oder Telegraphenleitungen nicht erfolgen kann.

d) *Specielle Fälle.*

Fassen wir zum Schluss noch kurz einige spezielle Fälle ins Auge, welche besondere Eigentümlichkeiten in der Anordnung bedingen.

Über die Mafsregeln zum Schutz der Schwachstromleitungen gegen Berührung durch Starkstromleitungen haben wir bereits weiter oben kurz gesprochen.

In manchen Fällen empfiehlt sich noch ein besonderer Schutz der mit den Schwachstromleitungen in Verbindung stehenden Apparate durch Anbringung geeigneter Abschmelzsicherungen.

Bezüglich des Schutzes der Schwachstromleitungen gegen Induktionswirkungen, die sich besonders bei Telephonleitungen geltend machen, die auf längeren Strecken in der Nähe von Wechselstromleitungen liegen, giebt es verschiedene Methoden, durch welche dieselben, wenn auch nicht ganz aufgehoben, so doch auf ein verschwindendes Minimum reducirt werden können.

Wenn möglich, ist die Schwachstromleitung als Doppelleitung auszuführen. Es heben sich dann die nahezu gleichen Induktionswirkungen in den möglichst nahe nebeneinander liegenden Hin- und Rückleitungen annähernd auf.

Oft giebt man auch den Starkstromleitungen an verschiedenen Stellen einen Drall, so dass die relative Lage der Starkstrom - Hin- und Rückleitung gegen die Schwachstromleitung auf einer gewissen Strecke successive vertauscht wird, wodurch gleichfalls bei geeigneter Anordnung die Induktionswirkung ganz oder grösstenteils aufgehoben wird.

Kreuzungen von Starkstromleitungen mit Telegraphen- oder Telephonleitungen sollen möglichst rechtwinklig erfolgen.

In Laboratorien, in denen mit feinen magnetischen oder elektromagnetischen Messinstrumenten gearbeitet wird, legt man stets Hin- und Rückleitung möglichst dicht zusammen. Bei schwächeren Leitungen und bei entsprechender Isolation kann man Hin- und Rückleitung zu einem Seile zusammenwinden.

In Schiffen kann man bei Wechselstromanlagen den eisernen Schiffskörper als Rückleitung benützen.

Bei Gleichstromanlagen ist dies nur unter Anwendung ganz besonderer Vorsichtsmafsregeln zulässig. Es ist hier darauf zu achten, dass keine Störungen des Kompasses durch die stromdurchflossenen Leitungen erfolgen. Es sind nötigenfalls ähnliche Vorsichtsmafsregeln zu treffen wie in Laboratorien mit elektromagnetischen Messinstrumenten.

Ganz besondere Schwierigkeiten bietet die Stromzuführung bei elektrisch betriebenen Fahrzeugen, wofern dieselben nicht den erforderlichen Strom von einer auf dem Fahrzeug selbst befindlichen Stromquelle erhalten.

Insbesondere kommen hier die elektrischen Eisenbahnen in Betracht.

Die Leitungen können hierbei sowohl oberirdisch als unterirdisch verlegt werden, oder es können an Erde liegende besondere Schienen oder die Bahnschienen selbst verwandt werden. Die Stromabnahme erfolgt durch einen am Motorwagen befindlichen federnden Kontaktarm mit Kontaktrollen oder mit Kontaktbügel, oder durch Kontaktschiffchen, Drahtbürsten oder sonstige längs der Leitung gleitende oder rollende Stromabnehmer, als welche auch die Wagenräder selbst benutzt werden können.

Die mannigfaltigsten Variationen sind versucht worden, ohne dass man ein in jeder Beziehung befriedigendes System gefunden hätte. Die mafsgebenden Gesichtspunkte für die Wahl eines Systems sind in erster Linie Sicherheit des Betriebes und Anlagekosten, ferner, speziell bei Strassenbahnen, Rücksichten auf den Strassenverkehr und ästhetische Rücksichten, sowie Rücksichten auf in der Erde liegende Metallrohrnetze, die durch sogen. vagabondierende Ströme[1]) leicht beschädigt werden können — und auf physikalische Laboratorien, in welchen magnetische oder elektromagnetische Messinstrumente aufgestellt sind, die durch Induktionswirkungen der Leitungs- oder vagabondierenden Ströme beeinflusst werden können.

Zwei Leitungen verschiedener Polarität oberirdisch zu verlegen ist verhältnismäfsig teuer und mit vielen technischen Schwierigkeiten verbunden. Es bedingt besonders da, wo viele Ausweiche- und Kreuzungsstellen vorhanden sind, ein sehr kompliziertes Luftleitungsnetz.

---

[1]) die aus den Schienen austreten und ihren Weg durch die Erde zu Punkten eines anderen Potentials, z. B. zu anderen Partien derselben Schienenanlage nehmen.

Bei kleineren Strecken, besonders bei Grubenbahnen, und da, wo es aus irgend welchen Gründen nicht ratsam erscheint, die Schienen als Rückleitung zu benutzen, hat man bisweilen **doppelte oberirdische** Zuleitung in Anwendung gebracht; ebenso bei Bahnen mit Drehstrombetrieb.

Wesentlich billiger und einfacher gestaltet sich die Anlage, wenn man nur eine Leitung oberirdisch verlegt, und die Bahnschienen als zweiten Leiter benutzt.

Die Bahnschienen müssen alsdann untereinander aufs beste leitend verbunden werden. Die Stromabnahme von den Schienen erfolgt in der Regel durch die Räder selbst.

Die Verwendung der Schienen als Rückleitung hat den Nachteil, dass ein Übertreten von Strömen zur Erde („vagabondierende Ströme") sich nie ganz vermeiden lässt, wodurch unter Umständen Störungen verschiedener Art bedingt sind.

Eine nähere Besprechung dieser Störungen und der mit Rücksicht auf diese zu empfehlenden Vorsichtsmassregeln würde uns hier zu weit führen.

In Anlagen, deren Stromerzeuger noch für andre Zwecke, insbesondere für Lichtlieferung benutzt werden, sollte es zur Vermeidung von Störungen und Gefahren stets vermieden werden, die Schienen als Rückleitung zu benutzen, also einen Leiter an Erde zu legen — ausser etwa den Mittelleiter in Drei- oder Fünf-Leiteranlagen. Es wird sich letzteres aber nur dann praktisch ausführen lassen, wenn die Betriebsspannung alsdann eine für den Bahnbetrieb geeignete ist. Wenn man in solchen Fällen entweder besondere Dynamos ausschliesslich für den Bahnbetrieb reserviert, oder durch rotierende bezw. bei Drehstrom ruhende Umformer die Bahnanlage vollständig gegen die übrige Anlage isoliert, so steht natürlich der Schienen-Rückleitung von obigem Gesichtspunkte aus nichts mehr im Wege.

Um die Nachteile der als Leitungen benutzten Schienen zu beseitigen oder auch unter Beibehaltung der letzteren, die oberirdische Zuleitung zu umgehen, hat man eine Reihe sogen. Teilleitersysteme in Vorschlag gebracht, bei welchen die Stromrückleitung durch ein unterirdisch verlegtes Kabel erfolgt, von welchem aus, in Abständen von einigen Metern, leitende Verbindungen zu an Erde freiliegende Kontaktstücke führen.

In die Verbindungsleitung zu den Kontaktstücken sind automatische Ausschalter eingefügt, die durch einen herannahenden Wagen mechanisch oder elektromagnetisch geschlossen, und nach dem Vorbeifahren wieder selbsthätig unterbrochen werden. Es wird hierdurch bewirkt, dass während der ganzen Fahrt stets nur an einer engbegrenzten Stelle eine leitende Verbindung mit der Erde besteht.

Derartige Systeme sind bis jetzt noch ziemlich teuer und bieten nur relativ geringe Garantien für dauernde Betriebssicherheit.

Hinreichend ausgedehnte Erfahrungen mit solchen Einrichtungen fehlen zur Zeit noch.

Gut bewährt hat sich dagegen in vielen Fällen ein Verlegen einer oder beider Leitungen in Gestalt blanker Schienen in unterirdischen Kanälen, in welche ein einfacher oder Doppelkontaktarm behufs Stromabnahme vom Wagen aus hineinreicht.

Dieses System ist sehr teuer und hat den Nachteil, dass der Betrieb leicht durch Verschmutzung der Kanäle oder durch angesammeltes Wasser gestört werden kann. Durch passende Vorkehrungen lässt sich indessen diesem Übelstand bis zu gewissem Grade erfolgreich begegnen.

Bei unterirdischer Verlegung beider Leitungen oder bei Schienen-Rückleitung einer Leitung hat man den bei Strassenbahnen unter Umständen ausschlaggebenden Vorteil, dass das Strassenbild durch oberirdische Leitungen und deren Träger nicht beeinträchtigt und der Verkehr insbesondere durch letztere nicht gehemmt wird, sowie ferner, dass eine Gefährdung durch Herabfallen von Drähten vermieden ist.

Bezüglich der Ausführung derartiger Anlagen sei noch folgendes bemerkt.

Die oberirdische Arbeitsleitung muss aus widerstandsfähigem Material, etwa aus Hartkupfer oder aus Siliciumbronze bestehen und sollte nicht unter ca. 35 qmm und nicht über ca. 50 qmm Querschnitt besitzen. Ergeben sich bei diesen Querschnitten zu starke Spannungsverluste, so lege man die erforderlichen stärkeren Leitungen oberirdisch oder als Kabel unterirdisch parallel zu der Arbeitsleitung und verbinde sie durch eine Verbindungsleitung mit letzterer in angemessenen Zwischenräumen. Um Hartkupfer vor dem Weichwerden zu bewahren empfiehlt es sich, die Drahtverbindungen nicht in der gewöhnlichen Weise durch Löten, sondern durch geeignete Verbindungsmuffen zu bewirken.

Als Leitungsträger dienen entweder einfache Masten mit Auslegern, oder es werden zu beiden Seiten der Linie Masten aufgestellt, zwischen denen Spanndrähte aus Stahl ausgespannt werden, die zum Tragen der Leitungen dienen.

In Strassen können, soweit dies angängig, die Spanndrähte an den Häusermauern zu beiden Seiten verankert werden, so dass besondere Masten ganz in Wegfall kommen. Es ist dann aber durch Anbringung von Schalldämpfern das Eindringen der Bahngeräusche in die Häuser zu verhüten.

Die gewöhnliche Höhe für die Anbringung der Leitungen ist 5 bis 6 m. In Tunnels, bei Grubenbahnen etc., ist diese Höhe vielfach wesentlich geringer.

Die Befestigung der Leitungen an den Spanndrähten und Trägern erfolgt durch Klemmbacken, die gewöhnlich zugleich als Isolatoren ausgebildet werden.

Ganz besondere Sorgfalt beanspruchen bei Krümmungen der Bahnlinie die Verankerung der Masten und die Curvenverspannungen des Arbeitsdrahtes.

Als Stromabnehmer für oberirdische Leitungen kommen hauptsächlich Kontaktarme mit Rollen und solche mit breiten Bügeln in Anwendung. Letztere sehen zwar an und für sich weniger leicht und elegant aus, als erstere, geben aber meist einen besseren, gleichmäfsigeren Kontakt, nutzen die Drähte weniger ab, laufen geräuschlos und funkenlos, sind im Betrieb wesentlich sicherer, da ein Entgleisen des Bügels (das besonders in Steigungen sehr gefahrbringend sein kann) kaum möglich, und erfordern nicht in Weichen und Kreuzungen die umständlichen Luftweichen etc., die bei Rollen unentbehrlich sind und das Luftleitungsnetz sehr kompliziert machen. Dieser Vorteil wird noch dadurch erhöht, dass auch die Kurvenverspannungen sich wesentlich einfacher gestalten. Eine Annehmlichkeit des Bügels, wofern derselbe als reiner Gleitbügel ausgebildet wird, ist ferner, dass bei Änderung der Fahrtrichtung ein Umlegen des Kontaktarmes nicht nötig, was bei dem Rollenarm oft sehr lästig, besonders im Dunkeln, zumal auch noch die Lampen im Wagen erlöschen.

Ähnliches, wie für die elektrischen Bahnen gilt auch für elektrisch betriebene fahrbare Krähne, Schiebebühnen u. s. w. mit dem Unterschiede, dass es sich bei diesen Fahrzeugen nur um sehr geringe Fahrgeschwindigkeiten und sehr kleine Fahrstrecken handelt, so dass die Kosten der Stromzuführung nicht sehr ins Gewicht fallen und manche anderen Schwierigkeiten von selbst auf ein Minimum reduziert werden. Gleichwohl bestehen auch hier noch mancherlei Schwierigkeiten, auf welche einzugehen indessen hier nicht der Ort ist.

Sicherheits-Vorschriften.

a) Aus den Vorschriften für **elektrische Schiffsbeleuchtung**, aus dem Lloydregister englischer und ausländischer Schiffe.[1]

»Als einfache Leitungen dürfen nur Drähte von mindestens No. 18 bis höchstens No. 14 der Standard-Drahtlehre (1,2 bis 2 mm zur Verwendung gelangen. .... Der Isolierwiderstand aller Drähte, die beweglichen Leitungen eingeschlossen, darf nach 24-stündigem Liegen in Seewasser nicht weniger als 600 Megohm per Meile betragen. Das verwendete Isoliermaterial darf, wenn es einer Temperatur von $180°$ Fahrenheit ($82,2°$ C.) unterworfen wird, nicht merklich weich werden.

Wenn Kautschukisolation zur Anwendung kommt, müssen die Drähte vorerst mit einem Belag von reinem Kautschuk, dann mit einer trennenden Schicht, hierauf mit einem Belag von vulkanisiertem Kautschuk und endlich mit einem Bande, das mit Kautschuk bestrichen ist, überzogen werden; das Ganze muss dann mit einander vulkanisiert werden. Ausserdem ist dem Kabel hernach noch eine Schutzhülle zu geben, die am besten aus einem Überzuge von wasserdichter Fiber besteht.

Drähte, welche durch irgend ein anderes Material als Kautschuk isoliert sind, müssen die gleichen Bedingungen bezüglich des Isolationswiderstandes erfüllen und von derselben Haltbarkeit sein, wie die oben erwähnten.

Verbindungen. Verbindungen in Abzweigungen oder von Abzweigungen mit Anschlüssen von geringem Umfange sind in geeignet konstruierten wasserdichten Gehäusen unterzubringen: die Kupferdrähte müssen durchweg verlöthet, die Isolation aufs Genaueste hergestellt und alle Verbindungen wasserdicht gemacht sein. Verbindungsstellen in der Hin- und Rückleitung sollen niemals einander gegenüberliegen.

Alle Verbindungen dürfen nur an zugängigen Stellen angebracht werden und niemals in Kohlenräumen, Lagerräumen oder solchen Orten, welche, wenn auch nur zeitweilig, zur Aufbewahrung von Frachtgütern,

---

[1] Vgl Elektrot. Ztschr. 1896, S. 528. — „The Electrician", Electrical Trades' Directory and Handbook 1896.

Waaren oder Ballast dienen. Beim Löthen der Drähte darf als Flussmittel nur Harz verwendet werden.

Wo es möglich ist, sollen auch die Leitungen an allzeit zugänglichen Plätzen liegen. Wenn Leitungen unter Holzleisten eingelegt sind, muss die betreffende Überdeckung angeschraubt, nicht angenagelt sein; auch soll die Leitungsführung gegen das Eindringen des Wassers geschützt sein. Leitungskabel, welche mit einer sorgfältig gearbeiteten schützenden Metallhülle umgeben oder mit einer verzinkten Drahtbewehrung versehen sind, können offen verlegt werden, müssen aber durch verschraubte Schellen, nicht durch Haken befestigt werden. Alle scharfen Biegungen der Leitungskabel sind zu vermeiden.

Alle Leitungen, welche der Einwirkung der Witterung oder Feuchtigkeit ausgesetzt sind, müssen mit einem Bleiüberzuge versehen oder in anderer Weise geschützt sein. Wo sie grosser Hitze unterworfen sind, darf keine Holzbekleidung in Anwendung kommen, sondern die Kabel müssen in eiserne Röhren vorlegt werden oder können, wenn sie mechanischen Beschädigungen nicht ausgesetzt sind, mit galvanisiertem Draht umsponnen und an den Decken und Wänden mittels angeschraubter, in Abständen von höchstens 12 Zoll (= 30 cm) von einander angebrachter Schellen befestigt werden.

Werden Leitungen in Fracht- oder Kohlenräumen oder an Orten verlegt, welche auch nur zeitweilig zur Unterbringung von Waaren oder Ballast dienen und nicht zu jeder Zeit zugänglich sind, müssen jene sorgfältigst gegen jede Beschädigung am besten durch eiserne Umhüllung gesichert werden. Werden sie in Metallröhren verlegt, so müssen diese gut und sicher befestigt, sowie so dicht verschlossen sein, dass kein Wasser in sie eindringen kann.

Wo Kabel durch Balken, Wände oder irgendwelche Eisenkonstruktionen geführt sind, müssen sie durch besondere Hülsen aus Bleiblech, hartem Holz oder Vulkanfiber hindurchgeführt werden, um jedes Scheuern zu vermeiden. Wo Kabelleitungen durch Decken gehen, sind sie gleichfalls durch Metallröhren zu führen, welche mit Holz oder Vulkanfiber zu umgeben sind; dieselben müssen unverrückbar festgemacht werden und so weit über die Deckfläche hinausragen, dass kein Wasser über ihnen stehen kann.

Auf Schiffen mit Räumlichkeiten, welche abwechselnd für Passagiere oder für Frachten benutzt werden, sollen die Lampeneinrichtungen in diesen Räumen entfernbar und die Anschlussstellen derart angeordnet sein, dass sie mittels starker Metallhülsen überdeckt werden können, oder es ist die ganze Einrichtung in ähnlicher Weise mit starken Metallgehäusen zu bedecken. Die Haupt-, Um- und Ausschalter sollen möglichst ausserhalb dieser Räume angebracht werden; werden sie aber innerhalb angebracht, so müssen sie in starken eisernen Kästen, die mit eisernen Deckeln versehen sind, untergebracht oder sonst sicher angeordnet werden, sodass die Beleuchtungskörper nicht mit ihnen in Berührung kommen können.

Verbindungen mit dem Schiffsrumpf. In Schiffen, welche nach dem Einzelleitungssystem ausgerüstet sind, sollen alle Verbindungen mit dem Schiffsrumpf an zugänglichen Orten angebracht sein. Diejenigen für einzelne Lampen oder für schwache Kabel sollen durch Messingschrauben von nicht weniger als $^3/_8$ Zoll (9,5 mm) Durchmesser hergestellt werden, welche sorgfältig in das Eisen oder Stahl eingepasst sind, und zwischen den Drähten und der Schiffswand blanke Messingplättchen tragen, oder es müssen die Drähte mit Messingplatten verlöthet sein. Bei stärkeren Kabeln und bei den Anschlussleitungen für die Pole der Maschine müssen die Kabeldrähte in geeigneter Weise in Messing- oder Kupferhülsen eingelöthet werden, welche an dem Schiffe gut und sicher befestigt sind. Die eisernen oder stählernen Kontaktstellen müssen blank gefeilt werden und die Kontaktfläche darf nicht kleiner sein als das Achtfache des Kupferquerschnittes des Kabels.

Installation auf Petroleumschiffen. In keinem Teile der Installation darf das Einzelleitungssystem angewendet werden. Um- und Ausschalter dürfen nicht an Plätzen angebracht werden, an denen sich Petroleumdämpfe oder Gase ansammeln können, und alle Lampen an solchen Orten müssen durch eine äussere Glaskugel luftdicht abgeschlossen sein. Alle Drähte an solchen Orten müssen Bleiumhüllung haben, oder die Isolation der Kabel muss derart sein, dass sie nicht vom Petroleum angegriffen wird. Im Pumpenraume dürfen weder Leitungsverbindungen noch Um- oder Ausschalter angebracht werden, sondern die Drähte für jede in ihm befindliche Lampe müssen von einem ausserhalb des Pumpenraumes aufgestellten Vertheilungskasten zur Lampe geführt werden.

Die nachfolgenden drei Paragraphen, welche sich auf die Einwirkung der elektrischen Lichtinstallationen auf die Kompasse beziehen, sind nicht als Vorschriften, sondern nur als Rathschläge aufzufassen.

Lage der elektrischen Maschinen. Die Aufstellung und die Type der Dynamomaschinen und Elektromotoren sollen derart sein, dass die Kompasse nicht beeinflusst werden. Dynamomaschinen und grosse Elektromotoren müssen mindestens 30 Fuss (ca. 9 m) vom Normalkompass entfernt sein.

Leitungen. Auf den mit Gleichstromdynamos und dem Einzelleitungssystem ausgerüsteten Schiffen darf keine Stromleitung innerhalb 15 Fuss (ca. 4,5 m) an einem Kompass vorübergeführt werden, und Kabel, welche starke Ströme führen, sollten einen noch grösseren Abstand haben. Ist es durchaus notwendig, irgend ein Kabel innerhalb dieses Abstandes anzubringen, so muss für alle Teile des Schiffes, welche von diesem Kabel beleuchtet werden, das koncentrische oder Doppelleitungssystem angewendet und die Rückleitung so nahe als möglich an den Kompassen vorbeigeführt werden.

Justierung der Kompasse. Die Kompasse müssen zunächst justiert werden, während die Dynamo nicht im Betriebe ist; sodann ist, während die Dynamo mit voller Geschwindigkeit läuft, das Schiff in die verschiedenen Fahrrichtungen zu bringen und für jede Richtung sind die Angaben des Kompasses zu notieren, wobei man die Dynamo alle möglichen Belastungen von Leerlauf bis Vollbelastung durchlaufen lässt. Diese

ziehen und mit denen zu vergleichen, welche man bei stillgesetzter ... erhält, und darauf sind alle nennenswerten Abweichungen der ... zu beseitigen, bevor das Schiff die Fahrt beginnt.

Aus den Vorschriften zum **Schutze der Reichs-Telegraphen- und Fernsprechanlagen**, welche beim Bau und Betrieb elektrischer Gleich... zu beachten sind, ergibt sich in «Zeitschrift für Kleinbahnen» veröffentlichten Ministerial-Erlass vom 31. December 1896.[1]

1. Für den Betrieb der Strassenbahnen sind nur solche Dynamomaschinen zur Anwendung zu verwenden, deren Strompulsationen sehr gering sind, damit Induktionswirkungen in den nahe der Bahn verlaufenden oberirdischen Ferngeweichteanlagen vermieden werden.

2. Falls eine oberirdische blanke Leitung zur Zuführung der Betriebsstroms in die Motorwagen benutzt wird und die Gleisschienen zur Rückleitung der elektrischen Ströme dienen sollen, muss die metallische Rückleitung durch die Schienen eine möglichst vollkommene sein. Ausserdem sollen an denjenigen Stellen, an welchen die vorhandenen Telegraphen- und Fernsprechleitungen die blanke Arbeitsleitung der Bahn oberirdisch kreuzen, über der Kreuzung auf Kosten der Verwaltung der elektrischen ... Stromkreise Schutznetze, im geerdetem Falle Fliegdrahtnetze gezogen oder sonstige geeignete Sicherungseinrichtungen angebracht werden, durch welche eine Berührung der beiderseitigen stromführenden Drähte vermieden wird. An Stelle der stromfreien Schutzvorrichtungen oder neben denselben kann, bzw. muss der Schutz der Telegraphen- und Fernsprech-leitungen auch durch andere Einrichtungen gemäss besonderer, nach Anhörung der Reichs-Telegraphenverwaltung durch die Aufsichtsbehörde zu treffender Anordnung hergestellt werden.

3. An den Kreuzungsstellen muss der Abstand der untersten Telegraphen- oder Fernsprechleitung von den Schutznetzen und Tragelitzen mindestens 1 m betragen. ... Ebenso müssen beim der Nähe von Telegraphen- und Fernsprechleitungen aufzustellende Pfosten, welche zur Unterstützung der Tragelitzen dienen, mindestens 1,25 m von der zunächst befindlichen Telegraphen- oder Fernsprechleitung entfernt bleiben. Sofern trotzdem zu befürchten ist, dass z. B. beim Antrieb der Leitungen durch Wind oder aus sonstigen Ursachen Berührungen der Telegraphen- und Fernsprechleitungen mit blanken Teilen der Speiseleitung, der Arbeitsleitung oder sonstigen stromführenden Teilen der Bahnanlagen an einzelnen Stellen eintreten können, sind auf Antrag der Reichs-Telegraphenverwaltung nach Anordnung der Aufsichtsbehörde geeignete Schutzvorrichtungen anzubringen, die eine Berührung der Schwachstromleitungen mit der Starkstromleitung verhindern.

4. Die Aufsichtsbehörde wird an denjenigen Stellen, wo die elektrische Bahn neben den Schwachstromleitungen verläuft, und der gegenseitige Abstand weniger als 10 m beträgt, auf Ersuchen der Reichs-Telegraphenver-

---

[1] El. Ztschr. 1897, S. 104.

waltung besondere Schutzvorrichtungen an den Starkstromleitungen zur Verhinderung der Berührung derselben mit den Schwachstromleitungen anordnen, sofern nicht die örtlichen Verhältnisse eine Berührung der Starkstrom- und Schwachstromleitungen auch beim Umbruch von Stangen oder beim Zerreissen von Drähten ausschliessen.

4a. Ausserdem sind:

α) Schutzleisten auf der Starkstromleitung und Längsdrähte neben derselben an allen Kreuzungsstellen anzubringen, wo Verlegungen der Telegraphen- und Fernsprechleitungen nicht vorgesehen, oder zwar vorgesehen, aber bis jetzt noch nicht ausgeführt sind;

β) in den wenigen Fällen, wo senkrechte Kreuzungen einzelner Fernsprechdrähte, deren Verlegung in Aussicht genommen, aber noch nicht ausgeführt ist, mit der Starkstromleitung vorkommen, nur Holzschutzleisten anzubringen.

5. Die unterirdischen Zuleitungen von der Kraftstation zu den Gleisen (Speiseleitungskabel) müssen thunlichst entfernt von den Reichs-Telegraphenkabeln, wo es angängig ist, auf der anderen Strassenseite verlegt werden. Kreuzungen der unterirdischen Kabel für Starkströme mit solchen für Schwachströme müssen derartig erfolgen, dass der Abstand der Kabel von einander mindestens 40 cm beträgt. Werden Reichs-Telegraphenkabel von unterirdischen Kabeln für elektrische Starkströme gekreuzt, oder verlaufen die Kabel in einem seitlichen Abstande von weniger als 50 cm von einander, so müssen die Reichstelegraphenkabel — sofern diese oder das Starkstromkabel nicht in gemauerten Kanälen liegen — auf Kosten des Unternehmers mit eisernen Röhren, die über die Kreuzungsstelle nach jeder Seite hin etwa 1,50 m und über die Endpunkte der Näherungsstrecke 2—3 m hinausragen, umgeben, und die eisernen Schutzrohre auf der den Starkstromkabeln zugewendeten Seite mit genügend starken Halbmuffen aus Cement oder Beton bedeckt werden. Diese Muffen, deren Bestimmung es ist, flüssiges Metall von den Schutzrohren ab zu halten, bzw. zu starke Erwärmung der eingelegten Kabel zu verhüten, müssen 50 cm zu beiden Seiten der kreuzenden Starkstromkabel bzw. bei seitlichen Annäherungen ebensoweit über den Anfangs- und Endpunkt der gefährdeten Strecke hinausragen. Wenn die Starkstromkabel in Verteilungskästen eingeführt werden, und in einem Abstande von weniger als 50 cm sich Telegraphen- oder Fernsprechkabel befinden, so sind letztere ebenso wie bei einer Näherung der Starkstromkabel zu schützen. Von dieser Massregel kann abgesehen werden, wenn der Verteilungskasten (mit Ausnahme des Deckels) von Mauerwerk oder von einer Cement- oder Betonschicht umgeben ist.

6. Sind infolge des parallelen Verlaufs der beiderseitigen Anlagen oder aus anderen Ursachen Störungen der Telegraphen- oder Fernsprechleitungen zu befürchten, oder treten solche Störungen auf, so hat der Unternehmer geeignete Massnahmen zur Beseitigung der störenden Einflüsse zu treffen.

Beispiele ausgeführter Leitungs-Anlagen.

	Seite
Hochspannungsfernleitung Tivoli-Rom	196/197
Ueberführung von Hochspannungsfernleitungen über die Schweizerische Nordostbahn in der Nähe von Dietikon	198
Oberirdische Leitungsführung in einer Strasse in Adorf	199
Leitungsmast in Radolfzell	200
Oberirdisch verlegte Leitungen in den Strassen von Salzungen	201
Leitungsturm für einen Speisepunkt in Salzungen	202
Aufhängungsweisen des Arbeitsdrahtes elektrischer Bahnen mit oberirdischer Stromzuführung	203—206
Stromzuführungsmast	207
Kreuzungsstelle oberirdischer Bahnleitungen für Betrieb mit Rolle	208
Curvenverspannung einer zweigeleisigen oberirdischen Bahnleitung (für Rollenbetrieb)	209
Elektrische Strassenbahn in Lugano (Schweiz) mit Drehstrombetrieb	210
Doppelpolige oberirdische Stromzuführung der Budapester Unterpflasterbahn	211
Oberirdische Stromzuführung für eine elektrische Bahn mit Gleitbügel (Prinzen-Allee in Berlin)	212/213
Modell einer zweipoligen unterirdischen Stromzuführung für elektrische Strassenbahnen mit Schema	214
Elektrische Bahnlinie mit unterirdischer Stromzuführung (Ringstrassenlinie zu Budapest)	215
Oberirdische Stromzuführung für eine doppelgeleisige elektrische Bahnanlage am Dome zu Mailand	216/217
Doppelpolige oberirdische Stromzuführung für eine elektrisch betriebene Schiebebühne	218

Ausgeführte Leitungs-Anlagen.

Ausgeführte Leitungs-Anlagen. 197

...sicht aus der **Campagna Romana**).
...befestigt **sind. Zum Schutz gegen das Herabfallen der Drähte von den Isolatoren**
...graphen- **und Telephonleitungen für die Verständigung zwischen den Stationen**
...qmm. **Ausgeführt von Ganz & Comp., Budapest.**

**Überführung von Hochspannungs-leitungen über die Schweizerische Nordostbahn
in der Nähe von Dietikon.**

Zwei Gittertürme von ca. 9 m Höhe und einem gegenseitigen Mitten-Abstand von 16,5 m tragen einen mit Holzverschalung versehenen in Eisenkonstruktion hergestellten Kanal, durch welchen die bis dahin oberirdisch auf Holzmasten verlegten Leitungen hindurchgeführt werden. Im Kanal selbst werden die Leitungen isoliert und auf Porzellan-Isolatoren verlegt. (Unterführung der Leitungen durch hohen Grundwasserstand erschwert.) Ausgeführt von Maschinenfabrik Oerlikon.

Oberirdische Leitungsführung in einer Strasse in Adorf.
Isolatoren auf eisernen Wandgestängen befestigt. Ausgeführt von Siemens & Halske, Berlin.

Leitungsmast in Radolfzell.

Die Isolatoren der nach verschiedenen Richtungen hin geführten Leitungen sind auf ringförmigen Eisenträgern montiert, welche in Verteilungspunkten auch die Abzweigsicherungen aufnehmen. Der Mast trägt gleichzeitig einen Glühlampen-Arm mit wasserdicht abgeschlossener Glühlampe und Reflector für die Strassenbeleuchtung. Ausgeführt von Siemens & Halske, Berlin.

Oberirdisch verlegte Leitungen in den Strassen von Salzungen.
Als Leitungsträger dienen teils eiserne Gittermaste, teils einfache nachgiebige Holzmaste mit Querträgern. Ausgeführt von H. Aron vorm. Schuckert A.-G., Nürnberg.

Leitungs-Turm für einen Speisepunkt in Salzungen.
Die Speiseleitungen sind unterirdisch, die Verteilungsleitungen oberirdisch verlegt. Im gemauerten Sockel des Turmes sind Schalter, Sicherungen etc. für die Verteilungsleitungen auf einer Marmortafel untergebracht. Ausgeführt von El. A.-G. vorm. Schuckert & Co., Nürnberg.

Ausgeführte Leitungs-Anlagen. 203

Fig. 1. Fig. 2.

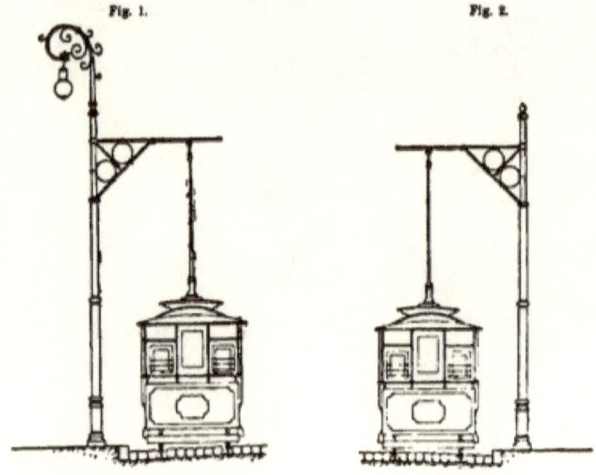

Fig. 3.

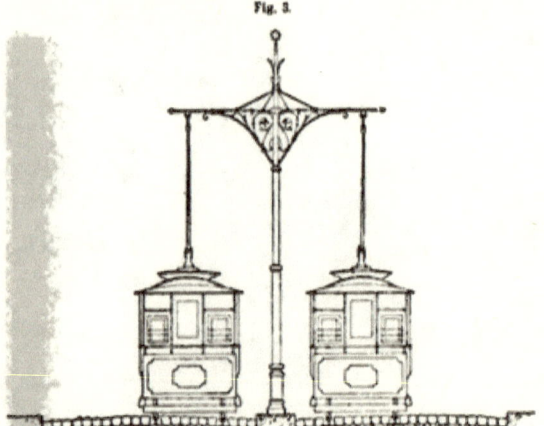

Aufhängungsweisen des Arbeitsdrahtes elektrischer Bahnen mit oberirdischer Stromzuführung.
Fig. 1, 2, 3 direkte Aufhängung an Masten mit Auslegern. Schemata von Union,
Elektr. Gesellschaft, Berlin.

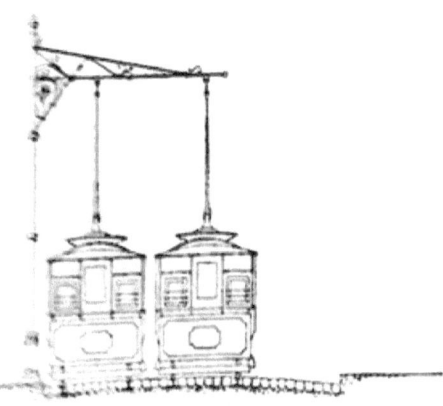

Fig. 5.

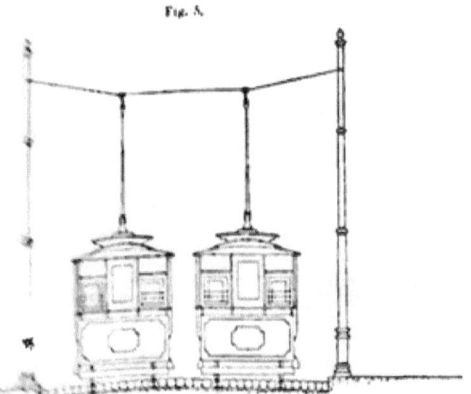

... des Arbeitsdrahtes elektrischer Bahnen mit oberirdischer Stromzuführung.

... Masten mit Auslegern; Fig. 5: Aufhängung an einem zwischen ... spanndraht. Schemata von Union, Elektr. Gesellschaft, Berlin.

Ausgeführte Leitungs-Anlagen. 205

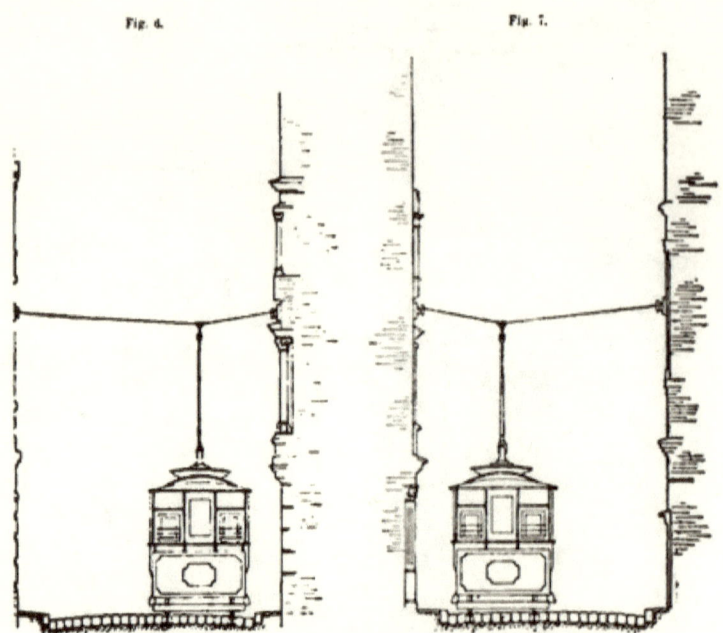

Fig. 6.   Fig. 7.

Aufhängungsweisen des Arbeitsdrahtes elektrischer Bahnen mit oberirdischer Stromzuführung.
Fig. 6, 7: Aufhängung an Querdrähten, die an Gebäuden befestigt sind. Schemata von Union, Elektr. Gesellschaft, Berlin.

206 Ausgeführte Leitungs-Anlagen.

Fig. 8.

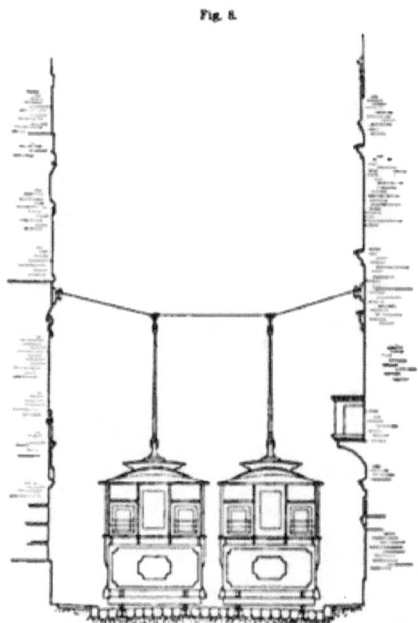

Aufhängungsweisen des Arbeitsdrahtes elektrischer Bahnen mit oberirdischer Stromzuführung.
Fig. 8: Aufhängung an Querdrähten, die an Gebäuden befestigt sind. Schemata von Union, Elektr. Gesellschaft, Berlin.

Stromzuführungsmast
für eine elektrische Strassenbahn (Quai-Linie in Serajewo), gleichzeitig als Bogenlicht- und Leitungsmast dienend. Ausgeführt von Siemens & Halske.

Kreuzungsstelle oberirdischer Bahnleitungen für Betrieb mit Rolle.
(Kreuzung Altmann- und Steinstrasse der Hamburg-Altonaer Centralbahn. Ausgeführt von
El. A.-G. vorm. Schuckert & Co., Nürnberg.

Ausgeführte Leitungs-Anlagen. 209

Curvenverspannung einer zweigeleisigen oberirdischen Bahnleitung
(für Rollenbetrieb).
Ausgeführt am Kreuzplatz in Zürich von Maschinenfabrik Oerlikon.

210   Ausgeführte Leitungs-Anlagen.

Elektrische Strassenbahn in Lugano (Schweiz), mit Drehstrombetrieb.
Zweipolige oberirdische Stromzuführung und Schienenrückleitung. Zwei in angemessener Entfernung hintereinander laufende Trolley-Arme. Centrale in 12 km Entfernung, (Wasserkraft) liefert 5000 Volt Spannung, die für den Bahnbetrieb auf 400 Volt herabtransformiert wird. Ausgeführt von Brown, Boveri & Cie., Baden (Schweiz).

Doppelpolige oberirdische Stromzuführung
der Budapester Untergrundbahn. (Tunnelportal im Stadtwäldchen.) Ausgeführt von
Siemens & Halske.

Oberirdische Stromzuführung für ein
Ausgef

Bahn mit Gleitbügel (Prinzen-Allee in Berlin).
Halske, Berlin.

Modell einer zweipoligen unterirdischen Stromzuführung für elektrische Strassenbahnen.

Die durch den Schlitz der einen Fahrschiene in den Leitungskanal hineingeführten beiden Kontaktarme tragen federnde Gleitstücke, die an die durch geeignete Isolatoren getragene positive bezw. negative Leitungsschiene angepresst werden. Vergl. nachstehendes Schema. Ausgeführt von Siemens & Halske.

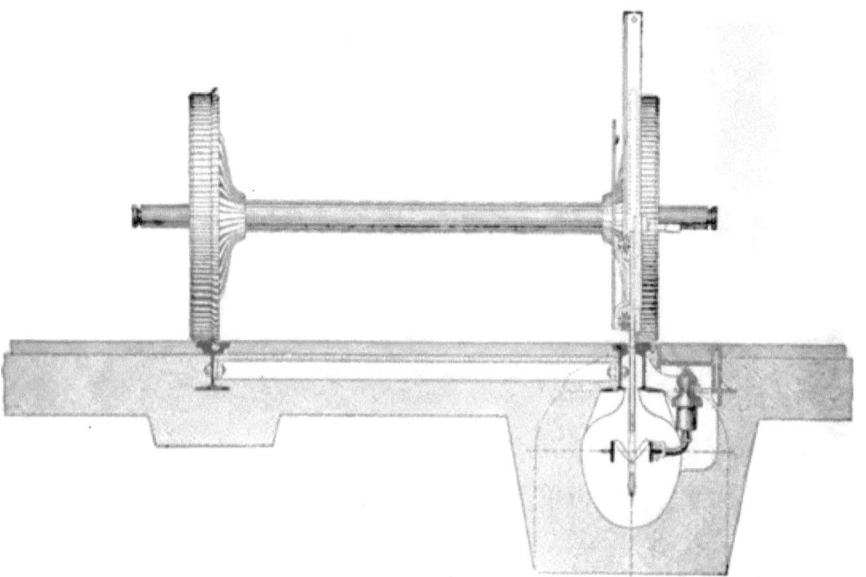

Schema zu vorstehend abgebildeter Stromzuführung.

Elektrische Bahnlinie mit unterirdischer Stromzuführung
(Ringstrassenlinie zu Budapest, Kreuzung der Andrassystrasse. Skizzen und Abbildungen unterirdischer Stromzuführung siehe auf vorhergehender Seite. Ausgeführt von **Siemens & Halske**.

216 Ausgeführte Leitungs-Anlagen.

...sche Bahnanlage am Dome zu Mailand.

Doppelpolige oberirdische Stromzuführung für eine elektrisch betriebene Schiebebühne.

Auf der Bühne ist ein Stromabnehmermast montiert, der zwei Kontaktarme trägt, die in Haken endigen, auf welchen die frei gespannte Leitung ruht. Von dem Mast führt die Leitung gut isoliert durch die Wand des Häuschens, in dem ein Gleichstrom-Motor vermittelst conischen Zahnradgetriebes die Winde und die Laufaxen bethätigt. Ausgeführt von Siemens & Halske.

X. Abschnitt.

Lampen und Zubehör.

Wir wenden uns nunmehr zu einer kurzen Betrachtung der bei Wahl der Lampen und der zugehörigen Armaturen mafsgebenden Gesichtspunkte.

a) *Lampen.*

Ob im einzelnen Falle Bogen- oder Glühlampen anzuwenden, welche Lichtstärke, welche Verteilung u. s. w. denselben zu geben ist, das wurde bereits weiter oben (I. Abschn.) ausführlicher besprochen.

Betreffs der zu wählenden Lampen-Konstruktionen sei kurz folgendes bemerkt, und zwar zunächst über die

1. Bogenlampen. Als vollkommenste Lampen sind für die meisten Zwecke Differenziallampen anzusehen. Hauptstromlampen finden hauptsächlich zum Einzelbrennen mit Vorteil Verwendung. Zum Einzelbrennen sowie zur Hintereinanderschaltung in geringer Anzahl bis zu etwa 4—6 Stück können bei konstanter Betriebsspannung ohne weiteres einfache Nebenschlusslampen oder Differentiallampen verwendet werden.

Bei Hintereinanderschaltung in grösserer Anzahl können Nebenschlusslampen zwar ebenfalls verwendet werden; es empfiehlt sich aber dieselben mit selbsthätiger Kurzschlussvorrichtung und einem Ersatzwiderstand zu versehen, damit beim Erlöschen einer Lampe die übrigen nicht gestört werden. Vorteilhafter sind indessen in solchen Fällen Differenziallampen, welche ebenfalls mit Kurzschlussvorrichtung und, falls es sich nicht um eine grössere Anzahl von Lampen handelt, auch mit einem Ersatzwiderstand zu versehen sind.

Für Reflektoren und ähnliche Zwecke sind nur solche Lampen zu verwenden, welche einen unveränderlichen Brennpunkt besitzen. Für gewöhnliche Beleuchtungsanlagen kann man von dieser Bedingung absehen.

Für grössere Scheinwerfer und zu Projektionszwecken werden meist besondere Lampenkonstruktionen Verwendung finden, die teils genaue selbstthätige Einhaltung des Brennpunkts, teils Einstellung desselben und Regulierung des Lichtbogens bezwecken.

Die Grösse der Lampen ist abhängig von der Stromstärke — welche durch die Lichtstärke bestimmt ist, die zu rund 100 NK. bei Gleichstrom und etwa 70—80 NK. bei Wechselstrom pro Ampère gerechnet werden kann[1]) und von der Länge, welche die Kohlenstifte haben sollen; diese letztere bestimmt sich durch die Brenndauer, welche dieselben ergeben sollen.

Die Länge der Kohlenstäbe für eine bestimmte Brenndauer und der für eine bestimmte Stromstärke erforderliche Kohlenquerschnitt ist zum Teil von der Beschaffenheit der Materialien abhängig und wird von den liefernden Fabriken angegeben. Die Brenndauer, bezw. Kohlenlänge, für welche die Lampen im einzelnen Falle einzurichten sind, wählt man am besten so, dass sie der normalen täglichen Betriebsdauer der Lampe gerade entspricht. Die üblichen Brennzeiten liegen zwischen ca. 5 und 20 Stunden.

Wo besonders hoher Wert auf eine sehr hohe Brenndauer gelegt wird, etwa 100—200 Stunden, kann man die neuerdings in Aufnahme gekommenen Bogenlampen mit abgeschlossenem Lichtbogen verwenden. Die Spannung derselben ist wesentlich höher, etwa 80 Volt, und sie erfordern eine minimale Netzspannung von ca. 100 Volt. Die Lichtausbeute ist eine relativ geringe und sie erfordern sehr reine Kohlen, wenn ein ruhiges Brennen stattfinden soll.

Während bei Gleichstromlampen das Licht nur nach unten geht, wird es bei Wechselstromlampen nach oben und nach unten geworfen, was für Innenbeleuchtung oft von Vorteil, da die Glocken gleichmäßiger erhellt und auch die oberen Partien der Räume besser erleuchtet werden. Für Strassen, Plätze, grosse Hallen und dergl., wo nur nach unten Licht gewünscht wird, verwendet man die Wechselstromlampen besser mit einem kleinen Reflektor, der unmittelbar über dem Lichtbogen angebracht wird.

---

[1]) Der geringeren Lichtausbeute pro Amp. bei Wechselstromlampen steht eine niedere Spannung gegenüber von etwa 27—35 Volt bei Gleichstrom. — Vergl. Abschn. II c.

2. Für die Glühlampen ist ausser der Lichtstärke, die Spannung genau festzusetzen, unter der die Lampen brennen sollen, und kann diese beliebig gewählt werden bis hinauf zu etwa 200—250 Volt. Die gebräuchlichsten Spannungen sind 110—120 Volt und 60—65 Volt. Lampen für Spannungen von 200 Volt und mehr lassen zur Zeit noch in mancher Beziehung zu wünschen übrig.

Da die Spannung an verschiedenen Stellen einer Anlage infolge der Spannungsverluste im allgemeinen ungleich sein wird, braucht man für eine grössere Anlage zumeist Lampen von etwas verschiedener Spannung. Da aber auch an jeder einzelnen Lampe je nach den Belastungsänderungen in den Hauptleitungen die Spannung innerhalb gewisser Grenzen variieren wird, so hat man die Lampen für jeden Punkt so zu wählen, dass der als Normalspannung der Lampe bezeichnete Wert bei der höchsten im normalen Betrieb an dem betreffenden Punkt auftretenden Spannung nicht oder doch nur ganz wenig, etwa 1—2% maximal, überschritten wird, wenn man nicht die Lebensdauer der Lampen beeinträchtigen will.

Man wird im Allgemeinen dahin streben, sowohl die Lebensdauer als auch die „Ökonomie" der Lampen, d. h. den Wattverbrauch der Lampe pro Nk, möglichst günstig zu gestalten.

Da die Lebensdauer der Lampe um so grösser ist, je ungünstiger der Watt-Verbrauch der Lampe, so wird im einzelnen Fall zu entscheiden sein, wie hoch beide zu wählen sind. Wo die Kosten der elektrischen Energie relativ hohe sind, und ein Mehr- oder Minderverbrauch an Energie eine annähernd proportionale Erhöhung oder Verminderung der Gesamtkosten bedingt, wird man Lampen von möglichst geringem Wattverbrauch pro Normalkerze verwenden; man geht bis zu ca. 1,5 Watt pro Nk herab. Der für solche Lampen notwendige häufigere Lampenersatz fällt bei dem jetzigen sehr billigen Lampenpreise nicht sehr ins Gewicht. Wo dagegen der Strom sehr billig geliefert werden kann oder durch Verminderung des Stromverbrauchs kein wesentlicher Vorteil erwächst, wird man Lampen von höherem Energieverbrauch und entsprechend höherer Lebensdauer verwenden. Man geht bis zu 4 Watt pro Nk.

Am meisten werden verwendet Lampen von 3—3,5 Watt Energieverbrauch pro Nk, welche 800—1000 Stunden Lebensdauer ergeben.

Für Hintereinanderschaltung in grösserer Anzahl werden Glühlampen mit einer selbstthätigen Kurzschlussvorrichtung in den Handel gebracht. Sie werden ihrem Zweck entsprechend für eine geringe Spannung und entsprechend hohe Stromstärke hergestellt und können besonders bei Strassen- und Platzbeleuchtungen mit Vorteil Verwendung finden, überhaupt da, wo alle Lampen stets gleichzeitig brennen. Doch haben sie wegen ihres hohen Preises und ihres beschränkten Verwendungskreises sehr wenig Eingang gefunden.[1]

Für besondere Zwecke werden Glühlampen in den verschiedensten Ausstattungen geliefert. Ausführlich darauf einzugehen entspricht nicht dem Zweck dieses Buches. Kurz hingewiesen sei auf die Lampen mit mattierten Glasbirnen, die eine Blendung des Auges durch den glühenden Faden wirksam verhindern, und besonders in Wohnräumen, an Schreib- und Arbeitstischen oft verwendet werden; die Mattierung bedingt indessen wesentliche Lichtverluste.

Farbige Lampen, d. h. Lampen mit gefärbten oder aus farbigem Glas hergestellten Glasbirnen, finden für Schaufensterbeleuchtungen, Dekorationen, ferner in photochemischen Laboratorien und vor allem in Theatern in ausgedehntem Maße Verwendung. In Theatern wird speziell zur Beleuchtung der Bühne, zur Erzielung der mannigfaltigsten Beleuchtungseffekte, in der Regel ein dreifacher Satz von Lampen benutzt, mit farblosem, rotem und grünem oder blauem Glase. Die Helligkeit jeder einzelnen Farbenlampen-Gruppe durch geeignete Regulatoren innerhalb der weitesten Grenzen und unabhängig von den übrigen Farben regulierbar gemacht.

b) Armaturen.

Zum Schutz, zur Befestigung, für die Bedienung der Lampen, sowie für besondere Zwecke sind eine Reihe von Zubehörteilen erforderlich, bezüglich deren wir uns auf folgende Bemerkungen beschränken.

1. Für Bogenlampen werden im allgemeinen besondere Laternen erforderlich sein, welche zunächst den Lichtbogen gegen Zugluft und

---

[1] Speziell für Hintereinanderschaltung in Wechselstrom-Anlagen hat sich die Verwendung von Glühlampen in Verbindung mit parallel zu den einzelnen Lampen geschalteten Drosselspulen bewährt, welche letzteren so bemessen sind, dass sie beim Erlöschen der Lampe den vollen Strom aufnehmen können.

die ganze Lampe gegen Beschädigungen und Witterungseinflüsse, ferner die Umgebung gegen Feuersgefahr schützen, und gleichzeitig das Verbindungsglied zwischen der eigentlichen Lampe und dem Träger der Lampe bilden.

Die äussere Ausstattung kann die denkbar verschiedenartigste sein, und ist je nach dem speziellen Zweck zu wählen.

Die Glasschutzhülle hat in der Regel Kugel- oder Eiform oder sie ist sechseckig. Sechseckige Laternen finden hauptsächlich im Freien Verwendung. Kugel- und Eiformen sowohl im Freien als auch in Innenräumen. Die Glasglocken sollten stets nur mit einer Drahtumstrickung verwendet werden, die bei etwaigem Bruch der Glocke das Herabfallen der Bruchstücke verhindert. Alabasterglas, und noch mehr Opalglas und Milchglas bedingen Lichtverluste von ca. 15—40 %. Aber sie bewirken eine gleichmäßigere Lichtverteilung und verhindern zu grelle Schattenbildung. Ausserdem entziehen sie dem Auge den Anblick des blendenden Lichtbogens. Sie werden daher in den weitaus meisten Fällen verwendet. Klarglasglocken oder -Scheiben findet man hauptsächlich nur bei Beleuchtung grosser Plätze durch hochaufgehängte Lampen.

Die Befestigung der Laternen erfolgt entweder durch Aufsetzen auf Kandalaber oder Wandarme, oder durch Aufhängen, sei es an der Decke von Räumen, oder an Auslegern, Wandbügeln, Kandelabern oder Masten von Holz, eisernen Gitter- oder Rohrmasten. Die Laternen müssen stets gut zugänglich bleiben und entweder bequem herabzulassen oder durch eine Leiter etc. bequem erreichbar sein, da die Lampen im allgemeinen tägliche Bedienung erfordern.

Um die Lampen herablassen zu können, werden dieselben mit Aufziehvorrichtungen verschiedenster Art ausgestattet, die zumeist aus Rollen, Seil und Gegengewichten, oder aus Rollen, Seil und Seilwinde bestehen. Bei hohen Masten ist ausserdem zur Verhütung des Anschlagens an den Mast eine schlittenartige Lampenführung oder sonstige Sicherheits-Vorrichtung nötig. Zum Aufziehen sollten Hanfseile nur in Innenräumen verwandt werden. Im Freien eignen sich besser Stahldrahtseile.

Bei Lampen mit Aufziehvorrichtung ist ein hinreichend langes bewegliches Stromzuführungsseil vorzusehen.

Bezüglich der Aufhängehöhe, nach der die Höhe der Masten etc. zu bemessen ist, vgl. Abschn. I.

Zur Verwendung in Scheinwerfern u. s. w. werden die Lampen direkt mit dem geeignet eingerichteten Apparate zusammengebaut. Die Einrichtung der letzteren Apparate wird den jeweiligen Zwecken entsprechend eine sehr verschiedene sein. Je nachdem es sich um Erzielung einfacher Beleuchtungseffekte, sei es zu Dekorationszwecken, sei es auf der Bühne, oder um Konzentrierung einer möglichst gleichmäfsig verteilten Lichtmenge auf einer bestimmten Fläche, z. B. zu photographischen Zwecken, oder um Lichtquellen für Projektionsapparate, oder um Erhellung bestimmter Punkte in grösserer oder geringerer Entfernung, oder um Signallichter, oder um weithin nach einer oder mehreren Seiten sichtbare Positionslichter für Leuchttürme handelt, können hier Apparate vom einfachsten Parabolspiegel bis zum feinsten, mit den vollkommensten Mitteln der modernen Präzisionsmechanik und Optik herzustellenden Instrumente in Frage kommen.

Zur Milderung und möglichst gleichmäfsigen Verteilung des Bogenlichts in Innenräumen, und zur möglichst vollständigen Vermeidung aller Schattenbildung selbst bei Verwendung nur einer einzigen Lichtquelle sind verschiedene zum Teil geradezu genial erdachte Apparate konstruiert worden, welche besonders in Werkstätten, Zeichensälen, Büreauräumen mit grösstem Vorteil Verwendung finden können.

2. Was nun die Glühlampen anbetrifft, so ist zunächst für jede Glühlampe eine Fassung nötig und es ist der Lampenfuss zu diesen Fassungen passend zu wählen. Fassungen verschiedener Systeme sollten in einer Anlage nicht verwendet werden, da sonst die Einheitlichkeit beeinträchtigt und das Auswechseln der Glühlampen mit Umständlichkeiten verknüpft sein würde.

Lampen, die einzeln ein- und ausgeschaltet werden sollen, und bequem zugänglich sind, erhalten Fassungen mit Ausschalter (Hahnfassungen). Oft erfordert es die Bequemlichkeit der Bedienung, den Ausschalter getrennt von der Fassung an einer anderen Stelle anzubringen, von der aus das Ein- und Ausschalten besorgt wird.

Lampen, die gruppenweise ein- und ausgeschaltet werden, erhalten gemeinschaftliche Ausschalter.

Um eine Lampe, z. B. eine Stehlampe oder eine Handlaterne an verschiedenen Stellen aufstellen, und innerhalb gewisser Grenzen frei bewegen zu können, führt man ihr den Strom durch eine bewegliche Doppelleitungsschnur zu, die mittels eines Doppelkontaktstöpsels nach

Belieben an verschiedene Steckkontakte oder Anschlussdosen angeschlossen werden kann, die an den Gebrauchsstellen angebracht werden.

Als eigentliche Träger der Lampen, bezw. der Fassungen dienen je nach den speziellen Bedürfnissen einfache Stützen oder Füsse, oder Wandarme, oder Hängearme, Kronen, herabhängende Schnüre, Stehlampen oder einfache Handgriffe oder Haken. Die Ausstattung dieser Gegenstände lässt naturgemäfs eine unendliche Mannichfaltigkeit zu, und man wird bei der Auswahl derselben vor allen Dingen auf den Charakter des Raumes und etwa gezogene Preisgrenzen Rücksicht zu nehmen haben.

Vielfach wird man in der Lage sein, bereits vorhandene Gasbeleuchtungsarmaturen zur Anbringung der Glühlampen zu verwenden.

Die Verbindung der Glühlampen-Fassungen mit den Beleuchtungskörpern geschieht zum Teil durch kleine Verbindungsstücke mit Gewinde für Fassung und Beleuchtungskörper (Nippel).

Eines besonderen Schutzes bedürfen die Glühlampen im allgemeinen nicht. In sehr feuchten Räumen, im Freien u. s. w., wird es nötig, die Lampen in wasserdicht schliessende Glasglocken einzuschliessen. In besonderen Fällen, wo die Lampen durch Stösse etc. zerstört werden könnten, umgiebt man sie mit einem Schutzkorb von weitmaschigem Drahtgitter. In allen Fällen, wo die Lampen einen Schirm oder eine Glocke erhalten, verleihen schon diese bis zu einem gewissen Grade einen Schutz gegen unvorsichtige Berührungen.

Der Hauptzweck der Schirme und Glocken ist entweder ein dekorativer, oder sie dienen zur gleichmäfsigeren Verteilung und Abblendung des Lichtes oder sie sollen das Licht auf eine bestimmte Fläche konzentrieren.

Zumeist wird mehreren dieser Absichten Rechnung zu tragen sein. Die gleichmäfsigste Lichtverteilung wird durch passende weisse oder mattierte Glasglocken oder geeignete Glasschirme erzeugt, und kann hierbei gleichzeitig den dekorativen Zwecken in jeder Weise vollauf genügt werden.

Zur Konzentrierung des Lichtes auf eine bestimmte Fläche, insbesondere auf eine Tischfläche oder Arbeitsstelle verwendet man einfache Reflektorschirme. Milchglasschirme lassen gleichzeitig nach oben Licht durch und geben daher eine bessere Allgemeinbeleuchtung. Grün überfangene Glasschirme dämpfen das nach oben gehende Licht in einer den

Augen wohlthuenden Weise. Blechschirme und Schirme aus Papiermasse und dergl. sind zumeist billiger und dauerhafter, lassen aber überhaupt kein Licht nach oben gehen.

Von den Blechschirmen verdienen die emaillierten unbedingt den Vorzug vor den lakierten, da sie weniger Licht verzehren, und die Emaille nicht so leicht, wie der Lack, abspringt. Sie sind aber etwas teurer.

Diese Schirme haben gewöhnlich Kegelmantelform oder bilden einen Kugel-Oberflächenabschnitt. Dieselben müssen um so flacher gestaltet sein, je grösser bei gegebener Lampenhöhe der Beleuchtungskreis sein soll.

In manchen Fällen wird ein Regulieren der Lichtstärke notwendig sein. Es geschieht dies am besten durch Vorschaltung entsprechend abgestufter Widerstände. Von besonderer Wichtigkeit ist die Helligkeitsregulierung für Bühnenbeleuchtungen. Durch die sichere und durchaus gleichmäfsige, stetige Regulierbarkeit innerhalb der weitesten Grenzen ist hier das elektrische Licht ebenso den anderen Beleuchtungsarten überlegen, wie durch seine Feuersicherheit.

Sicherheits-Vorschriften.[1]

a) Verband Deutscher Elektrotechniker.

I. Niederspannung.

§ 15. Glühlicht. a) Glühlampen dürfen in Räumen, in denen eine Explosion durch Entzündung von Gasen, Staub oder Fasern stattfinden kann, nur mit dichtschliessenden Überglocken, welche auch die Fassungen einschliessen, verwendet werden.

Glühlampen, welche mit entzündlichen Stoffen in Berührung kommen können, müssen mit Schalen, Glocken oder Drahtgittern versehen sein, durch welche die unmittelbare Berührung der Lampen mit entzündlichen Stoffen verhindert wird.

b) Die stromführenden Teile der Fassungen müssen auf feuersicherer Unterlage montiert und durch feuersichere Umhüllung, welche jedoch nicht

---

[1] Quellenangabe siehe Vorrede.

stromführend sein darf, vor Berührung geschützt sein. Hartgummi und andere Materialien, welche in der Wärme einer Formveränderung unterliegen, sowie Steinnuss, sind als Bestandteile im Innern der Fassungen ausgeschlossen.

c) Die Beleuchtungskörper müssen isoliert aufgehängt, bzw. befestigt werden, soweit die Befestigung nicht an Holz oder bei besonders schweren Körpern an trockenem Mauerwerk erfolgen kann. Sind Beleuchtungskörper entweder gleichzeitig für Gasbeleuchtung eingerichtet oder kommen sie mit metallischen Teilen des Gebäudes in Berührung, oder werden sie an Gasbeleuchtungen oder feuchten Wänden befestigt, so ist der Körper an der Befestigungsstelle mit einer besonderen Isoliervorrichtung zu versehen, welche einen Stromübergang vom Körper zur Erde verhindert. Hierbei ist sorgfältig darauf zu achten, dass die Zuführungsdrähte den nicht isolierten Teil der Gasleitung nirgends berühren. Beleuchtungskörper müssen so aufgehängt werden, dass die Zuführungsdrähte durch Drehen des Körpers nicht verletzt werden können.

d) Zur Montierung von Beleuchtungskörpern ist gummiisolierter Draht (mindestens nach § 7 b) oder biegsame Leitungsschnur zu verwenden. Wenn der Draht aussen geführt wird, muss er derart befestigt werden, dass sich seine Lage nicht verändern kann und eine Beschädigung der Isolation durch die Befestigung ausgeschlossen ist.

e) Schnurpendel mit biegsamer Leitungsschnur sind nur dann zulässig, wenn das Gewicht der Lampe nebst Schirm von einer besonderen Tragschnur getragen wird, welche mit der Litze verflochten sein kann. Sowohl an der Aufhängestelle, als auch an der Fassung müssen die Leitungsdrähte länger sein als die Tragschnur, damit kein Zug auf die Verbindungsstelle ausgeübt wird.

Auch sonst dürfen Leitungen nicht zur Aufhängung benützt werden, sondern müssen durch besondere Aufhängevorrichtungen, welche jederzeit kontrollierbar sind, entlastet sein.

§ 16. Bogenlicht. a) Bogenlampen dürfen nicht ohne Vorrichtungen, welche ein Herausfallen glühender Kohlenteilchen verhindern, verwendet werden. Glocken ohne Aschenteller sind unzulässig.

b) Die Lampe ist von der Erde isoliert anzubringen.

c) Die Einführungsöffnungen für die Leitungen müssen so beschaffen sein, dass die Isolierhülle der letzteren nicht verletzt werden und Feuchtigkeit in das Innere der Laterne nicht eindringen kann.

d) Bei Verwendung der Zuleitungsdrähte als Aufhängevorrichtung dürfen die Verbindungsstellen der Drähte nicht durch Zug beansprucht und die Drähte nicht verdrillt werden.

e) Bogenlampen dürfen nicht in Räumen, in denen eine Explosion durch Entzündung von Gasen, Staub oder Fasern stattfinden kann, verwendet werden.

II. Hochspannung.

§ 23. Allgemeines. a) Lampen, die ohne besondere Hülfsmittel zugänglich sind, müssen eine geerdete Schutzumhüllung haben.

b) Lampen in Hochspannungsstromkreisen müssen zum Zweck der Bedienung durch Schalter, welche den Vorschriften des § 14 c entsprechen, ausschaltbar sein.

c) Die Lampenträger müssen entweder gegen Berührung geschützt oder geerdet sein.

d) Zur Montierung von Beleuchtungskörpern ist isolierter Draht (vergl. § 1 d) zu verwenden. Wenn der Draht an der Aussenseite des Beleuchtungskörpers geführt ist, muss er derart befestigt sein, dass sich seine Lage nicht verändern kann und eine Beschädigung der Isolation durch die Befestigung ausgeschlossen ist.

e) Bei Reihenschaltung der Lampen muss jede Lampe mit einer Vorrichtung versehen sein, welche bei Stromunterbrechung der Lampe selbstthätig Kurzschluss oder Nebenschluss herstellt.

§ 24 Glühlampen. a) In Räumen, in denen betriebsmässig explosible Gemische von Gasen, Staub oder Fasern vorkommen, dürfen Glühlampen nur mit luftdicht schliessenden starken Überglocken aus Glas, welche auch die Fassung einschliessen, verwendet werden. Die Schutzglocken dürfen ohne besondere Hulfsmittel nicht erreichbar sein und müssen durch einen geerdeten metallischen Schutzkorb gegen mechanische Beschädigung geschützt sein. Glühlampen, welche mit sonstigen entzündlichen Stoffen in Berührung kommen können, müssen mit Glocken oder geerdeten Drahtgittern versehen sein.

b) Die stromführenden Teile der Fassungen müssen auf feuersicherer Unterlage montiert sein.

b) Von anderweitigen Vorschriften

seien erwähnt:

I. Board of Trade.

Bogenlichtbeleuchtung. § 44. Schutzvorrichtungen. Alle Bogenlampen sind so einzurichten, dass Stücke glimmender Kohlen oder Scherben zerbrochener Glocken nicht herabfallen können. In Räumen, in welche explosible Gase oder Staub eindringen könnten, dürfen Bogenlampen nicht verwendet werden.

§ 45. Höhe über dem Boden. Bogenlampen für Strassenbeleuchtung müssen wenigstens 10 Fuss (3,05 m) oberhalb des Erdbodens sich befinden.

In Strassen befindliche Bogenlampen für Privatbeleuchtung dürfen in keinem ihrer Teile weniger als 8 Fuss (2,44 m) vom Erdboden entfernt sein.

§ 46. Ausschalter. Für jede Bogenlampe in Hochspannungsstromkreisen ist ein in einem verschlossenen Gehäuse befindlicher Ausschalter vorzusehen, dessen Konstruktion

    a) die Lampe gänzlich vom Stromkreise zu trennen gestattet;
    b) seine sichere Handhabung in der Dunkelheit, ohne besondere Vorsichtsmassregeln, ermöglicht;
    c) das Entstehen von Lichtbögen, Funken und übermässiger Erhitzung bei seiner Handhabung ausschliesst.

II. Wiener Verein.

§ 44. In allen Fällen, wo Spannungen über 200 V bei Wechselstrom und über 500 V bei Gleichstrom vorkommen können, dürfen unbedeckte metallische Teile der Beleuchtungskörper (Fassung der Glühlampen, Gestell der Bogenlampen) nicht im Stromkreise liegen.

§ 45. Wenn Lampen an der Leitung befestigt werden, darf deren Gewicht nicht von den Verbindungsschrauben getragen werden.

Bei Verwendung feiner Drähte in den Kabeln für bewegliche Lampen sind die Enden der Drähte zu verlöten, bevor diese mit Klemmschrauben befestigt werden.

§ 46. Beleuchtungskörper, in denen oder an denen Leitungen geführt werden, sind von Metallmassen (Gasrohren u. s. w.) elektrisch zu isolieren.

§ 47. Die Rohre von Beleuchtungskörpern, durch welche Leitungen geführt werden, müssen inwendig glatt sein, d. h. keine scharfen Ecken, Grate oder dergl. haben. Die Rohre müssen, wenn beim Löten Säuren verwendet wurden, vor dem Einziehen der Drähte sorgfältig gewaschen und gereinigt werden.

§ 48. Gegen das Eindringen der Feuchtigkeit (durch Kondensation) sind die Rohre der Beleuchtungskörper an den Einführungsstellen der Leitungen wasserdicht abzuschliessen.

§ 49. Fassungen mit Abstellern für Glühlampen dürfen bei beweglichen Lampen nur dann angewendet werden, wenn an der Fassung eine mindestens 100 mm lange Handhabe angebracht ist, mittels der man die Fassung beim Ausschalten halten kann.

§ 50. Bogenlampen dürfen in Räumen, wo explosive Körper oder brennbare Gase vorkommen, nicht verwendet werden. Glühlampen haben verlässliche Sicherheitsverschlüsse zu erhalten.

§ 51. In Räumen, wo leicht brennbare Körper vorkommen, sind an den Bogenlampen Schutzglocken, welche mit Drahtgeflecht umsponnen sind, und unter den Kohlen Aschenteller aus Metall anzubringen.

§ 52. In Räumen, wo eine Berührung der Bogenlampen mit brennbaren Stoffen vorkommen kann, sind die Schutzglocken ganz geschlossen zu halten.

III. Schweizer Regulativ.

Art. 43. Befindet sich eine grössere Anzahl Lampen auf einem Beleuchtungskörper, so sind dieselben in Gruppen einzuteilen, von denen jede mit einer zweipoligen Sicherung zu versehen ist. Beleuchtungskörper wie Leuchter, Wandarme etc. sind an der Aufhängungsbzw. Befestigungsstelle zu isolieren. Der Beleuchtungskörper selbst darf nicht als Stromleitung verwendet werden.

Die Lampenfassungen sind so zu befestigen, dass sie sich nicht drehen können.

Wenn die Beleuchtungskörper sowohl für Gas- als auch für elektrische Beleuchtung dienen sollen, müssen sie folgenden Bedingungen genügen:

a) Der Isolationswiderstand zwischen dem Beleuchtungskörper und der Gasleitung soll mindestens 500 000 Ω betragen.
b) Die Glühlampenfassungen und das Gehäuse der Bogenlampen sind überdies noch besonders vom Beleuchtungskörper zu isolieren.
c) Die Zuleitungsdrähte müssen extra stark isoliert und so angebracht werden, dass sie von der Wärme der Gasflammen keinen Schaden leiden.

Art. 44. Jeder Bogenlampenkreis ist auf beiden Polen mit einem Ausschalter und einer Sicherung zu versehen.

Art. 36. Die Bogenlampen sind mit Schutzglocken und Aschentellern, Lampen im Freien ausserdem mit wasserdichten Schutzvorrichtungen zu versehen.

Mit Bezug auf die Bogenlampen-Vorschaltwiderstände gelten die Bestimmungen des Art. 7.[1]

---

[1] Vergl. Abschn. VII.

Beispiele ausgeführter Lampen-Installationen.

	Seite
Aufhängung einer Bogenlampe an einem einfachen Holzmast für Werkplatz-Beleuchtung	232
Aufstellung einer Bogenlampe auf einfachem Mast in Marienbad	233
Strassenbogenlampe auf reich dekoriertem gusseisernen Mast in Rom	234
Aufhängung einer Bogenlampe in der Strassenmitte	235
Scheinwerfer	236
Bogenlichtbeleuchtung im Zeichensaal der Kunstakademie zu Rotterdam	237
Schema der Lichtverteilung eines Oberlichtreflektors	237
Schema einer einfachen Vorrichtung für Bogenlicht-Beleuchtung von Innenräumen mit zerstreutem Licht	238
Vorrichtungen zum Herablassen von Bogenlampen	239
Elektrische Beleuchtung der Bühne des Königl. Hoftheaters zu Wiesbaden	240/241
Anordnung der Glühlampen in dem elektrisch beleuchteten Speisesaal des Hotel Weber in Dresden	242
Elektrische Beleuchtung des Zuschauerraums des Königl. Hoftheaters Hannover	243

Aufhängung einer Bogenlampe an einem einfachen Holzmast,
der an seinem oberen Ende einen gebogenen Ausleger aus ∪-Eisen trägt. Letzterer ist mit Rollen
versehen, über welche das die Lampe tragende Aufzugseil läuft. Unten am Mast befindet sich eine
Aufzugwinde, mittelst welcher die Lampe herabgelassen werden kann. Ausgeführt für Werkplatz-
Beleuchtung von Ganz & Comp., Budapest.

Aufstellung einer Bogenlampe auf einfachem Mast in Marienbad.
Die Lampe ist an einem eisernen Bügel fest montiert und mit grossem Reflector versehen (Wechselstrom). Der Mast ist mit Leiteranlage versehen. Die Leitungszuführung erfolgt oberirdisch. Die Lichtmasten sind als Isolatorenträger mitbenutzt. Zur Benutzung bei geringerem Lichtbedarf ist in halber Höhe eine Glühlampe in wasserdichter Schutzglocke an einem schmiedeeisernen Arm befestigt. Ausgeführt von Ganz & Comp., Budapest.

Strassenbogenlampe auf reich dekoriertem gusseisernen Mast in Rom.
Stromzuführung vom unterirdischen Netz aus durch das hohle Innere des Ständers und des lyraförmigen Aufsatzes. Die Lampe ist nicht herablassbar, weshalb der Mast zum Anlegen einer Leiter geeignet ausgeführt ist. Ausgeführt von Ganz & Comp., Budapest.

Anfhängung einer Bogenlampe in der Strassenmitte
an einem von zwei Masten getragenen verzierten Rohrbogen. Stromzuführung durch das Innere des
Mastes und der Rohre vom unterirdischen Netz aus. Ausgeführt in Karlsbad durch Ganz & Comp.,
Budapest.

Scheinwerfer
mit parabolischem Glasspiegel, von 1500 mm Durchmesser mit versilberter Oberfläche; ausgerüstet mit horizontaler Bogenlampe für 150 Ampère Stromstärke; eingeschlossen in ein Eisenblechgehäuse, welches um eine horizontale und um eine vertikale Axe drehbar ist. Die Drehung erfolgt von Hand (bei anderen Apparaten dieser Art ist ein kleiner Elektromotor vorgesehen, der die Drehung auch von entfernter Stelle aus gestattet). Aufgestellt auf Worlds Columban Exhibition, Chicago 1893; jetzt auf dem Leuchtturm von Sandy Hork befindlich.

Lampen-Installationen.

Bogenlichtbeleuchtung im Zeichensaal der Kunstakademie zu Rotterdam.
Die Bogenlampen sind mit Oberlichtreflectoren System Hrabowski ausgestattet, um eine möglichst
gleichmässige Lichtvertheilung und Vermeidung von Schlagschatten zu erzielen (vergl. nachfolgende
Darstellung). Ausgeführt von Siemens & Halske.

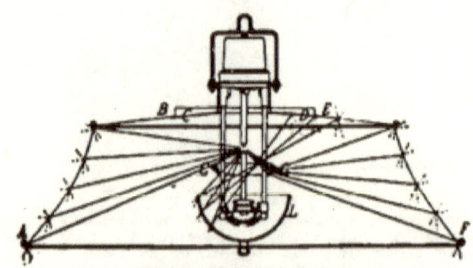

Schema der Lichtvertheilung
mit einem Oberlichtreflector System Hrabowski. — A B E F Leinwandschirm auf Drahtgestell,
L Alabasterglasschirm, G prismatischer Glasring.

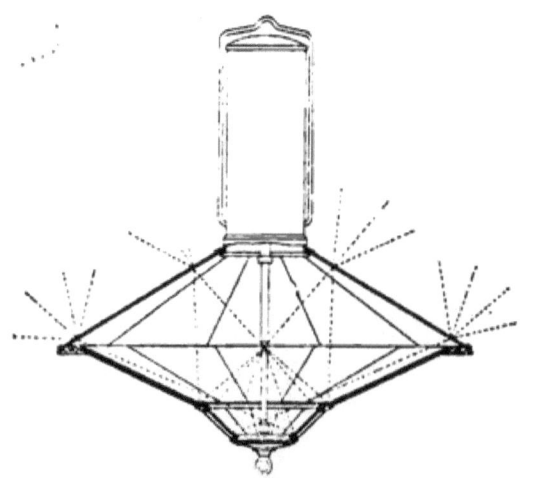

Schema einer einfachen Vorrichtung für Bogenlicht-Beleuchtung von Innenräumen mit zerstreutem Licht.

Unterhalb der Lampe ist ein emaillierter Blech-Reflektor angebracht, der alles nach unten gehen le Licht nach der Decke zurückwirft, von wo es im ganzen Raume mit grosser Gleichmässigkeit verteilt wird. Die Laterne kann von oben her durch Glas (Klarglas, Riffelglas, Opalglas etc.) zum Schutz gegen Luftzug oder gegen Staub bezw. zur Erzielung gleichmässiger Lichtverteilung abgedeckt werden. Ausgeführt von El. A.-G. vorm. Schuckert & Co., Nürnberg.

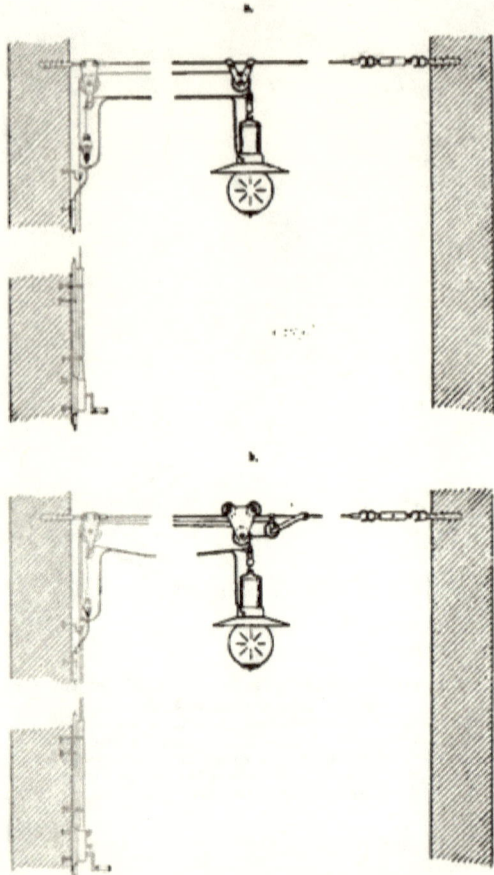

Vorrichtungen zum Herablassen von Bogenlampen,
die in der Strassenmitte an Spannseilen aufgehängt sind. Die Einrichtung ist so getroffen, dass die Lampe sich beim Herablassen bei a. schräg herab nach dem Bürgersteig zu bewegt; bei b. findet zunächst nur eine horizontale Bewegung der Lampe und hiernach erst ein Niedergehen statt. Es ist bei dieser Vorrichtung eine bequemere Bedienung der Lampen möglich und es wird zugleich eine Berührung mit etwa vorhandenen oberirdischen Bahnleitungen vermieden. Ausgeführt von El.-A.-G. vorm. Schuckert & Co., Nürnberg.

240 Lampen-Installationen.

Elektrische Beleuchtung der Bühne des Königl. Hoftheaters
Soffitten-, Kulissen- und Rampen-Beleuchtung mit gleichmäßig verteilten Glüh-Lampen drei ver
körper brennen in einem gemeinsamen Stromkreise und sind durch einen gemeinsamen Re alier
regulierbar. Die Regulierhebel sämtlicher Stromkreise sind a dem „Bühnenregulator" vere igt
Zum Schutz der Glühlampen dient ein weitmaschiges D abgeflochl. Außer den vorgenannten bei
oder mehreren Farbenlampengruppen auf leicht transportablen Gestellen montiert (Vor
werfer für Effektbeleuchtung

...baden (gegen den herabgelassenen eisernen Vorhang gesehen).
...er Farben. Die Lampen einer und derselben Farbe und einer und derselb n Bogen-kurz ge-
...nd in ihrem Helligkeitsgrade zu ganz allmählicher Abnahme bis zum gänzlichen Erlöschen
...sämtlichen Beleuchtungskörper sind verschiebbar in vertikaler bezw. horizontaler Richtung.
...tungskörpern sind eine grosse Anzahl von verschiedengeformten Beleuchtungskörpern mit einer
...iger Abbildung steht ein solcher vorne bis auf der Bühne. Mitten auf der Bühne ist ein Schein-
...führt von Siemens & Halske.

242 Lampen-Installationen.

Anordnung der Glühlampen in dem elektrisch beleuchteten Speisesaal
des Hotel Weber in Dresden.
Ausgeführt von Siemens & Halske.

Elektrische Beleuchtung des Zuschauerraums des Kgl. Hoftheaters Hannover.
Ausgeführt von Siemens & Halske.

XI. Abschnitt.

Die Motoren.

a) Arten von Motoren.

Bei Wahl der Motoren wird man sich in erster Linie klar werden müssen über das Stromsystem derselben. Motoren können an und für sich mit Gleich- oder ein- oder mehrphasigem Wechselstrom betrieben werden.

Handelt es sich um einen Anschluss an eine bereits vorhandene Anlage, oder ist das Stromsystem der projektierten Anlage durch andere Gesichtspunkte bereits festgelegt, so ist hierdurch im allgemeinen auch das Stromsystem der Motoren von vornherein bestimmt. Andernfalls sind im wesentlichen die oben im Abschn. II a entwickelten Gesichtspunkte maßgebend.

Dort wurden auch bereits die charakteristischen Eigentümlichkeiten der Motoren für verschiedene Stromarten einander gegenüber gestellt. Wir beschränken uns daher hier auf das bezüglich der besonderen Ausführungsarten der Motoren zu Beachtende.

Von den Gleichstrom-Motoren bieten die Nebenschlussmotoren den Vorteil, dass die Tourenzahl bei Belastungsänderungen nur innerhalb geringer Grenzen variiert, wenn der Betrieb mit konstanter Spannung erfolgt, und dass nötigenfalls mit Hilfe eines im Nebenschluss liegenden Widerstandes die Tourenzahl innerhalb sehr weiter Grenzen ohne wesentliche Energie-Verluste reguliert werden kann.

Die Tourenzahl der Reihenschluss-Motoren ist bei Betrieb unter konstanter Spannung nicht konstant, sondern ändert sich innerhalb weitester Grenzen mit Änderung der Belastung. Bei gänzlicher Entlastung kann die Tourenzahl leicht eine den Anker gefährdende Höhe erreichen, und es sind überall da, wo ein Durchgehen des Motors nicht ausgeschlossen erscheint, geeignete Vorkehrungen zur Sicherung des Motors zu treffen.

Auch wird im Allgemeinen eine Vorrichtung zur Regulierung der Tourenzahl nicht entbehrt werden können.

Eine Regulierung der Tourenzahl ist nur durch Umschaltung der Erregerwicklung oder durch Einschalten von Widerständen in den Hauptstrom möglich. Letzteres ist aber sehr unökonomisch.

Reihenschluss-Motoren lassen sich leichter für höhere Spannungen bauen und sind leichter für hohe Anzugskräfte einzurichten. Sie finden daher vielfach Verwendung zum Betrieb von Fahrzeugen und überhaupt da, wo grosse Massen rasch in Bewegung zu setzen sind.

Wo es sich um eine einfache Kraftübertragung mit nur einer Primär- und einer Sekundärmaschine handelt oder um eine gleichwertige Kombination mehrerer Maschinen, können stets Reihenschlussmaschinen mit grösstem Vorteil verwendet werden, da der Motor dann auch bei Belastungsänderungen annähernd konstante Tourenzahl behält, vorausgesetzt, dass die Primärmaschine mit konstanter Tourenzahl betrieben wird.

Compound-Motoren vereinigen in sich bis zu gewissem Grade die Vorteile der Nebenschluss- und der Reihenschlussmotoren Bei geeigneter Wicklung halten sie besonders bei kleineren Typen die Tourenzahl genauer inne, wie die Nebenschlussmotoren, gestatten gleichwohl eine Regulierung der Tourenzahl innerhalb gewisser Grenzen und können leichter für eine stärkere Anziehungskraft beim Anlaufen gebaut werden als Nebenschlussmotoren.

Ihre Bedeutung ist nur eine sehr untergeordnete, da sie fast stets durch Nebenschlussmotoren ersetzbar sind.

Wechselstrommotoren können entweder synchrone oder asynchrone Motoren sein. Letztere haben wesentliche Vorzüge, so dass sie weitaus am häufigsten zur Anwendung gelangen. Sie können, wenigstens bei Mehrphasenstrom, für eine relativ hohe Anzugskraft gebaut werden, bedürfen keiner besonderen Erregung, laufen von selbst an, vertragen Überlastungen ohne stehen zu bleiben, und gestatten auch innerhalb gewisser Grenzen ein Variieren der Tourenzahl. Asynchrone Motoren bedürfen aber wegen der auftretenden Phasenverschiebung zu gleicher

Leistung einer höheren Stromstärke als Synchronmotoren, wodurch auch die Leitungs- und Maschinenanlage verteuert wird. Bei Dreiphasenanlagen wird dieser Mehrbedarf an Leitungsmaterial indessen bedeutend gegenüber einfachen Wechselstrom-Anlagen vermindert, da sich hier unter Voraussetzung gleicher Spannungen zwischen je zwei Leitern die Leitungsverhältnisse überhaupt günstiger gestalten.

Synchronmotoren wird man hauptsächlich für grössere Leistungen verwenden, wo der Motor nur selten ein- und ausgeschaltet wird und starke Überlastungen nicht zu erwarten sind. Bei häufigem In- und Ausserbetriebsetzen würde die umständliche Art des Anlassens (sie müssen durch eine besondere Kraftquelle auf ihre normale Tourenzahl gebracht werden), sich sehr unangenehm fühlbar machen. Ihre besonderen Vorzüge sind ein hoher Wirkungsgrad, grosse Billigkeit, bedeutende Ersparnis an Leitungsmaterial, die bei grossen Fernübertragungen sehr ins Gewicht fallen wird, und völlig genaues Einhalten der Tourenzahl wofern die Periodenzahl konstant bleibt. Letzteres kann z. B. Wert haben, wenn es sich um den Antrieb von Dynamos in Umformerstationen handelt

Bezüglich der Wahl zwischen Ein- und Mehrphasenmotoren ist besonders zu beachten, dass bei gleicher Leistung der Einphasenmotor sich teurer stellt, als der Mehrphasenmotor, dass er geringere Anzugskraft bei hoher Anlaufstromstärke und in der Regel geringeren Wirkungsgrad besitzt, als der Mehrphasenmotor, sowie dass der Betrieb ein komplizierterer und unsicherer ist. Man wird ihn daher nur da anwenden, wo nur einfacher Wechselstrom zur Verfügung steht.

b) Tourenzahl.

Bezüglich der Tourenzahl der Motoren gilt ganz Ähnliches, wie oben bezüglich der Tourenzahl der Dynamos gesagt.

Schnelllaufende Motoren sind kleiner und billiger als langsamlaufende bei gleicher Leistungsfähigkeit. Letztere sind im Allgemeinen solider und zuverlässiger. Oberste und unterste Grenzen, innerhalb deren die Tourenzahl überhaupt gewählt werden kann, ergeben sich im Allgemeinen aus der Leistung und der Bauart der Motoren.

Bei direkter Kuppelung mit dem zu betreibenden Mechanismus ist die Tourenzahl durch letzteren im Allgemeinen bestimmt. Auch bei

Übersetzungen wird man vielfach über eine gewisse Grenze nicht hinausgehen können, um nicht zu ungünstige Übersetzungsverhältnisse zu bekommen.

Bei Wechselstrommotoren ist bei gegebener Motorentype bezw. Polzahl die Tourenzahl durch die Polwechselzahl des Betriebsstromes bestimmt und kann nicht beliebig gewählt werden.

c) *Spannung.*

Bezüglich der **Betriebsspannung** der Motoren sei bemerkt, dass dieselbe beim Anschluss an vorhandene Centralen im Allgemeinen von der Betriebsspannung der Centrale abhängen wird. In Wechselstrom-Centralen kann man durch Aufstellung von Transformatoren die Betriebsspannung den jeweiligen Bedürfnissen anpassen. Doch wird man, soweit angängig, die Transformatoren ganz vermeiden und event. die Hochspannung direkt dem Motor zuführen, unter Beobachtung der nötigen Vorsichtsmaßregeln.

In Mehrleiteranlagen kann man je nach Bedarf die Motoren unter der vollen oder einer Teilspannung speisen. Es empfiehlt sich hierbei, grössere Motoren, die öfter ein- und ausgeschaltet werden, oder die unter stark variabler Belastung arbeiten, nur zwischen die Aussenleiter zu legen, um eventuell Störungen gleichzeitig brennender Glühlampen auf ein Minimum zu reduciren. Bei kleineren Nebenschlussmotoren, deren Schenkel oft nur schwer für die volle Mehrleiterspannung gewickelt werden können, wird man die Schenkel unter einer Teilspannung speisen, den Anker aber an die Aussenleiter legen.

Bezüglich der Spannungen, für welche die Motoren überhaupt gebaut werden können, gilt im Wesentlichen ganz dasselbe, wie für die Dynamos bereits gesagt wurde (vergl. Abschn. III d).

d) *Antriebsart und Aufstellung.*

Auch bezüglich der **Antriebsart** und der **Aufstellung** der Motoren, insbesondere auch für den Schutz bei Betrieb mit hoher Spannung, gilt im Allgemeinen ganz das nämliche, wie für die Dynamos. Auf einzelnes hierauf Bezügliche werden wir bei Besprechung einiger besonderer Fälle am Schluss dieses Abschn. noch kurz zurückkommen.

c) Zubehörteile.

Um die Motoren vor Überlastung und den daraus sich ergebenden Nachteilen zu schützen, sind dieselben durch selbstthätige Ausschalter zu sichern, und finden hier zunächst Schmelzsicherungen Verwendung, die so zu bemessen sind, dass die bei Inbetriebsetzung oder bei vorübergehender innerhalb der zulässigen Grenze liegender Überlastung der Motoren auftretenden höheren Stromstärken ein Abschmelzen oder zu starkes Erhitzen nicht bewirken können. In der Regel wird es genügen, bei Bemessung der Sicherungen bis zu dem $1^1/_4$ fachen der normalen Stromstärke zu Grunde zu legen.

Die In- und Ausserbetriebsetzung erfolgt im Allgemeinen durch Anlasswiderstände, die bei Gleichstrommotoren in den Hauptstrom, bei asynchronen Wechselstrommotoren aber in den induzierten Teil gelegt werden und deren Bemessung zum Teil von der beim Anlaufen erforderlichen Anzugskraft abhängen wird.

Ferner werden die Anlasser um so reichlicher dimensionirt werden müssen, je länger dieselben beim Anlassen des Motors eingeschaltet bleiben und je ungünstiger die Abkühlungsverhältnisse sind. Wo grosse Massen in Bewegung zu setzen und daher der Anlauf sehr lange dauert (mehr als etwa $^3/_4$—1 Minute) oder wo ein sehr häufiges, kurz aufeinanderfolgendes Anlassen nötig oder wo der Anlasser zugleich zur Regulierung der Tourenzahl benutzt wird, ergeben sich zumeist sehr grosse und teure Apparate.

Flüssigkeitsanlasser sind zwar einfach und billig, haben aber mancherlei Nachteile, bedürfen grösserer Wartung und sind schwer.

Die Zahl der Widerstandsstufen eines Anlassers wird um so grösser zu wählen sein, je geringer die beim Anlassen auftretenden Stromstösse sein sollen. Insbesondere in Anlagen mit gleichzeitigem Lichtbetrieb wird auf letzteren Umstand zu achten sein.

Kleine Motoren, deren Leistung etwa unter 1 PS., können mit einem gewöhnlichen Ausschalter bedient werden. Auch bei grösseren Motoren können zum Ausschalten, nicht aber zum Einschalten, unter Umständen einfache Ausschalter, besonders Kohlenausschalter verwendet werden.

Bei Mehrphasenmotoren wird vielfach auch bei grösseren Motoren das Einschalten ohne besonderen Anlasser bewirkt, da bei diesen ein

Anwachsen der Stromstärke in dem Mafse wie bei Gleichstrommotoren nicht eintreten kann. Immerhin beträgt bei derartigem Einschalten der Motoren (die dann mit sog. Kurzschlussankern versehen sind) die Stromstärke anfangs ein Mehrfaches des normalen Betriebsstromes, so dass beim Einschalten ganz bedeutende Stromstösse eintreten, die besonders in Lichtanlagen sehr störend wirken. Bei asynchronen Einphasenmotoren ist ausser dem Anlasser noch eine besondere Vorrichtung nötig, durch die ein in seiner Phase gegen den Hauptstrom verschobener Strom erzeugt wird, (Inductionsspule etc.). Der Anlaufstrom ist bei diesen Motoren sehr hoch (bei unbelastetem Anlauf mindestens das Doppelte des normalen, bei belastetem Anlauf bis zum Dreifachen).

Synchrone Motoren laufen überhaupt nicht von selbst an. Sie müssen durch eine besondere Kraftquelle vor dem Einschalten auf volle Tourenzahl gebracht werden. Da, wo sie nur zur Unterstützung einer anderen Betriebskraft dienen sollen, oder wo eine solche aus anderen Gründen disponibel, wird diese letztere am besten hierzu verwandt. Zuweilen kann die zur Erregung notwendige Gleichstromkraftquelle, wenn dieselbe eine von dem Motor angetriebene Dynamo ist, hierzu verwendet werden, indem man diese von einer in der Nähe befindlichen Batterie oder anderer Gleichstromquelle als Motor treiben lässt. Wo dies nicht möglich, oder nicht empfehlenswert, kann man sich durch Aufstellen eines kleinen asynchronen Motors helfen, der entweder nur dazu dient, den Synchronmotor anlaufen zu lassen oder auch z. B. zum Antrieb der Erregermaschine verwandt werden kann.

Bei reinen Kraftübertragungsanlagen mit nur einer Primär- und Sekundärmaschine können bei Verwendung von Gleichstrom-Reihenschlussmaschinen oder von Mehrphasenmaschinen und wenn keine hohe Anzugskraft verlangt wird, besondere Anlassvorrichtungen ganz entbehrt werden, indem bei geschlossenem Stromkreis der Motor gleichzeitig mit der Primärmaschine anläuft. Zur Verständigung zwischen Primär- und Sekundärstation ist dann zumeist eine telephonische Verbindung oder eine andere geeignete Signalvorrichtung nötig.

Zur Umkehrung der Drehrichtung sind die verschiedenen anzupassenden mit den Anlassern in geeigneter Weise zu kombinierenden Umsteuerungsvorrichtungen zu verwenden, und wird deren Wahl hauptsächlich von der Stromart und dem System der Motoren, der verlangten Umschaltungsgeschwindigkeit und der maximal in Frage kommenden Belastung der Motoren beim Beginn der Umschaltung abhängen. Kommt die Umschaltung nur während des Stillstandes des Motors in Frage, so genügt ein dem Anlasser beigegebener gewöhnlicher Umschalter.

Handelt es sich darum die Tourenzahl zu regulieren, so werden im Allgemeinen regulierbare Widerstände erforderlich sein, die bei Gleichstrom-Nebenschlussmotoren in den Nebenschluss, unter Umständen auch in den Hauptstrom gelegt werden. Letzteres ist unökonomisch und erfordert oft sehr teure Widerstände. Die Anlasser wird man nur dann zugleich als Tourenregulatoren verwenden dürfen, wenn dieselben hinreichend stark dimensionirt sind.

Bei Reihenschlussmaschinen kann man sowohl durch geeignete Umschaltung der Wicklungen als durch Vorschaltung von Widerständen regulieren.

In gewissen Fällen, insbesondere wenn mehrere hintereinandergeschaltete Serienmotoren unabhängig von einander reguliert werden sollen, werden mit Vorteil Widerstände verwendet, die in Parallelschaltung zu den einzelnen Motoren liegen. Innerhalb beschränkter Grenzen lässt sich die Tourenzahl der Gleichstrommotoren auch durch Bürstenverstellung variieren.

Bei Wechselstrommotoren gestaltet sich die Tourenregulierung im Allgemeinen sehr unvorteilhaft und wäre bei Synchronmotoren überhaupt nur durch gleichzeitiges Reguliren der Tourenzahl der Dynamo zu ermöglichen.

Zuweilen wird eine Bremsung der durch den Motor in Bewegung gesetzten Massen erforderlich werden, und kann in solchen Fällen zuweilen mit Vorteil die bei der Bremsung zu vernichtende lebendige Kraft durch den Motor in elektrische Kraft umgewandelt werden, indem man den Motor durch die bewegten Massen als Dynamo treiben lässt. Die erzeugte elektrische Energie kann entweder in Widerständen in Wärme umgesetzt oder in das Netz zurückgesandt werden. Hauptsächlich eignen sich hierfür Gleichstrom-Nebenschlussmotoren. Eine Besprechung der hierfür erforderlichen Schaltungen und Apparate würde uns zu weit führen.

f) Specielle Fälle.

Die ausserordentlich vielseitige Anwendung, welche die Elektromotoren bisher gefunden, ist ausser den mannigfachen anderen Vorzügen in erster Linie auf seine grosse **Anpassungsfähigkeit** zurückzuführen. Man wird daher, um in jedem Falle ein den besonderen Anforderungen entsprechendes möglichst günstiges Funktionieren zu erzielen und die Vorzüge des elektromotorischen Antriebes voll auszunutzen, von Fall zu Fall wohl erwägen müssen, welche Motorart, welche specielle Anordnungsweise, welche Hilfsapparate zu wählen sind, um den besonderen Betriebsbedingungen am besten zu entsprechen. Wir müssen uns hier darauf beschränken, zur Erläuterung dessen einige kurze Andeutungen zu geben.

Handelt es sich um den Betrieb von Werkstätten mit zahlreichen Einzelmaschinen, so wird man in erster Linie die Frage zu entscheiden haben, ob die Maschinen einzeln durch besondere Motoren oder in grösseren oder kleineren Gruppen durch gemeinschaftliche Motoren anzutreiben sind; vgl. hierüber Abschnitt I b.

Bei **Gruppenantrieb** wird die Hauptschwierigkeit in der passenden Gruppirung liegen. Maschinen von grossem Kraftbedarf, zumal wenn dieselben stark schwankenden Betrieb haben, wird man nicht gern mit kleineren Maschinen zusammengruppieren, zumal wenn dieselben eine gleichmässige Tourenzahl erfordern. Bei Wechselstrommotoren wird letzteres Moment nicht von so grosser Bedeutung sein, da hier die Tourenzahl der einzelnen Motoren durch Spannungsschwankungen wenig beeinflusst wird.

Bei **Einzelantrieb** wird die passende Wahl des Motors, die Antriebsweise und die Art des Zusammenbaus mit den anzutreibenden Maschinen in erster Linie zu erwägen sein.

Wo es auf möglichst genaue Einhaltung einer bestimmten Tourenzahl ankommt, wird man (mehrphasige) Wechselstrom-, oder, bei Gleichstromanlagen, eventuell Compoundmotoren verwenden. Wenn es sich um grössere Leistungen handelt, wird auch ein guter Nebenschlussmotor genügen.

Häufig werden bestimmte Geschwindigkeitsabstufungen verlangt. Wechselstrommotoren (ein- oder mehrphasige) und Gleichstromserienmotoren lassen eine ökonomische Regulierung in einfacher Weise nicht zu. Man wird zumeist zu mechanischen Vorrichtungen seine Zuflucht nehmen müssen. Gleichstrom-Nebenschlussmotoren gestatten eine bequeme Tourenregulierung durch Nebenschlussregulierung. Doch tritt über eine gewisse Grenze hinaus starkes Feuer am Commutator auf. Es giebt indessen Specialkonstruktionen, die eine Tourenänderung bis zu einem Verhältnis 1 : 6 und mehr gestatten.

Die Antriebsweise wird zum Teil bedingt sein durch die Tourenzahl von Elektromotor und anzutreibender Maschine. Erstere wird schon im Interesse der geringen Kosten des Motors zumeist sehr gross sein, während Werkzeugmaschinen etc. meist sehr geringe Tourenzahlen verlangen. Für sehr grosse Übersetzungsverhältnisse wird Antrieb durch Schnecke oft in Frage kommen, zumal gute mehrgänge Schnecken bis zu 80—90 % Wirkungsgrad ergeben, also kaum hinter dem einer mehrfachen Zahnradübersetzung zurücksteht. Vor letzteren hat die Schnecke den Vorzug geräuschlosen Ganges, der sich bei Zahnrädern bis zu gewissem Grade ebenfalls durch Verwendung von Rohhauttrieben erreichen lässt. Riemenantrieb wird hauptsächlich nur für geringere Übersetzungsverhältnisse in Frage kommen. Er hat den Nachteil grösseren Raumbedarfs, der aber bei kleineren Motoren in vorteilhafter Weise durch federnde Aufhängung des Motors ausgeglichen werden kann, wobei der Motor durch sein Gewicht die gleichmässige Riemenspannung bewirkt. Der Motor ist bei solcher Antriebsweise bei stark variablem Betrieb nicht so sehr den Stössen ausgesetzt als bei starrer Verbindung. Zum besseren Ausgleich von Stössen werden zuweilen die Motorriemenscheiben noch mit besonderen Schwungkränzen versehen.

Die Anordnung des Motors wird in erster Linie von der Antriebsweise abhängen. Wenn möglich wird der Motor zur Ersparung von Raum mit dem Gestell der anzutreibenden Maschine zusammengebaut. Die Welle kann nach Bedarf horizontal oder vertikal stehen, wenn beim Bau des Motors hierauf entsprechend Rücksicht genommen wird.

Für Krähne kann man entweder einen Motor für die sämmtlichen auszuführenden Bewegungsarten verwenden oder es wird für jede Bewegung ein besonderer Motor aufgestellt. Im ersteren Falle erfolgt die Ein-, Aus- und Umschaltung der Triebwerke mechanisch und der Motor, der in der Regel nur in den grösseren Pausen ausgeschaltet wird, erhält nur einen einfachen Anlasser.

Ökonomischer und sicherer, wenn auch in der Erstanlage etwas teurer, gestaltet sich der Betrieb bei Verwendung je eines besonderen Motors für jede Bewegung, also bei Drehkrähnen je einen für Hub (bezw. Senkung) und für Drehung, eventuell auch für eine Laufbewegung; bei Laufkrähnen je einen für Hub, für Laufbewegung der Katze und für Fortbewegung des ganzen Krahnes. Die In- und Aussergangsetzung, sowie Umsteuerung der Triebwerke erfolgt in diesem Falle unmittelbar durch die Motoren, welche mit geeigneten Anlass- und Umsteuerungsvorrichtungen zu versehen sind.

Dieselben müssen ein ganz besonders rasches und sicheres Funktionieren ermöglichen, ohne dabei an Dauerhaftigkeit einzubüssen; ferner muss die Bedienung eine möglichst einfache, auch durch weniger geschulte Arbeiter leicht auszuführende sein. Vorzüglich bewähren sich hierfür Apparate mit Kohlen-Kontakten.

Für andere Hebezeuge, wie Winden, Aufzüge, sowie für Spills, Schiebebühnen und Drehscheiben wird in der Regel nur ein Motor in Frage kommen, der am besten unmittelbar die Ein- und Ausschaltung und Umsteuerung des Triebwerks bewirkt und hierfür geeignete Apparate erhält, für die das oben Gesagte gilt.

Bei Aufzügen werden mit Vorteil selbstthätige Anlasser verwendet, die das Ein- und Ausschalten der Widerstandsstufen genau dem jeweiligen Stadium des Laufes entsprechend bewirken. Ganz besonders grosse Manövrierfähigkeit müssen die Anlasser und Umsteuerungen von Förderwinden, Schiebebühnen und ähnlichen Maschinen gewährleisten, welche ein rasches und sicheres Einstellen der bewegten Teile auf ein genau bestimmtes Niveau oder auf eine bestimmte Richtung (z. B. Geleise auf Geleise) erfordern. Es muss möglich sein, mit solchen Apparaten ganz kurze Stromstösse abzugrenzen, um Bewegungen der beweglichen Teile von wenigen Millimetern auszuführen.

Der Antrieb solcher Maschinen wird fast ausschliesslich durch Zahnräder erfolgen. Riemenantrieb ist im allgemeinen ganz ausgeschlossen. Die in Frage kommenden Motoren werden, bei Wechselstrom, Mehrphasen-Motoren sein müssen, bei Gleichstrom werden in der Regel Nebenschluss-Motoren verwendet werden. Reihenschluss-Motoren werden nur insoweit in Frage kommen können, als durch die ganze Anordnung oder durch passende Schaltapparate ein Durchgehen der Motoren ausgeschlossen erscheint. Ungenutete Anker sollten überhaupt nicht verwandt werden.

Für landwirtschaftliche Betriebe, für Dreschmaschinen, Pflüge etc. werden meistens transportable Motoren gewünscht. Es werden zu diesem Zwecke kleinere Motoren auf Tragbahren, grössere auf Wagen montiert nebst dem erforderlichen Anlasser etc. und eventuell einer Kabel-Trommel.

Die Anwendung der Elektromotoren für Pflugbetrieb ist noch in der ersten Entwicklung begriffen, dürfte sich aber für den Grossbetrieb in allen den Fällen, wo elektrische Anlage sowieso besteht oder wo Wasserkräfte etc. billig zur Verfügung stehen, dem Dampfbetrieb als überlegen erweisen, nicht nur bezüglich der Betriebskosten, sondern auch bezüglich der einfacheren Bedienung, des Wegfalls der oft sehr teueren Wassertransporte und der Feldbeschädigung durch die schweren Lokomobilen.

Für Tiefkulturen, etwa 25—35 cm Pflugtiefe und eine Leistung von ca. $1/_2$ Hektar pro Stunde, ist je nach der Bodenbeschaffenheit ein 25—35 PS-Motor nötig. Es sind Versuche gemacht worden, den Motor direkt mit dem Pfluge zusammen zu bauen und die Fortbewegung durch Einwirkung eines Kettenrades auf eine fest verankerte Kette zu bewirken. Die Einrichtung ist billig. Ausgiebige Erfahrungen fehlen zur Zeit noch.

Für elektrische Bahnen kommen fast ausschliesslich schnelllaufende Motoren zur Verwendung, wegen des geringeren Gewichts und des geringeren Raumbedarfs. Die erforderliche Motorleistung ergiebt sich mit ausreichender Genauigkeit aus der Formel:

Leistung $= \dfrac{P \cdot v \cdot (w + s)}{\eta \cdot 75}$ worin P die gesamte zu befördernde Last (Wagengewicht plus Gewicht der elektrischen Ausrüstung plus Nutzlast) in Tonnen, v die Fahrgeschwindigkeit in Meter per Sekunde, w den Bewegungs-Widerstand auf ebener grader Bahn in kg pro Tonne, s die maximale, in Berechnung zu ziehende Steigung der Bahn in $^0/_{00}$, η den Wirkungsgrad der Übersetzung von der Motorwelle auf die Triebräder bedeutet.

Der Wert von w beträgt für Rillenschienen etwa 10—15 bei Fahrt auf grader Strecke. Beim Anlaufen und in Kurven ist der Wert erheblich grösser (bis etwa 40—50 und mehr, je nach Beschaffenheit der Schienen, Kurvenradius, Spurweite und Radstand). Vorübergehende Mehrleistungen von kurzer Dauer können gut gebaute Motoren vermöge ihrer Überlastungsfähigkeit bis zum doppelten Betrage ihrer Normal-Leistung und mehr übernehmen. Ganz kurze Steigungen während freier Fahrt vermag der Wagen vermöge seiner lebendigen Kraft zu überwinden.

Der Wert von η wird je nach der Art und Dimensionierung der Übersetzungsteile von 0,70—0,85 gehen. Wegen der Verwendung schnelllaufender Motoren ergeben sich zumeist ungünstige Übersetzungsverhältnisse. Zumeist finden Zahnräder und Kettenräder Verwendung; Schneckentrieb ist weniger empfehlenswert. Für sehr schnellfahrende Bahnen, die sehr bedeutende Motorleistungen verlangen (Fernbahnen) kann auch direkte Kupplung des Motors mit der zu betreibenden Radaxe in Frage kommen.

Für grössere Leistungen verwendet man mit Vorteil zwei oder mehrere Motoren, wodurch grössere Betriebssicherheit, Regulierfähigkeit und ökonomischerer Betrieb, aber andererseits relativ höhere Kosten und höheres Gewicht erzielt wird.

Die Motoren müssen möglichst gut gegen Staub, Wasser etc. abgeschlossen und dabei möglichst einfach sein, um grosse Dauerhaftigkeit zu erzielen. Es existieren hierfür zahlreiche Spezial-Konstruktionen.

Um den Motor gegen Stösse zu sichern, hängt man ihn federnd auf.

Als **Betriebsspannung** für Bahnen kommen zumeist ca. 500 Volt in Frage. Als **Stromart** in erster Linie Gleichstrom. In neuerer Zeit wird mit gutem Erfolg auch **Drehstrom** angewandt, der die Möglichkeit bietet, etwa bestehende Drehstrom-Centralen auszunutzen, vor allem aber Verwendung höherer Spannungen, grössere Fernübertragungen und die rationelle Ausnutzung von Wasserkräften ermöglicht.

Als Nachteil ist hierbei anzusehen, dass die Geschwindigkeitsregulierung des Drehstrom-Motors sich in einfacher Weise nur auf Kosten des Wirkungsgrades erzielen lässt, sowie dass drei Zuleitungen erforderlich sind.

Von Gleichstrom-Motoren kommen fast ausschliesslich Serienmotoren zur Anwendung, da der Betrieb mit Nebenschlussmotoren mancherlei kleine Nachteile hat, die z. Zt. nicht in so einfacher Weise zu überwinden sind, wie bei Serienmotoren. Bei Bahnen mit längeren und erheblicheren Steigungen spricht sehr zu Gunsten des Nebenschlussmotors, dass bei der Thalfahrt Energie gewonnen und in das Netz oder in Accumulatoren zurückgegeben werden kann.

Die Regulierung der Tourenzahl erfolgt bei Gleichstrom-Serien-Motoren durch einen Schaltapparat („Controller") der gleichzeitig als Anlasser und Umsteuerung dient und durch Vorschalten oder Parallelschalten von Widerständen oder durch Umschaltung der Schenkelwicklung oder durch beide Methoden zusammen wirkt, wozu eventuell bei Verwendung mehrerer Motoren noch Umschaltung der Motoren (parallel und in Serie) kommt. Die Umsteuerung erfolgt durch Umschalten des Ankerstromes bei gleichbleibender Erregung.

Bahnbetrieb durch mitgeführte Accumulatoren bietet zur Zeit wegen des bedeutenden Gewichts der Accumulatoren nur da Vorteile, wo nennenswerte Steigungen nicht vorkommen und es sich um kleinere und mittlere Leistungen handelt. Accumulatoren werden hauptsächlich da in Frage kommen, wo die Stromzuführung von aussen mit besonderen Schwierigkeiten verknüpft ist. Die Einrichtung kann entweder so getroffen werden, dass für jeden in Betrieb befindlichen Wagen zwei Batterien vorhanden sind, deren eine in einem besonderen Laderaum geladen wird, während die andere in Betrieb ist, und dann nach einer gewissen Zeit ein Austausch der entladenen gegen die frisch geladene stattfindet; oder die Batterie bleibt im Wagen und es findet in Ruhepausen an bestimmten Ladestationen ein Nachladen statt. Da die Ladepausen für die Ladung ausreichend sein müssen, würde hierdurch bei verkehrsreichen Betrieben eine zu mangelhafte Ausnutzung des Wagenparks stattfinden. In Betrieben, wo nur stellenweise die Batterie in Thätigkeit tritt (nämlich da, wo die Stromzuführung von aussen erschwert) wird die Einrichtung vorteilhaft so getroffen, dass während der Fahrt mit äusserer Stromzuführung geladen wird, und wo die Stromzuführung von aussen aufhört, die Batterie den Betrieb übernimmt.

Für elektrisch zu betreibende Boote, für welche die Stromzuführung von aussen ausgeschlossen, kommt Accumulatorenbetrieb ausschliesslich in Frage.

Bezüglich der Motoren und Schaltapparate gilt für diese Ähnliches wie für Bahnen.

Über Stromzuführung für elektrische Bahnen vgl. Abschnitt IX d.

Sicherheits-Vorschriften.[1]

a) Verband Deutscher Elektrotechniker.

Hochspannung.

§ 6. Generatoren und Motoren. a) Mit isoliertem Gestell. Die Maschinen müssen mit einem isolierenden Bedienungsgang umgeben werden. Die Anordnung muss darart getroffen sein, dass die Bedienung ohne gleichzeitige Berührung eines Hochspannung führenden Teiles und des Gestelles oder eines nicht isolierten Körpers erfolgen kann.

b) Mit geerdetem Gestell. Die Hochspannung führenden Teile müssen, soweit sie im Betriebe zugänglich sind, durch Schutzverkleidungen aus geerdetem Metall oder isolierendem Material gegen Berührung geschützt sein.

§ 7. Erregerstromkreise von Hochspannungsmaschinen. Wenn das Gestell von Hochspannungsmaschinen nicht geerdet ist, so gelten die Vorschriften des § 6 auch für Erregerstromquellen und sonstige mit den Hochspannungsmaschinen in Verbindung stehende Niederspannungsstromkreise.

b) Schweizer Regulativ.

Art. 12. Die Elektromotoren sollen den Bestimmungen der Art. 1 u. 2 entsprechen.[2]

Art. 13. Desgleichen sind die Artikel 4—11 auch für die Regulierwiderstände, Anlass-, Mess- und Schutzapparate in den Elektromotorenstationen massgebend.[3]

---

[1] Quellenangabe siehe Vorrede.
[2] Art. 1 lautet: „Elektrische Maschinen sind in trockenen Räumen unterzubringen, welche von leicht entzündlichen Gasen und Stoffen dauernd freigehalten werden können." — Art. 2 siehe unter den Vorschriften zum Abschn. über „Stromerzeuger."
[3] Art. 4—11 siehe unter den Vorschriften zum Kapitel „Schalttafel und Apparate."

Beispiele ausgeführter Motoren-Anlagen.

	Seite
Gleichstrom-Elektromotor mit Vorgelege	260
Poliertisch	261
Poliermotor	262
Schnellstanzmaschine	262
Nähmaschinen	263
Esszeug-Putzmaschine	263
Elektrisch betriebene Bodenbürst-Maschine	264
Webstühle, durch Drehstrom-Elektromotoren einzeln angetrieben	265
Antrieb mehrerer Farbmühlen	266
Antrieb einer Schnellpresse	267
Holzhobelmaschine	268
Nutstossmaschine	269
Universal-Fräsmaschine	270
Drehbank	271
Fahrbare Bohrmaschine	272/273
Stossbohrmaschine für härteres Gestein	274
Ventilator	275
Fahrbare Drillingspumpe	276
Senkpumpe	277
Schiebebühne	278
Lokomotiv-Drehscheibe	279
Heckankerspill	280
Anzugswinde (Spill) mit Elektromotor	281
Elektrisch betriebene Aufzugswinde	282
Fördermaschine	283
Förderhaspel	284
Förderhaspel, Aufriss- und Grundrissskizze	285
Grundriss eines Vollportalkrahns	286
Laufkrahn von 20 000 kg Tragfähigkeit	287
Chargiermaschine für Martinöfen	288/289
Laufkrahn	290
Lokomotiv-Drehkrahn	291
Strassenbahn-Motor mit Zahnradvorgelege	292
Elastische Aufhängung eines Bahnmotors	293
Zahnradgrubenlokomotive	294
Grubenlokomotive mit Accumulatoren	295
Grubenlokomotive	296
Transportbahn-Lokomotive	297
Elektrisch betriebene Rangierlokomotive	298/299
Elektrisch betriebenes Fährboot	300
Dreischariger Kippflug	301
Fahrbarer Gleichstrom-Elektromotor	302
Fahrbarer Elektromotor	303
Dreschmaschine	304
Transportabler Werkstattsmotor	305

Gleichstrom-Elektromotor mit Vorgelege,
bis 2 PS leistend, auf einem Wandconsol montiert zum Antrieb einer Werkzeugmaschine. Ausgeführt von El. A.-G. vorm. Schuckert & Co., Nürnberg.

Poliertisch

für Bijouterie mit 8 Arbeitsplätzen; ausgerüstet mit 4 kleinen Poliermotoren, welche je zwei (an jedem Wellenende eine) Polierbürsten tragen und durch Dosen-Ausschalter einzeln in und außer Betrieb gesetzt werden. Zum Schutz gegen Staub werden dieselben beim Betrieb mit einem Schutzkasten abgeschlossen, der nur die Wellenenden mit den Bürsten freilässt. — Einen einzelnen Poliermotor siehe in nachfolgender Abbildung. Ausgeführt von El. A.-G. vorm. Schuckert & Co., Nürnberg.

17*

Pollermotor
ca. 1/25 PS leistend. (Vergl. die vorausgehende Abbildung.)

Schnellstanzmaschine,
angetrieben durch Frictionsräder von einem Gleichstrom-Nebenschluss-Elektromotor. Ausgeführt von El. A.-G. vorm. Schuckert & Co., Nürnberg.

Nähmaschinen
angetrieben durch Gleichstrom-Elektromotoren von 1/15 bezw. 1/20 PS. Stromzuführung durch eine biegsame Leitungsschnur, die mittelst Anschlusskontakts an die Lichtleitung angeschlossen werden kann. In- und Ausserbetriebsetzung durch einen Dosen-Ausschalter. Für plötzliches Anhalten ist eine Bremsvorrichtung vorgesehen. Ausgeführt von El. A.-G. vorm. Schuckert & Co., Nürnberg.

Esszeug-Putzmaschine
durch doppelte Riemenübersetzung von einem Elektromotor angetrieben. Ausgeführt von
Ganz & Comp., Budapest.

Elektrisch betriebene Bodenbürst-Maschine.
Die Bürsten werden durch Schneckentrieb von einem kleinen Elektromotor betrieben, vermittelst einer biegsamen Leitungsschnur zugeführt bekommt, die z. B. an Lichtleitung angeschlossen werden kann und sich beim Fahren selbsttätig auf- und abwickelt. Ausgeführt von Ganz & Co., Budapest.

Webstühle, durch Drehstrom-Elektromotoren einzeln angetrieben.
Motorleistung ca. 0,4 PS bei ca. 900 Touren pro Min. Zahnradübertragung; Ein- und Ausschaltung mittelst eines Handhebels. Stromzuführungsleitungen in abgedeckten Kanälen (Abdeckplatten in obigem Bilde abgehoben). Ausgeführt von Brown, Boveri & Cie., Baden (Schweiz).

Antrieb mehrerer Farbmühlen
von einer durch einen Elektromotor getriebenen Transmission. Ausgeführt in der Kgl. Eisenbahn-Hauptwerkstätte Oppum-Crefeld durch Deutsche Elektr.-Werke, Aachen.

Antrieb einer Schnellpresse
durch einen 2-p'erdigen Gleichstrom-Motor. Der Antrieb erfolgt trotz des bedeutenden Übersetzungsverhältnisses mittelst einfacher Riemenübertragung von dem ganz in der Nähe aufgestellten Motor. Zur Erzielung der erforderlichen Riemenspannung und um letztere möglichst konstant zu halten ist der Motor auf einer Wippe montiert, so dass er durch sein eigenes Gewicht den Riemen spannt. In- und Ausser-Betriebsetzung durch einen an geeigneter Stelle angebrachten, mit dem Anlasser gekuppelten Handhebel. Ausgeführt von Siemens & Halske.

Holzhobelmaschine,
angetrieben mittelst Riemen von einem mit einem Elektromotor gekuppelten Vorgelege. Der Einzelantrieb wurde hier insbesondere auch mit Rücksicht auf die erforderliche hohe Tourenzahl der Maschine gewählt. Ausgeführt in der Grossh. Bad. Eisenbahnhauptwerkstätte zu Karlsruhe, von
Siemens & Halske.

Nutstossmaschine
angetrieben durch einen Gleichstrom-Nebenschluss-Motor von 2½ PS Leistung bei 900 Touren pro Min. Motor auf Consol am Ständer montiert und mit Schwungrad zum Ausgleich von Stössen versehen, treibt mittelst Schneckengetriebe das Werkzeug an, dessen Hubgeschwindigkeit durch einen Anlass- und Regulierwiderstand regulierbar ist. Ausgeführt von Maschinenfabrik Oerlikon.

Universal-Fräsmaschine,
angetrieben durch einen Gleichstrom Elektromotor, dessen Tourenzahl vermittelst eines Anlass- und Regulier-Apparates innerhalb der Grenzen 1:6 regulierbar. Ausgeführt von Berliner Maschinenbau A.-G. vorm. L. Schwartzkopff, Berlin.

Drehbank
mit elektr. Antrieb durch einen Gleichstrom-Motor. Antrieb durch Reibungsgetriebe mit Sperrwerk.
Ausgeführt von Elektr. A.-G vorm. W. Lahmeyer & Co., Frankfurt a. M.

Fahrbare Bohrmaschine,
betrieben durch einen Gleichstrom-Elektromotor, dessen Tourenzahl innerhalb der Grenzen 1 : 6 veränderbar; mit Anlass- und Regulierwiderstand; Kabelhaspel mit Doppelleitungsseil und Anschlussstöpseln zum Anschluss an vorhandene Kontaktdosen. Antrieb des Bohrers mittelst biegsamer Schlauchwelle. Ausgeführt von Berliner Maschinenbau-A.-G. vorm. L. Schwartzkopff, Berlin.

Fahrbare Bohrmaschine,
bestehend aus einem Elektromotor von 2½ PS Leistung nebst Anlasser, der mittelst einer Stirnradübersetzung eine oberhalb des Motors fest gelagerte Welle antreibt, die an ihrem anderen Ende den Anschluss an eine Gelenkwelle bildet. Veränderung der Tourenzahl durch Auswechseln der Stirnräder. Ausgerüstet mit Kabelhaspel und Werkzeugkasten. Ausgeführt von Maschinenfabrik Oerlikon.

Stossbohrmaschine für härteres Gestein,
angetrieben mittelst biegsamer Welle von einem einpferdigen Gleichstrom-Elektromotor; montiert auf einem durchaus stabilen Freigestell, welches ein Bohren in jeder Lage gestattet. Der Elektromotor nebst Anlasser ist in einem tragbaren Kasten untergebracht und wird durch ein biegsames Stromseil mittelst eines Anschlusskontaktes an die Leitung angeschlossen. Leistung in festestem Granit oder Quarz bei 35 mm Lochdurchmesser ca. 80 bis 100 mm Lochtiefe pro Minute. Ausgeführt von
Siemens & Halske, Berlin.

Ventilator,
direkt gekuppelt mit einem Gleichstrom-Nebenschluss-Motor. Ausgeführt von Elektr. A.-G. vorm. W. Lahmeyer & Co., Frankfurt a. M.

Fahrbare Drillingspumpe,
mittelst Zahnräder angetrieben von einem Gleichstrom-Motor. Pumpenleistung 150 Liter pro Min. auf 45 m Höhe. Ausgeführt im Maxschacht zu Kladno von El. A.-G. vorm. Schuckert & Co., Nürnberg.

Senkpumpe,
angetrieben durch einen Drehstrom-Motor mit Zahnradvorgelege. Pumpe, Motor und Triebwerk sind in einem von allen Seiten verschliessbaren Gestell untergebracht, welches an Ketten hängend in den Schacht gesenkt wird. Die Stromzuführung erfolgt durch ein biegsames Stromseil. Die In- und Ausserbetriebsetzung erfolgt durch einen ausserhalb des Schachtes angeordneten Anlasser. Ausgeführt von Siemens & Halske.

Schiebebühne,
durch einen Gleichstrom-Motor mittelst Zahnräder angetrieben. Motor, Triebwerk und Anlasswiderstand befinden sich unter einem Wellblechdach. Die Stromabnahme erfolgt von oberirdisch verlegten Leitungen vermittelst zweier Stromabnahmebügel oder Rollen, die von einem Gittermast getragen werden der auf der Schiebebühne fest montiert ist. Ausgeführt auf Bahnhof Dortmund von El. A.-G. vorm. Schuckert & Co., Nürnberg.

Lokomotiv-Drehscheibe,

angetrieben durch einen Gleichstrom-Elektromotor von 7 PS Leistung, der mittelst Schnecke und Schneckenrad (im Ölbad laufend) eine vertikale Welle antreibt, welche die links vom Elektromotor sichtbare Säule durchsetzt und unterhalb der Plattform mittelst eines Zahnrades in den in der Grube liegenden Zahnkranz eingreift. Mittelst einer im oberen Teil der Säule liegenden Handkurbel ist, nach Abkuppelung des Schneckenrades, die Drehscheibe auch von Hand zu bedienen. Neben dem Elektromotor auf einem Traggerüst befindet sich ein Anlass- und Umsteuerungs-Apparat. Ausgeführt auf Bahnhof Hagen i. W. durch
Siemens & Halske, Berlin.

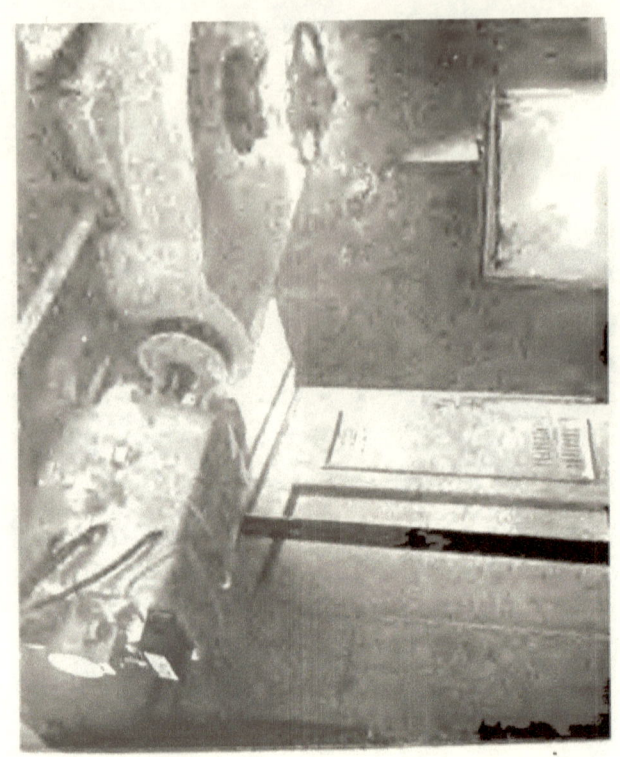

Heckankerspill

Anzugswinde (Spill) mit Elektromotor.
Der Elektromotor nebst Anlasser befindet sich in einem in die Erde eingelassenen wasserdichten eisernen Gehäuse, über welchem sich der Spillkopf erhebt. Die Stromzuführung erfolgt unterirdisch. Das Einschalten des Motors erfolgt durch einen den Anlasser bethätigenden Fusstritt. Der Antrieb erfolgt mittelst Zahnradübersetzung. Der Spillkasten kann leicht geöffnet werden und ist gegen Eindringen von Feuchtigkeit geschützt. Ausgeführt durch Deutsche Elektrizitäts-Werke, Aachen.

Elektrisch betriebene Aufzugswinde,
angetrieben mittelst Schneckenvorgelege durch einen Gleichstrom-Nebenschluss-Elektromotor, mit einem selbstthätigen, durch Centrifugal-Regulator bethätigten Anlasser, der mit zunehmender Umlaufgeschwindigkeit des Motors selbstthätig Widerstandsstufen ausschaltet; sowie mit einem durch das Steuerseil bethätigten elektrischen Umsteuer-Apparat. Anlasser und Umsteuer-Apparat sind zur Verminderung der Funkenbildung mit Kohlekontakten versehen.
Ausgeführt von Siemens & Halske, Berlin.

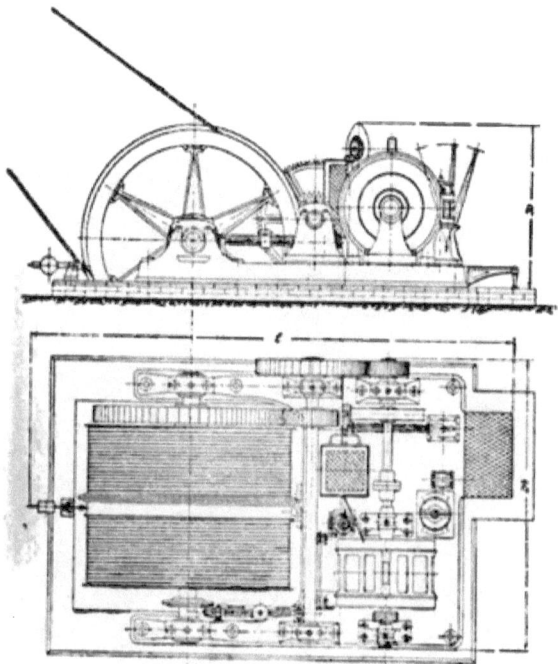

Fördermaschine,
durch einen Drehstrom-Elektromotor angetrieben; Aufriss und Grundriss. Doppelte Zahnrad-Übersetzung. Elektrische Umsteuerung mittelst eines Wendeanlassers mit Kohlekontakten, der von einem Handhebel bethätigt wird, der gleichzeitig die Handbremse bedient. Zur Orientierung über die jeweilige Stellung des Förderkorbes dient ein Teufenzeiger. Sämtliche Teile auf gemeinsamer Grundplatte montiert. Ausgeführt von Siemens & Halske, Berlin.

Förderhaspel,
angetrieben durch einen Gleichstrom-Nebenschluss-Elektromotor. Die Trommeln sind hochgelegt, um ein bequemes Abziehen der Hunde zu ermöglichen. Der Antrieb erfolgt durch Riemen von dem in einem Bretterverschlag untergebrachten Motor aus. Anordnung und Maße aus nachstehenden Darstellungen ersichtlich. Ausgeführt im Zieglerschacht zu Nürschan bei Pilsen von Siemens & Halske, Berlin.

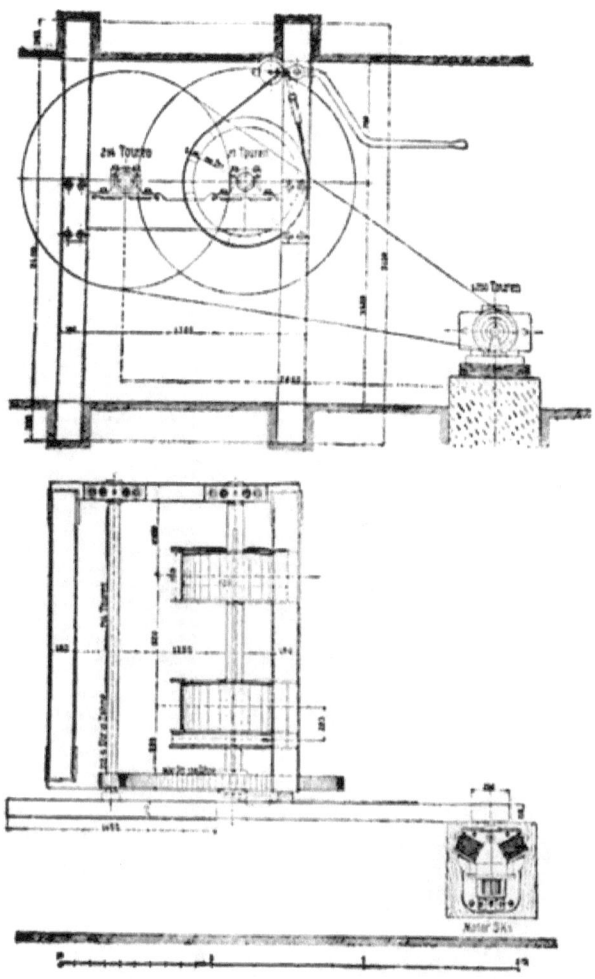

Aufriss- und Grundrissskizze
zu dem auf voriger Seite dargestellten Förderhaspel.

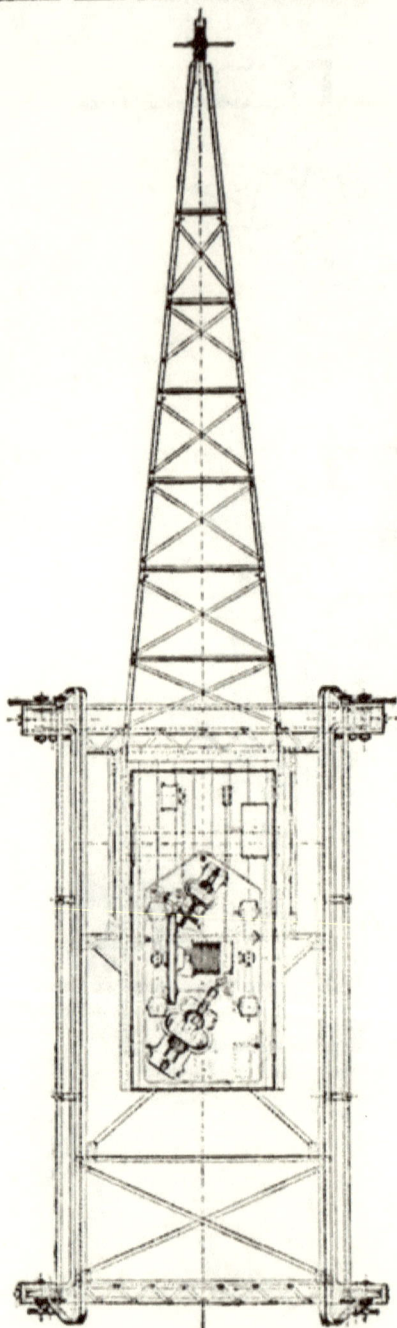

Grundriss eines Vollportalkrahnens
für 1500 kg Tragfähigkeit, 1 m mittlere sekundliche Hubgeschwindigkeit; mit einem 45-pferdigen Gleichstrom-Nebenschluss-Motor für Hubbewegung und einem 6-pferdigen Reihenschlussmotor für Drehbewegung. Jeder Motor ist mit einem Wende-Anlasser versehen. Der Antrieb der Seiltrommel erfolgt durch Schnecke, um möglichst die starken Geräusche zu vermeiden. (Statt dessen findet häufig Stirnradübersetzung mit Rohhauttrieb mit bestem Erfolg Anwendung.) Die Stromzuführung erfolgt mittelst biegsamen Stromseiles, welches an einen Anschlusskasten angeschlossen und durch den Drehzapfen hindurchgeführt wird.
Ausgeführt von
Siemens & Halske.
(Hafen-Anlagen Rotterdam.)
Maßstab 1 : 100.

Motoren-Anlagen.

Laufkrahn von 20000 kg Tragfähigkeit, angetrieben durch drei Gleichstrom-Elektromotoren für 110 Volt und zwar für die Fahrbewegung des ganzen Krahn-Gerüstes einen 4 PS Motor, der mittelst Schneckentrieb die aus gemeinsamer Welle mittelst La-federn fix bei (Fahrgeschwindigkeit 30 m/m); für die Querbewegung der Katze dient ein 3 PS Motor, er entfaltet mit Schneckentrieb (Fahrgeschw. 15 m/m); für die Hubbewegung dient ein 8 PS Motor, der mittelst mehrfacher Stirnradübersetzung den Winder et bethätigt (Hubgeschw. 14 oder 24 mm). Für jeden Motor ist ein Umschalter vorgesehen, der den Strom in der einen oder anderen Richtung durch den Anker sendet oder ganz unterbricht. Der Anlasser ist für alle drei Motoren gemeinsam und wird durch jeden der drei Umsteuerhebel gleicherartig mit letzterem bethätigt. Für die Stromzuführung dienen zwei in der Fahrtrichtung gespannte blanke Leitungen, an welchen zwei am Krahn befestigte Kontaktarme gleiten. In ähnlicher Weise sind in der Fahrtrichtung der Katze zwei vom Krahngestell getragenen Leitungen gespannt, von welchen zwei an der Katze befestigte Arme den Strom für die beiden Motoren der Katze entnehmen. Ausgeführt von Siemens & Halske für das Charlottenburger Werk dieser Firma.

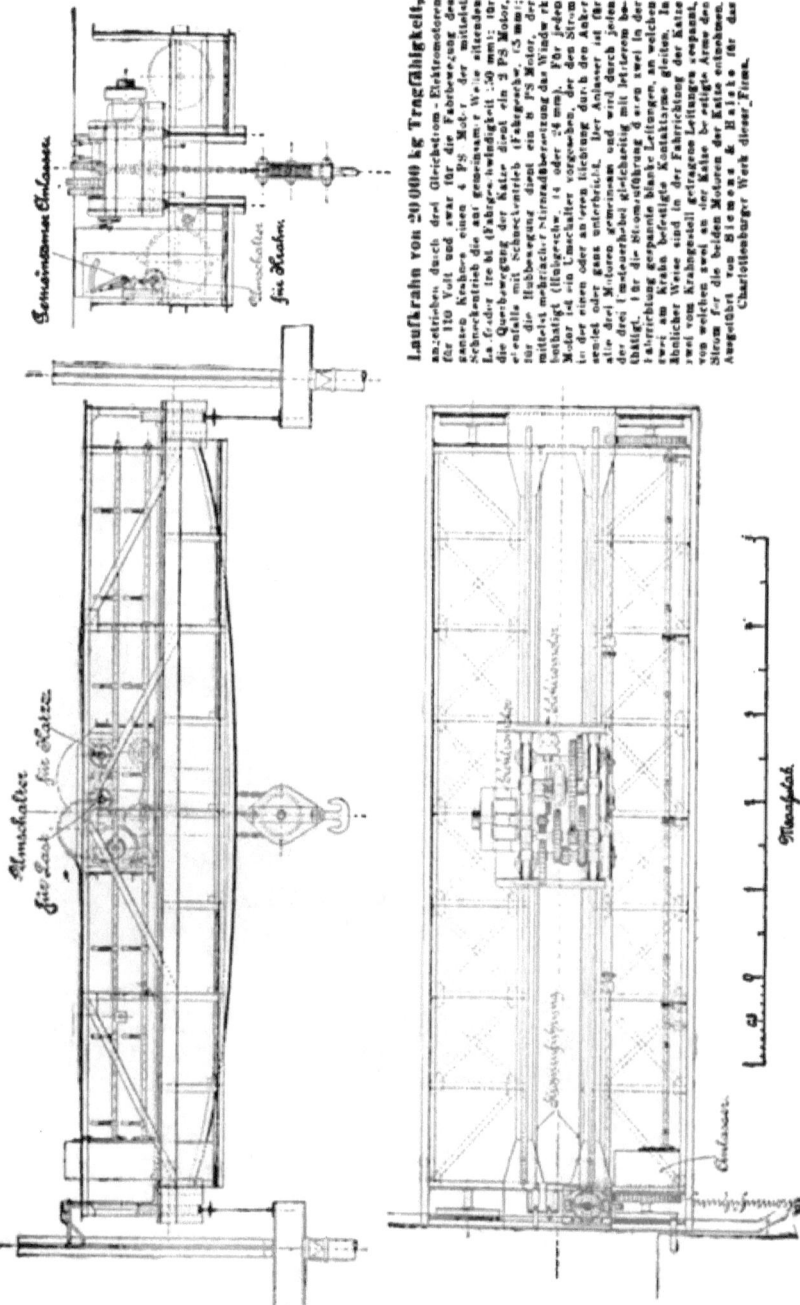

Chargiermas
1000 kg Muldenfüllung. Ausgerüstet mit einem 12 PS-Motor für H
Steuerung der vier Motoren durch zwei »Universalsteuerungen«. S4
240 Volt; Stromabnahme von oberirdischen Zuleitungen mittelst
Elektr.

ür Martinöfen,
 und je einem 7 PS-Motor für Vorschub-, Wende- und Fahrbewegung.
 toren und Regulatoren in staubdichten Gehäusen. Betriebsspannung
 n Stromabnehmer-Masten mit 2 Rollen. Ausgeführt von Union,
 ft, Berlin.

Laufkrahn,
betrieben durch zwei Drehstrom-Motoren (für Hub- und Laufbewegung). Ausgeführt von
Brown, Boveri & Cie., Baden (Schweiz).

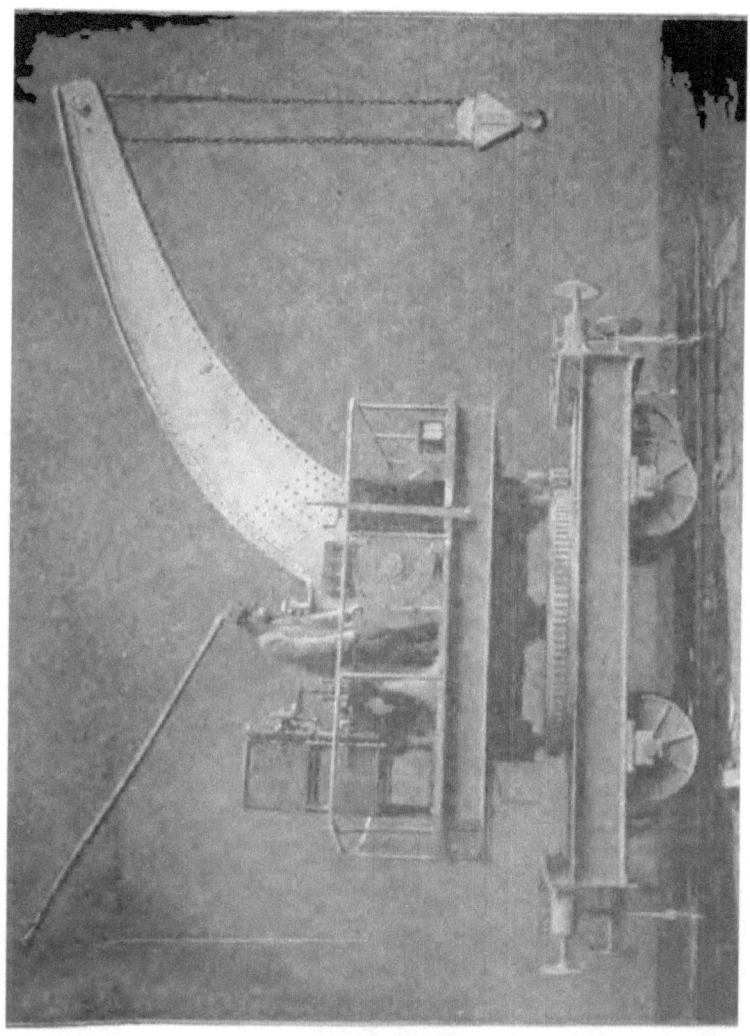

Lokomotiv-Drehkrahn
für 6000 kg Nutzlast; ... Motoren Hebezeuge, nebst »Universalsteuerung« ... Motor ... vornsteuerung«; zwei Motoren von je 17 PS für Fahrbewegung, nebst Controller. Oberirdische Stromzuführung mit Schienen-Rückleitung. Ausgeführt von Union, Elektr. Gesellschaft, Berlin.

Strassenbahn-Motor mit Zahnradvorgelege.

Gleichstrom-Reihenschluss-Motor. Magnetgestell als zweitheiliges, aufklappbares Schutzgehäuse ausgeführt zum Schutz gegen Eindringen von Staub und Feuchtigkeit. Zahnräder aus Stahl hergestellt, ganz in Fett laufend, sind ebenfalls durch dichtschliessendes Gehäuse geschützt. Der Motor wird elastisch aufgehängt, so dass eine geringe Drehung um die angetriebene Axe möglich ist. Ausgeführt von Maschinenfabrik Oerlikon.

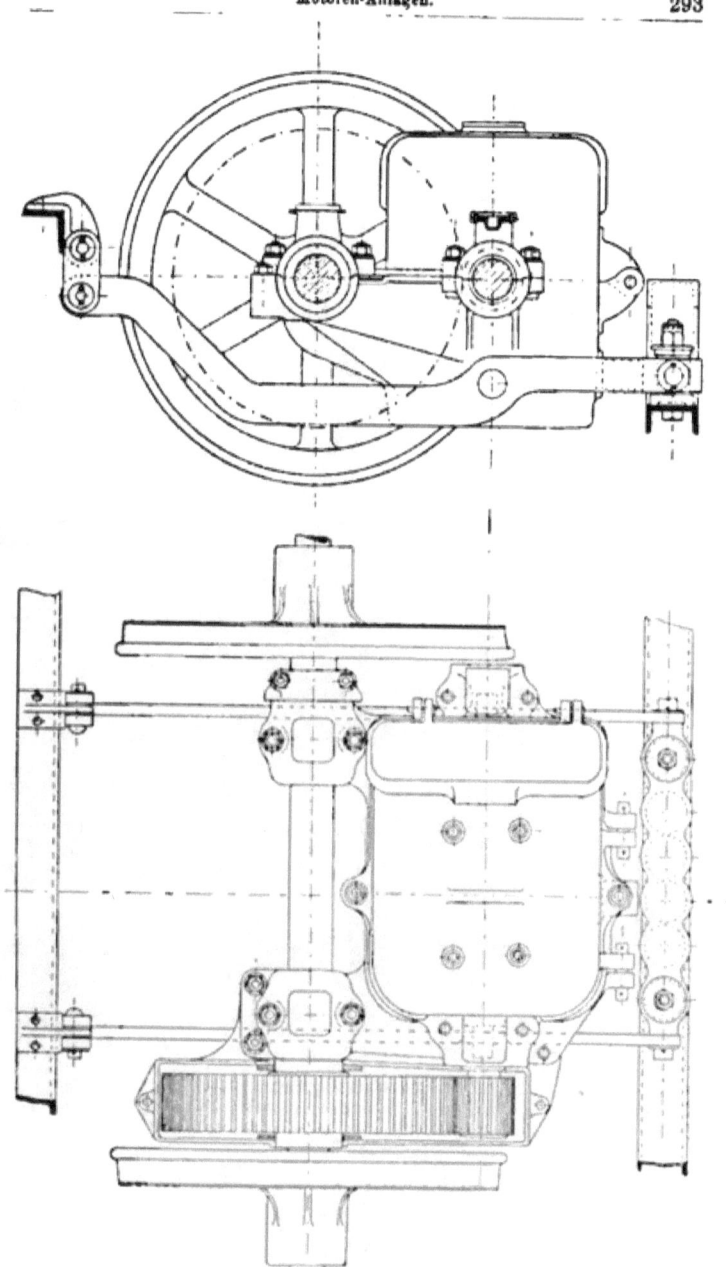

Elastische Aufhängung eines Bahnmotors,
zur Verhütung der schädlichen Einwirkungen von Stössen. Der Motor ruht auf Gummibuffern und ist um eine durch seinen Schwerpunkt gehende Axe drehbar. (Ausführung von Union, Elektr. Gesellsch. Berlin.)

Zahnradgrubenlokomotive
mit 2 Elektromotoren von 35 PS Leistungsfähigkeit; Zugkraft der Lokomotive im Haken
2300 kg bei 0,85 m Fahrgeschwindigkeit. Gewicht 3500 kg. Ausgeführt von Union,
Elektr. Gesellschaft, Berlin.

Grabenlokomotive

mit elektrischem Antrieb durch einen Gleichstrom-Motor. Als Kraftquelle dient eine Accumulatorenbatterie von 40 Zellen, die in einem Tender mitgeführt wird. Geschwindigkeits-Regulierung durch Schaltung der Batterie in einer oder mehreren Reihen. Die Lokomotive ist ausgerüstet mit einem 4 PS-Reibmaschinen-Elektromotor, der durch Friktionsräder auf die Laufaxen treibt. Ausgeführt auf Zeche »Vereinigter Bonifacius« von El. A.-G. vorm. Schuckert & Co., Nürnberg.

Grubenlokomotive,
angetrieben mittelst 65 PS-Gleichstrom-Motor für 500 Volt Betriebsspannung; 700 mm Spurweite; Gewicht ca. 10 500 kg; Fahrgeschwindigkeit ca. 11 km pro Stunde. An den Stirnseiten sind je 3 Glühlampen à 16 NK mit Reflectoren angebracht. Zur Beleuchtung der gedeckten Führerstände dienen ebenfalls Glühlampen. Stromabnahme von dem oberirdischen Fahrdraht mittelst Schleifbügel. Ausgeführt von El. A.-G. vorm. Schuckert & Co.,

Transportbahn-Lokomotive
der Papierfabrik Skotfos Brug (Norwegen); angetrieben durch 8 PS-Gleichstrom-Reihenschluss-
Motor für 400 Volt Spannung, mittelst Schneckengetriebe, Kettenrad und Kette. Ein- und
Ausschaltung sowie Regulierung mittelst eines Regulier-Widerstandes, dessen Hebel gleichzeitig
eine elektro-magnetische Bremse bethätigt. Leistung 162 kg Zugkraft bei 1,4 bis 2,1 m
sekundliche Geschwindigkeit. Ausgeführt von El. A.-G. vorm. Schuckert & Co., Nürnberg.

Elektrisch bei:
der Eisenbahn-Reparatur-Werkstätte zu Potsdam mit oberirdischer Stromzuführung.
400 kg Zugkraft bei 0,55 m/sec. Geschwindigkeit, bezw. 1400 kg bei 0,2 m

...erlokomotive
... PS; Zahnradübertragung auf die miteinander gekuppelten Laufaxen. Leistung: ... Bewegungswiderstand der Lokomotive selbst 225 kg. Ausgeführt von ... Berlin.

Elektrisch betriebenes Fährboot
des Hamburger Hafens, mit Accumulatorenbetrieb. Länge 13,1 m; Breite 3,1 m; Tiefgang 1,4 m; 13 km Geschwindigkeit pro Stunde. Sitzplätze für 100 Personen. Accumulatorenbatterie ausreichend für 6-stündigen Betrieb. Ladung erfolgt an der Ladestation ohne die Batterie aus dem Boot herauszunehmen. Ausgeführt von Accumulatoren-Fabrik A.-G., Hagen i. W.

Dreischariger Kippflug,
gezogen durch eine elektrisch betriebene Winde; Drehstrom-Elektromotor, betrieben von einer in 3500 m Entfernung liegenden Maschinenstation. Auf jeder Seite des Feldes ist eine auf Feldbahngeleisen fahrbare Winde aufgestellt, welche abwechselnd den Pflug hin und her ziehen. (Zweimaschinensystem.) Anschluss der Motoren an die Fernleitung vermittelst biegsamer Kabel mit Anschluss-Kontakten. Ausgeführt von El. A.-G. vorm. Schuckert & Co., Nürnberg.

Fahrbarer Gleichstrom-Elektromotor

in einem von allen Seiten verschliessbaren Wagen mit Wellblechdach. Der Motor ruht auf Spannschienen, um ohne Verschiebung des Wagens die Riemenspannung regulieren zu können. Rechts der Anlasser. Stromzuführung durch zwei best-isolierte mit feinem Stahldraht umklöppelte biegsame Leitungen, die durch einfache Stöpselverbindung an einen Anschlusskasten angeschlossen werden. Ausgeführt für landwirtschaftliche Betriebe von Siemens & Halske.

Fahrbarer Elektromotor,
durch Riemen eine Futterschnitzelmaschine antreibend. Motor nebst Anlasswiderstand durch ein Schutzdach aus Eisenblech überdeckt. Ausgeführt von El. A.-G. vorm. Schuckert & Co., Nürnberg.

Dreschmaschine,
angetrieben durch einen fahrbaren Elektromotor. Der Elektromotor ist nebst seinem Anlasser auf einem Wagen fest montiert und kann durch ein abnehmbares Schutzdach gegen Witterungseinflüsse geschützt werden. Antrieb durch Riemen. Stromzuführung durch ein an eine vorhandene Anschlussmuffe oder dergl. angeschlossenes biegsames Kabel. Ausgeführt von El. A.-G. vorm. Schuckert & Co., Nürnberg.

Transportabler Werkstattsmotor,
am Laufkrahn hängend. Der 4 PS leistende Gleichstrom-Nebenschluss-Motor ist nebst Anlasser und Zahnradvorgelege in einem eisernen Schutzgehäuse untergebracht und treibt mittelst Gelenkwelle das in Frage kommende Werkzeug u. s. w. Ausgeführt von Deutsche Elektrizitäts-Werke, Aachen.

XII. Abschnitt.

Betriebs-Kosten.

a) Allgemeines.

Bei einer projektierten oder ausgeführten Anlage ist es von grösster Wichtigkeit, eine wenigstens annähernd genaue Kenntnis von den Gesamt-Betriebskosten sowohl als auch von den Erzeugungskosten einer erzeugten Kilowattstunde, einer Glüh- oder Bogenlampenbrennstunde von gewisser Leuchtkraft oder einer effektiv abgegebenen PS-Stunde zu haben, um wirtschaftlich disponieren zu können, um Vergleiche mit anderen Beleuchtungs- und Kraftübertragungsarten anstellen und die Rentabilität einer Anlage ermitteln zu können; bei öffentlichen Centralen wird es sich ganz besonders darum handeln, ein klares Bild der erforderlichen Aufwendungen zu gewinnen, um die Tarife festsetzen und den zu erwartenden Gewinn schätzen zu können.

Selbstverständlich lassen sich allgemein giltige Angaben bezüglich der Höhe der Betriebskosten nicht machen; dieselben hängen ganz ab von der Art und Grösse der Anlage, von den Betriebsverhältnissen und von mancherlei besonderen Umständen, und müssen daher von Fall zu Fall berechnet werden.

Man pflegt die Betriebskosten zu unterscheiden in indirekte und direkte, und versteht unter ersteren alle diejenigen Kosten, die durch die Beschaffung und Tilgung des Kapitals für die Neuanlage und etwaige Erneuerungen oder Erweiterungen, sowie durch die Sicherstellung dieser Kapitalien (z. B. Versicherungen, Reservefonds etc.) und durch alle auf den einzelnen Teilen der Anlage an sich ruhenden

Abgaben (Mieten, Licenzgebühren, Grund- und Gebäudesteuern etc.) bedingt sind.

Die direkten Betriebskosten dagegen umfassen alle laufenden, durch den Betrieb selbst veranlassten Ausgaben, insbesondere für Verwaltung und Bedienung, Instandhaltung, Beschaffung der im Betrieb consumierten Materialien, und solcher Abgaben, die auf dem Betrieb der Anlage an sich ruhen (z. B. Abgaben pro Einheit der erzeugten Energie etc.)

b) *Indirekte Betriebskosten.*

a) Von den indirekten Betriebskosten sei zunächst erwähnt die Verzinsung des Anlagekapitals.

Das für eine Anlage aufgewendete Kapital wird entweder durch eine Anleihe beschafft, und ist dann dem vereinbarten Zinsfuss entsprechend zu verzinsen; oder es wird aus eigenen Mitteln des Unternehmers gestellt, und ist dann anderen gewinnbringenden Unternehmungen entzogen, sodass aus diesem Grunde für Zinsverluste eine jährliche Quote den Betriebskosten der Anlage zuzurechnen ist.

Ist die elektrische Anlage selbst eine gewinnbringende Unternehmung, die aus eigenen Mitteln der Unternehmer beschafft wird, so ist natürlich eine Verzinsungsquote den Betriebskosten nicht zuzurechnen, vielmehr ist dann die Verzinsung des Kapitals Zweck des Unternehmens, und wird durch den Reingewinn dargestellt.

b) Rücklagen zur Sicherung bezw. Tilgung des Anlagekapitals können durch verschiedene Umstände bedingt sein.

Eine Anlage ist vielfach von vornherein nur für eine bestimmte Zeitdauer bemessen; sei es nun, dass der Bedarf nur auf diese Zeitdauer beschränkt ist, sei es, dass die Concession nur mit zeitlicher Beschränkung erteilt wurde. Es können auch Gründe vorliegen, die eine Begrenzung der Betriebsdauer der Anlage in absehbarer Zeit mindestens wahrscheinlich machen, sodass mit diesen Umständen gerechnet werden muss. Die Anlage wird dann zu einem meist wesentlich geringeren Verkaufs- oder Altwerte oder auch (vertragsmässig) ganz ohne Entschädigung in andere Hände übergehen. Der sich hierdurch am Ende der Dauer ergebende Verlust gegenüber den aufgewandten Kapitalien muss durch jährliche, den Betriebskosten zuzurechnenden Amortisationsquoten gedeckt werden.

Bei Anlagen, die mit geliehenen Kapitalien errichtet wurden, kann durch die besonderen Darlehensbedingungen eine bestimmte Amortisationsdauer vorgeschrieben sein. Die jährlichen Amortisationsquoten können in verschiedener Weise berechnet werden, indem entweder direkte jährliche Rückzahlungen erfolgen, so dass sich das Kapital und mithin auch die eventuell zu rechnende Verzinsungsquote alljährlich vermindert, oder indem ein bestimmter Betrag jährlich zinstragend angelegt wird, der so bemessen wird, dass nach einer bestimmten Zeit, Zins auf Zins gerechnet, die gesamte zu amortisierende Summe erreicht wird. Für letzteren Fall ergiebt sich die jährlich gleichbleibende Quote P in $^0/_0$ des Anlagekapitals, eventuell nach Abzug des späteren Verkaufs- oder Altwertes der Anlage bei einer Amortisationsdauer von n Jahren und unter Zugrundelegung eines Zinsfusses p:

$$P = p \cdot \frac{1}{f^n - 1}, \text{ worin } f = 1 + 0{,}01 \cdot p$$

c) Unabhängig von diesen den besonderen Verhältnissen von Fall zu Fall anzupassenden und unter günstigen Umständen ganz ausser Betracht kommenden Amortisations-Rücklagen sind jährlich bestimmte Beträge zur Bildung von Erneuerungsfonds für die einzelnen Teile der Anlage zu berechnen, deren Höhe von der Lebensdauer der betr. Teile und den Erneuerungskosten abhängig ist.

Die Berechnung der Quoten des Erneuerungsfonds geschieht so, dass dieselben, zinstragend angelegt, nach Ablauf der angenommenen Lebensdauer die Höhe der erforderlichen Erneuerungskosten erreicht haben. Als Erneuerungskosten sind die wirklichen Anschaffungskosten abzüglich des Altwertes anzunehmen. Es gilt hier die gleiche Formel, wie oben für die Amortisationsquoten angegeben. Es bedeutet dann n die in der Berechnung zu Grunde gelegte Lebensdauer der einzelnen Teile der Anlage.

Um sicher zu gehen, empfiehlt es sich, den Zinsfuss und die Lebensdauer nicht zu hoch anzunehmen; insbesondere gilt dies bezüglich des rein elektrischen Teils der Anlage, da hier ausreichende Erfahrungen noch fehlen.

Als Zinsfuss dürften 3—4 % angemessen sein. Bezüglich der zu Grunde zu legenden Lebensdauer diene folgende Tabelle als Anhalt.

Gegenstand.	Lebensdauer in Jahren.
Gebäude, Schornstein, Fundamente	100
Dampfkessel	15
Dampfmaschinen	20
Rohrleitungen, Reservoire, Pumpen etc. im Mittel	30
Turbinen	30
Transmissionen	30
Riemen, Seile	5
Dynamos, Elektromotoren	25
Wechselstrom-Transformatoren	30
Akkumulatoren	15
Schalttafel, Apparate	15
Freileitungen	15
Armierte Kabel in Erde verlegt	30

Abgerundete Werte für die jährlichen Quoten bei verschiedener Lebensdauer unter Zugrundelegung eines Zinsfusses von $3\frac{1}{2}\%$ sind folgende.

Lebensdauer in Jahren	5	10	15	20	25	30	50	100
Jährl. Quote, in % der anzusammelnden Summe	19	$8\frac{1}{2}$	5	$3\frac{1}{2}$	$2\frac{1}{2}$	2	$\frac{3}{4}$	$\frac{1}{10}$

Bei Anlagen, die von vornherein nur für eine begrenzte Dauer bestimmt sind, wird man für diejenigen Teile, deren Lebensdauer grösser als die ganze Betriebsdauer, überhaupt keine Rücklagen für Erneuerungen zu rechnen brauchen.

d) Ausser den bereits erwähnten Beträgen für Verzinsung und Abschreibungen kommen nun noch unter Umständen Abgaben verschiedener Art, Mieten, Steuern, Licenzgebühren, Versicherungs-gebühren in Betracht, die von Fall zu Fall besonders festzustellen und als «indirekte Betriebskosten» zu verrechnen sind.

Eine gewinnbezweckende Unternehmung wird ausserdem in der Regel, um allen Eventualitäten begegnen zu können, einen Reserve- oder Sicherheitsfonds bilden, über dessen Bemessung sich indessen allgemeine Angaben nicht machen lassen.

c) *Direkte Betriebskosten.*

Die direkten Betriebskosten setzen sich zusammen aus den Kosten der verbrauchten Materialien, als Kohlen bezw. Gas, Wasser, Putz- und Schmiermaterialien, und, in Lichtanlagen: Glühlampen und Bogenlichtkohlen; ferner aus den Gehältern, Löhnen und sonstigen Auslagen für das Personal; aus den Reparatur- und Instandhaltungskosten und aus etwaigen durch den Betrieb bedingten besonderen Abgaben.

An Verbrauchsmaterialien kommt in Anlagen mit Dampfbetrieb zunächst der Kohlenverbrauch in Betracht. Man kann ungefähr rechnen für jedesmaliges Anheizen der Kessel etwa 2—3 kg pro qm Heizfläche. Während des Betriebes für Eincylindermaschinen ca. 2—3 kg, für Compoundmaschinen ca. 1 - 2 kg pro effektiv geleistete Pferdestärke und Stunde, wobei die günstigeren Werte für grössere Maschinen mit Condensation zu rechnen sind.

An Speisewasser für die Kessel sind ca. 6—18 Liter pro PS-Stunde erforderlich. Der Verbrauch für die Condensation wird wesentlich von den betr. Einrichtungen abhängen.

Bei Gasmotorenanlagen hat man zu rechnen 0,5—1 cbm Gas pro PS-Stunde des Gasmotors; für Petroleummotoren ca 0,5—1 Liter Petroleum, wobei ebenfalls die günstigeren Werte für grössere und vollkommenere Maschinen gelten. Hierzu kommt noch der Kühlwasserverbrauch, der ebenfalls durch Verwendung von Reservoiren ausserordentlich beschränkt werden kann.

Der Verbrauch an Öl- und Schmiermaterialien, sowie an Putzmaterialien hängt sehr von der Sparsamkeit des Maschinisten ab. Man kann in Dampfanlagen etwa 7—10% der Kohlenkosten für Maschinenöl, Cylinderöl, Talg, Baumöl, Rüböl und etwa halb so viel für Putz-, Reinigungs- und Verpackungsmaterialien rechnen oder insgesamt für grössere Anlagen etwa 0,2—0,3 Pfg. pro PS-Stunde. In Gaskraftanlagen ist etwa das doppelte dieser Sätze zu rechnen.

Der jährliche Verbrauch an Glühlampen richtet sich nach der Lebensdauer der verwendeten Glühlampensorte, und wird gefunden, indem man die Gesamtzahl der jährlichen Glühlampenbrennstunden durch die mittlere Lebensdauer dividiert.

Der Verbrauch an Bogenlichtkohlen ist ebenfalls auf Grund der Gesamtzahl der Brennstunden jeder einzelnen Lampensorte und der Dimensionen der von den Fabrikanten für diese vorgeschriebenen Kohlensorte, sowie deren mittlere Brenndauer pro Längeneinheit leicht zu ermitteln.

Die Anforderungen, die bezüglich der Befähigung und der Anzahl der Bedienungsmannschaften zu stellen sind, sind naturgemäss sehr verschieden je nach Art und Grösse der Anlage und des Betriebes.

In kleinen Anlagen, wo Personal sowieso zur Verfügung steht, ist mitunter für Bedienung überhaupt nichts anzusetzen, was unter Umständen eine ganz bedeutende Verbilligung des Betriebes bedeutet.

In kleinen Anlagen, besonders mit Gasmotoren, genügt im Allgemeinen ein Wärter. Mittlere Anlagen, z. B. mit Lokomobile, können vielfach noch durch einen Maschinisten, der zugleich Heizer ist, bedient werden. Nötigenfalls steht ihm noch ein Arbeiter zur Seite. Etwas ausgedehntere Anlagen mit Dampfbetrieb erfordern mindestens einen Maschinisten und einen Heizer, denen nötigenfalls noch ein oder mehrere Handwerker zugesellt werden. Bei längerer täglicher Betriebsdauer, von mehr als 10 bis 12 Stunden, wie sie besonders im Winter vielfach in Frage kommen wird, ist je nach Umständen ein entsprechender Teil des Personals zu verdoppeln, damit Ablösung erfolgen kann. Bei Berechnung der Betriebszeit ist insbesondere auch auf die mannigfachen Arbeiten ausser der Zeit der Stromabgabe Rücksicht zu nehmen, wie Anheizen der Kessel, Wartung der Dynamos, Lampen, Motoren etc., wofür in mittleren Beleuchtungsanlagen beispielsweise etwa 2—4 Stunden gerechnet werden können. Den eigentlichen Löhnen für dieses Personal sind noch die Beiträge für Krankenkassen, Versicherungen etc. zuzurechnen.

In grossen Centralen werden ausser dem eigentlichen Bedienungspersonal noch Ingenieure, Büreaubeamte u. s. w erforderlich sein. In Bahnanlagen kommt noch das Bahnpersonal und eventuell die besonderen Auslagen für Uniformierung derselben hinzu.

Was die jährlichen Reparatur- und Instandhaltungskosten der einzelnen Teile der Anlage anbetrifft, so kann man hier folgende, durch die Erfahrung gegebenen, ungefähren Werte zu Grunde legen, in welchen die fraglichen Kosten in Prozent des Anlagekapitals ausgedrückt sind. Man kann rechnen für

Gebäude, Schornstein etc.	$1/2 - 1\%$
Gesamte Maschinenanlage: Kessel, Dampfmaschinen oder Turbinen, Gasmotoren nebst Dynamos	$1 1/2 \%$
Transformatoren	$1 - 2\%$
Akkumulatoren	$2 - 3\%$
Schalttafel und Apparate	2%
Freileitungen	2%
Kabel	$1/2 - 1\%$

Ausser den erwähnten Betriebskosten können noch durch besondere Umstände weitere Kosten verursacht werden, so z. B. durch Abgaben, die für jede erzeugte Kilowattstunde an eine Behörde etc. zu entrichten ist.

Die Gesamtsumme aller oben erwähnter direkten und indirekten Kosten, gerechnet für ein Betriebsjahr, stellt den absoluten Betrag der Betriebskosten dar. Um das Verhältnis derselben zur Gesamtleistung der Anlage zu ermitteln, wird man durch die Gesamtzahl der im Jahre geleisteten Kilowatt- oder Hektowattstunden dividieren, um so die Erzeugungskosten pro Einheit der elektrischen Energie zu erhalten.

Hat man diese, so können leicht aus dem Consum der Stromnehmer die Kosten einer Glühlampen- oder Bogenlichtbrennstunde oder einer von einem Elektromotor abgegebenen PS-Stunde ermittelt werden, wobei die Energieverluste in den Akkumulatoren, Transformatoren und Leitungen entsprechend zu berücksichtigen sind.

Bei Bahnanlagen wird man in ähnlicher Weise die Kosten pro Tonnenkilometer zu ermitteln haben.

Wie sich aus dem Gesagten ergiebt, setzt die Aufstellung einer Betriebskosten-Berechnung eine genügende Kenntnis der Betriebsverhältnisse während des ganzen Verlaufs eines Betriebsjahres voraus.

Wir haben über die Bedeutung, welche die Ermittelung derselben für die Einrichtung der ganzen Anlage hat, bereits in einem früheren

Abschnitt geredet. Es sei hier noch kurz auf den ausserordentlichen Einfluss hingewiesen, den die Betriebsverhältnisse auf die Betriebskosten haben.

Die indirekten Betriebskosten sind ein von der Zahl der jährlich geleisteten Kilowattstunden der Anlage ziemlich unabhängiger Betrag, und sie werden daher gegenüber den direkten Kosten, die vom Umfang des Betriebs abhängen, um so schwerer ins Gewicht fallen, je geringer die jährliche Gesamtleistung ist. Die Betriebskosten pro erzeugte Einheit der Energie werden sich daher um so günstiger stellen, je umfangreicher der Betrieb ist, je vollkommener also die Anlage ausgenutzt wird.

Auch die Gleichmässigkeit des Betriebes ist von wesentlichem Einfluss, da die Anlage an sich dem Maximalbetrieb gewachsen sein muss, weshalb in den Zeiten geringeren Betriebes sowohl die Anlage selbst, als auch das Personal meist nur sehr unvollkommen ausgenutzt werden kann, während andrerseits der Materialienverbrauch wegen des unvorteilhafteren Arbeitens der nur teilweise belasteten Maschine ein relativ höherer ist.

Es wurde bereits in früheren Kapiteln darauf hingewiesen, wie durch Verwendung von Akkumulatoren der Betrieb sich wesentlich gleichmässiger gestalten lässt.

Um einen möglichst gleichmässigen Betrieb zu sichern, wird es ferner ganz besonders das Bestreben grosser öffentlicher Centralen sein müssen, eine möglichst vielseitige Verwendung der elektrischen Energie zu ermöglichen.

Schlussbemerkungen,

betreffend Zeichnungen, sowie Überwachung der Anlage und Schutzmaſsregeln beim Betrieb.

Die Sicherheits-Vorschriften des Verbandes Deutscher Elektrotechniker enthalten eine Reihe von Bestimmungen bezüglich der bei Fertigstellung einer Anlage herzustellenden Zeichnungen; diese Bestimmungen wurden durch den Entwurf für Hochspannungs-Anlagen ergänzt und mögen hier noch Raum finden.

Im § 28 des Hochspannungs-Entwurfes heisst es zunächst bezüglich der Zeichnungen:

a) Für Stromerzeugungsstellen und Unterstationen müssen Schaltungsschemata und maſsstäbliche Schalttafelzeichnungen vorhanden sein.

b) Für Fernleitungen und Leitungsnetze müssen Situationspläne mit Angabe der Lage der Unterstationen, Transformatoren, Hausanschlüsse, Streckenausschalter, Sicherungen und Blitzschutzvorrichtungen vorhanden sein.

c) Für die Konsumstellen müssen Pläne vorhanden sein, auf welchen die Spannungen vermerkt sind und welche nachstehende Angaben enthalten:

1. Bezeichnung der Räume nach Lage und Zweck. Besonders hervorzuheben sind feuchte Räume und solche, in welchen ätzende, oder leicht entzündliche Stoffe und explosible Gase vorkommen;
2. Lage, Querschnitt und Isolierungsart der Leitungen;
3. Art der Verlegung und des Schutzes;
4. Lage der Apparate und Sicherungen;
5. Lage und Stromverbrauch der Transformatoren, Lampen, Elektromotoren u. s. w.

Für diese Pläne sind folgende Bezeichnungen anzuwenden:

Bezeichnungen:

↯ = Blitzpfeil.

⏚ = Erdung.

✕ = Glühlampe bis zu 32 NK.

✕50 = Glühlampe für 50 NK.

—✕ = Glühlampen (bis zu 32 NK) auf Wandarmen.

⊗5 = Lampenträger mit 5 Glühlampen (bis zu 32 NK).

Schlussbemerkungen.

⑥ = Bogenlampe mit Angabe der Stromstärke (6) in Ampère.

④ = Dynamomaschine bezw. Elektromotor mit Angabe der höchsten Leistung bezw. Verbrauches in Kilowatt.

⊔ ⊔ ⊔ = Akkumulatoren.

⩗ = Transformator.

⊠ 10 = Widerstand, Heizapparate und dergl. mit Angabe der höchsten zulässigen Stromstärke (10) in Ampère.

⌀, ⌀, ⌀ 5 = Einpoliger bezw. zweipoliger bezw. dreipoliger Ausschalter mit Angabe der höchsten zulässigen Stromstärke (5) in Ampère.

⌀ 3 = Umschalter, desgl.

☐ 6 = Sicherung mit Angabe des zu sichernden Kupferquerschnittes in Quadratmillimeter (6).

[u] 6 = Umschaltbare Sicherung, desgl.

M = Elektricitätsmesser.

▬▬ = Zweileiter-Schalttafel.

▬▬▬ = Dreileiter-Schalttafel oder Schalttafel für mehrphasigen Wechselstrom.

≋ = Blitzableiter.

-------- = Einzelleitung.

━━━━━ = Zwei parallel laufende zusammengehörige Leitungen von gleichem Querschnitt.

═══ = Drei parallel laufende, zusammengehörige Leitungen.

∼∼∼ = Biegsame Mehrfachleitungen.

↑ nach oben
↙ von oben
↓ nach unten
↗ von unten
} Senkrecht nach oben oder unten führende Steigleitungen werden durch entsprechende Pfeile angedeutet.

Die Querschnitte der Leitungen werden, in Quadratmillimeter ausgedrückt, neben die Leitungslinien gesetzt.

d) Änderungen und Erweiterungen sind in den Zeichnungen entsprechend nachzutragen.

e) Die Zeichnungen sind vom Besitzer der Anlage aufzubewahren.

Schlussbemerkungen.

In den Niederspannungs-Vorschriften finden sich ausserdem noch folgende Bezeichnungen:

✕ = Glühlampe bis zu 32 NK mit Fassung ohne Hahn.
✕ 50 = „ für 50 NK „ „ „ „
✕ = „ bis zu 32 NK „ „ mit „

Diese Zeichen sollen zugleich hängende Lampen bedeuten.

⊥, ⊥ = Glühlampen (bis zu 32 NK) auf Ständern (Stehlampen).

⌇✕⌇ = Tragbare Glühlampen (bis zu 32 NK) bezw. Glühlampen mit biegsamer Leitungsschnur oder mit Zwillingsleitung.

⊗ 5+3H = Krone mit 5 Glühlampen ohne Hahn und 3 Glühlampen mit Hahn.

─(= Wandfassung. Anschlussstelle.

M, M = Zweileiter- bezw. Dreileiter-Elektrizitätsmesser.

Ferner heisst es dort bezüglich des Schaltungsschemas: dasselbe soll enthalten:
»Querschnitte der Hauptleitungen und Abzweigungen von den Schalttafeln mit Angabe der Belastung. Demselben soll beigefügt sein ein Verzeichnis der Räume nebst den in diesen installierten Lampen, Apparaten, Sicherungen, Motoren etc.«

Betreffs der Überwachung der Anlagen sagt der Hochspannungs-Entwurf:

§ 26. Vor Inbetriebsetzung einer Anlage ist durch Isolationsprüfung bei mindestens 100 Volt Spannung festzustellen, ob Isolationsfehler vorhanden sind. Das Gleiche gilt von jeder Erweiterung der Anlage.
Es sind Vorrichtungen vorzusehen, durch welche der Isolationszustand der ganzen Anlage während des Betriebes jederzeit beobachtet werden kann.
Über das Ergebnis der Prüfungen ist Buch zu führen.
Zur dauernden Erhaltung des vorgeschriebenen Zustandes der Gestänge, der Leitungen, der Sicherheitsvorrichtungen und der Erdleitungen mit ihren Kontakten muss eine Überwachung in der Weise stattfinden, dass jährlich mindestens einmal eine eingehende Revision aller Teile und ausserdem vierteljährlich mindestens einmal eine Begehung sämtlicher Freileitungen stattfindet.
Über den Befund ist Buch zu führen.

Über Schutzmaassregeln beim Betrieb heisst es ebenda:

§ 27. Das Arbeiten an Hochspannung führenden Teilen des Leitungsnetzes und der Stromverbrauch sowie Apparate, sowie die Bedienung der Lampen ist nur nach vorheriger Ausschaltung und einer unmittelbar zu der Arbeitsstelle vorgenommenen Erdung und Kurzschliessung der stromführenden Teile gestattet.

In der Zentrale und in Unterstationen (Transformatorenstationen) kann in unabweisbaren Fällen an Hochspannung führenden Teilen gearbeitet werden, doch dürfen derartige Arbeiten nur nach Anordnung und in Gegenwart des Betriebsleiters oder dessen Stellvertreters ausgeführt werden. Ein Einzelner darf niemals derartige Arbeiten vornehmen.

In jeder Betriebsstätte sind Vorschriften über die Behandlung von Personen, die durch elektrischen Strom betäubt sind, sichtbar anzubringen.

Die Handhabung von Schaltern sowie das Auswechseln von Sicherungen sind nicht als Arbeiten im Sinne der vorstehenden Bestimmungen zu betrachten.

www.ingramcontent.com/pod-product-compliance
Lightning Source LLC
Chambersburg PA
CBHW030745230426
43667CB00007B/852